カオス時系列解析の基礎と応用

合原一幸　編

池口　徹
山田泰司　著
小室元政

産業図書

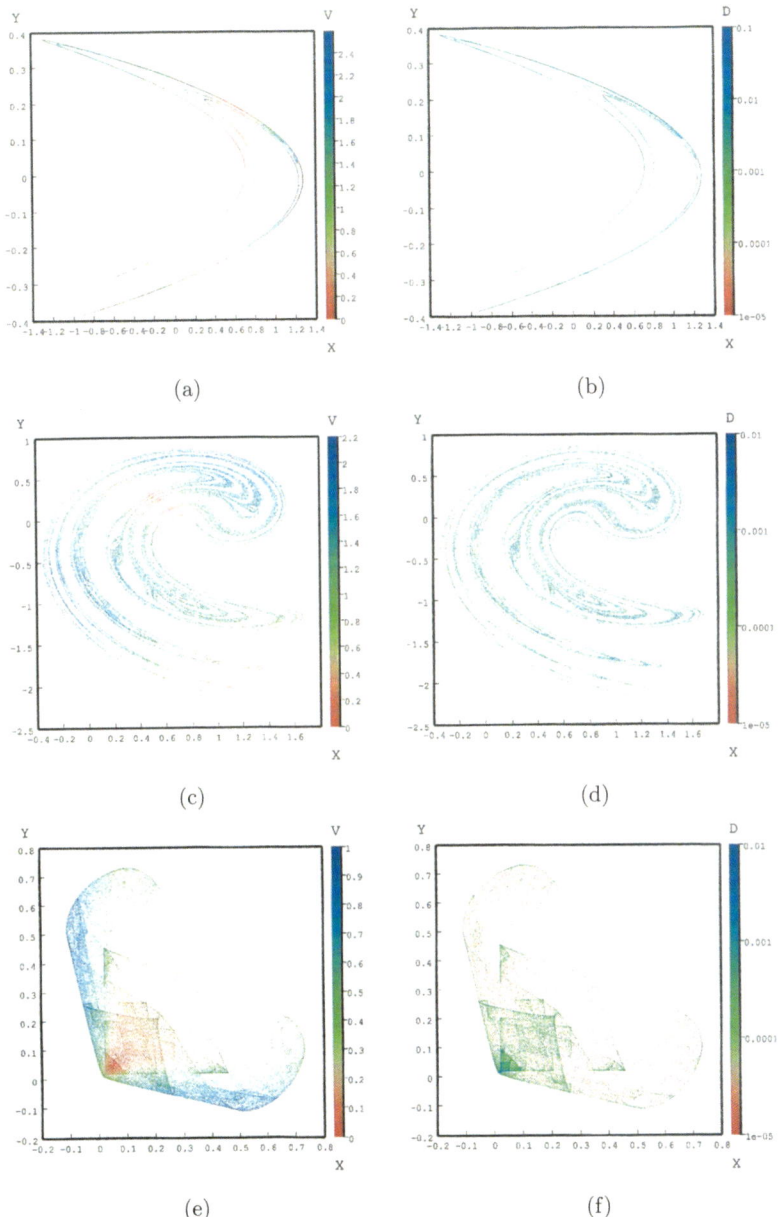

口絵 1: 離散時間非線形力学系のストレンジアトラクタ．
(a),(b) エノン写像, (c),(d) 池田写像, (e),(f) カオスニューラルネットワーク，配色については，本文 p.37 参照．

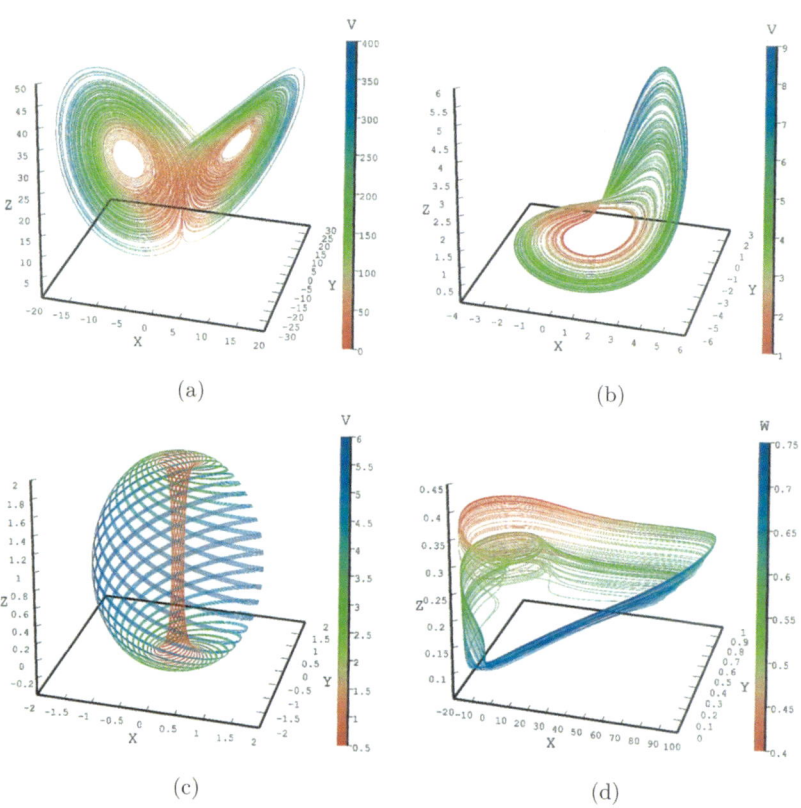

口絵 2: 連続時間非線形力学系のストレンジアトラクタ．
(a) ローレンツ方程式, (b) レスラー方程式, (c) ラングフォード方程式, (d) ホジキン–ハクスレイ方程式．配色については，本文 p.43, p.50 参照．

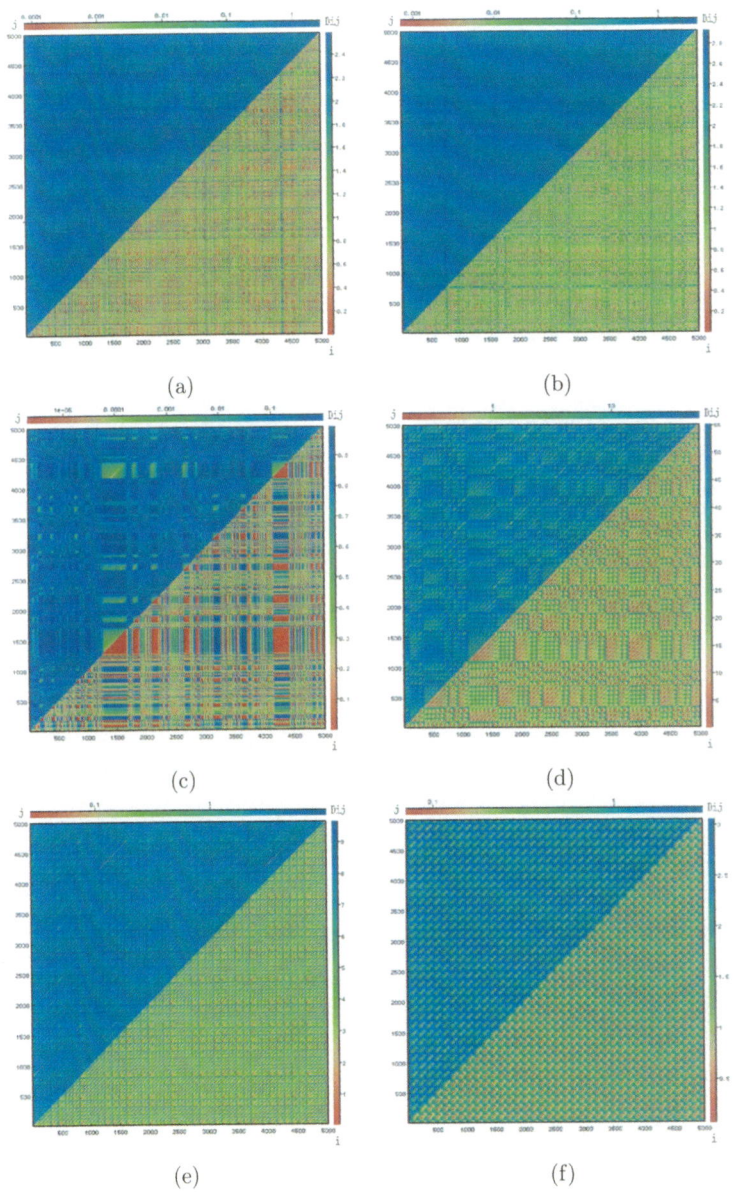

口絵 3: 数理モデルに対するリカレンスプロット．本文 p.193 参照．

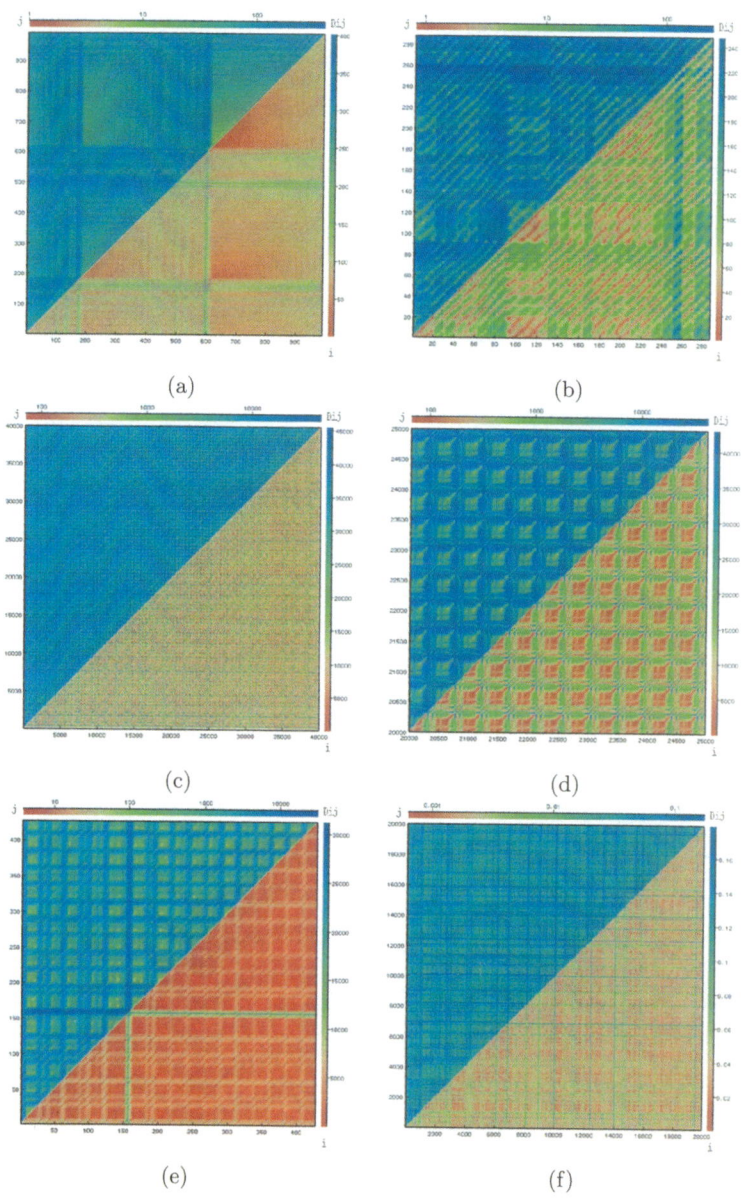

口絵 4: 実データに対するリカレンスプロット．本文 p.194 参照．

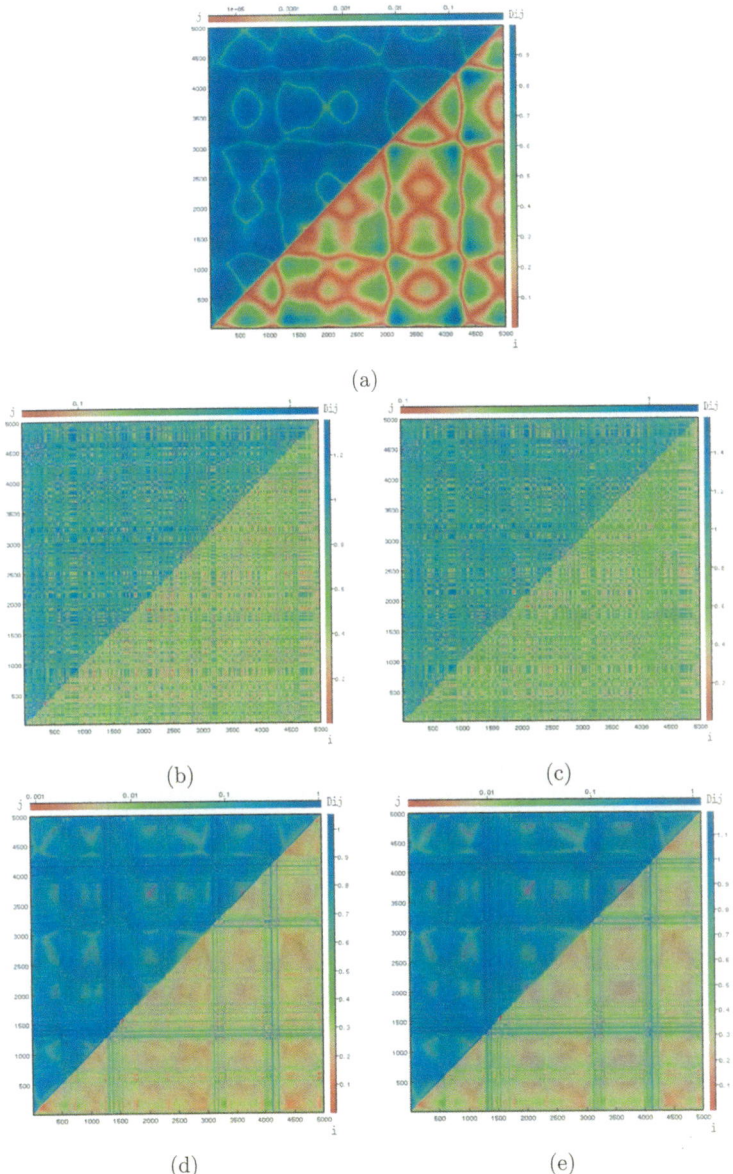

口絵 5: リカレンスプロットを用いた緩やかに変動する外力の検出.
(a) 外力 (ダフィング方程式), (b),(c) テント写像($m = 2, m = 3$), (d),(e) ロジスティック写像($m = 2, m = 3$). 本文 p.197 参照.

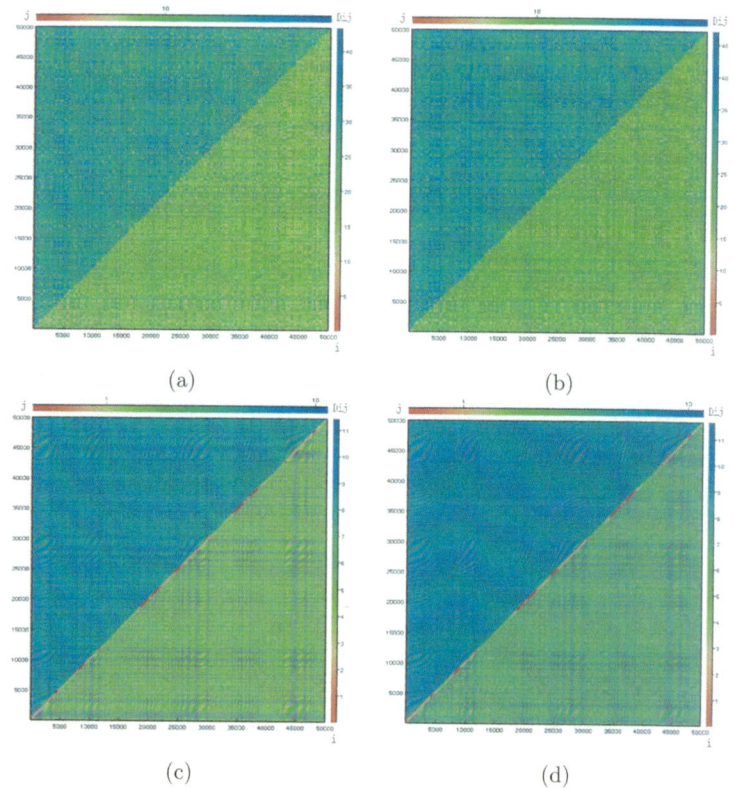

口絵 6: リカレンスプロットを用いた緩やかに変動する外力の検出.
(a),(b) ローレンツ方程式 ($m = 3, m = 4$). (c),(d) レスラー方程式 ($m = 3, m = 4$). 本文 p.198 参照.

まえがき

　本書は，カオス的時系列データの解析に関して，基礎理論から実データへの応用まで，様々な具体例を含めて詳しく解説したものである．

　カオスが広く知られるようになってから，四半世紀が経過しようとしている．この間にカオスの研究は大きく進展した．そして，単純な非線形システムが極めて複雑な振る舞いを生み出し得ることが常識となった．同時にこの"常識"を踏まえて，カオス時系列解析への期待が著しく高まってきた．

　この世の中は，時間とともに複雑な変化を見せる時系列データに満ちている．そして単純な非線形システムが複雑な振る舞いを生み出すのならば，これらの実際の複雑時系列データを生成する機構も単純な非線形法則に還元可能かもしれない（非線形還元論）……こういった期待である．

　私が本書を企画したのは，10年近くも前のことである．そしてこの10年間にカオス時系列解析研究はドラスティックな進歩をとげた（このことが，本書の出版が遅れた理由でもある）．本書はこれら最新の研究成果も取り入れて，理論から応用まで本書一冊で十分にカバーするように配慮されている．

　本書の著者である池口 徹 氏，山田泰司氏，小室元政氏と私は，長年にわたって，カオスに関する共同研究を行なってきている．これらの研究を介して私達は，脳・神経系，音声，電力系統，溶鉱炉，機械系，船舶系，経済等々，様々なカオス的時系列データを解析して理解を深めてきた．本書は，これらの研究によって得られた私達の豊富な経験がベースとなっている．

　実際に観測される複雑時系列データを解析するとすぐに実感できるのは，世の中の諸現象は，必ずしも，単純な非線形法則に容易に還元できるような単純な代物ではないということである．しかし他方で，非線形性が重要な役割を担っている実システムが極めて多いこともまた事実であり，本書はこのような世の

中に実在する多様な非線形複雑システムの本質的理解のための基盤となる新しい方法論を提供しようとするものである．

　少なくとも私達のこれまでの経験が示唆するのは，このカオス時系列解析を用いてはじめて得られる知見が予想以上に多いということである．読者諸兄が各々の分野の複雑システムに挑まれる際に本書が何らかの貢献ができるならば，私達にとって大きな喜びである．

　最後に末筆ながら，様々な時系列データに関する共同研究を通じて実システムについて数多くのことを御教えくださった共同研究者の皆さん，ならびに本書の完成を忍耐強く御待ち下さった産業図書・江面竹彦氏に感謝申し上げる．

平成 12 年 5 月

合原 一幸

目次

	まえがき	i
第1章	序論	1
第2章	時系列の埋め込みの実践	13
2.1	はじめに	13
2.2	力学系のアトラクタと観測時系列信号からのアトラクタの再構成	14
	2.2.1　力学系とアトラクタ	14
	2.2.2　力学系とダイナミカルノイズ，観測ノイズ	15
	2.2.3　力学系の観測と埋め込み定理―― 多変数の場合 ――	17
	2.2.4　力学系の観測と時間遅れ座標―― 一変数の場合 ――	22
	2.2.5　フィルタ遅延座標系	25
	2.2.6　発火間隔時系列からのアトラクタ再構成	30
2.3	再構成軌道の実例と可視化	32
	2.3.1　アトラクタの可視化	32
	2.3.2　ストレンジアトラクタとその再構成例	33
2.4	最適な再構成状態空間の設定	66
	2.4.1　時間遅れ値の設定基準	66
	2.4.2　高次自己相関係数を用いた時間遅れ値の設定法	69
	2.4.3　再構成状態空間の次元	75
第3章	埋め込み定理	81
3.1	フラクタル埋め込み定理	81

3.2	定理 3.1.1 の証明		83
3.3	定理 3.1.2 の 1 対 1 の証明		93
3.4	JH 分解の説明		100
	3.4.1	**Case 1:** x, y の少なくとも一方が n 以下の周期の周期軌道ではない場合	101
	3.4.2	**Case 2:** x, y が，n 以下の周期を持つ異なる周期軌道に属する場合	104
	3.4.3	**Case 3:** x, y が，n 以下の周期を持つ同一の周期軌道に属する場合	107
3.5	定理 3.1.2 のはめ込みの証明		111

第4章　カオス時系列解析の基礎理論　　121

4.1	はじめに		121
4.2	フラクタル次元解析		124
	4.2.1	アトラクタの自己相似性	124
	4.2.2	フラクタル次元とは	126
	4.2.3	相関積分と相関次元	132
	4.2.4	GP 法の適用例	137
	4.2.5	GP 法適用における注意点	144
	4.2.6	その他の次元推定法	147
	4.2.7	J 法の計算例	150
4.3	リアプノフスペクトラム解析		156
	4.3.1	カオス力学系の軌道不安定性	156
	4.3.2	1 次元力学系のリアプノフ指数	159
	4.3.3	多次元力学系のリアプノフ指数——リアプノフスペクトラム——	163
	4.3.4	力学系のリアプノフ次元	169
	4.3.5	時系列信号からのリアプノフスペクトラム推定法	171
	4.3.6	リアプノフスペクトラム解析における注意	176
	4.3.7	局所対大域プロットによるリアプノフ指数の計算例	179
4.4	決定論性の検定法		186

4.5　リカレンスプロット ・・・・・・・・・・・・・・・・・・・・・・・・・　189

第5章　非線形予測理論　　　　　　　　　　　　　　　　　　　　**199**
　　5.1　はじめに ・・・・・・・・・・・・・・・・・・・・・・・・・・・・・・　199
　　5.2　非線形予測の歴史と大域的予測，局所的予測 ・・・・・・・・・　201
　　5.3　予測の評価 ・・・・・・・・・・・・・・・・・・・・・・・・・・・・　204
　　　　5.3.1　予測器の構成と適用 ・・・・・・・・・・・・・・・・・・・　204
　　　　5.3.2　予測値の評価 ・・・・・・・・・・・・・・・・・・・・・・・　207
　　5.4　モデリングと予測ステップ ・・・・・・・・・・・・・・・・・・・　208
　　5.5　具体的な非線形予測の手法 ・・・・・・・・・・・・・・・・・・・　209
　　　　5.5.1　局所線形近似手法 ・・・・・・・・・・・・・・・・・・・・　209
　　　　5.5.2　非線形手法 ・・・・・・・・・・・・・・・・・・・・・・・・　217
　　　　5.5.3　非線形予測手法の適用例 ・・・・・・・・・・・・・・・・　224
　　5.6　カオスの同定法としての非線形予測 ・・・・・・・・・・・・・・　237
　　　　5.6.1　カオスとノイズの識別 ・・・・・・・・・・・・・・・・・・　237
　　　　5.6.2　カオスと非整数ブラウン運動との識別 ・・・・・・・・・　240
　　　　5.6.3　カオスと有色雑音の識別 ・・・・・・・・・・・・・・・・　242
　　5.7　まとめ —— 非線形予測の今後の課題 —— ・・・・・・・・・　250

第6章　カオス時系列解析と統計的仮説検定法　　　　　　　　　　**253**
　　6.1　はじめに ・・・・・・・・・・・・・・・・・・・・・・・・・・・・・・　253
　　6.2　時系列解析とサロゲートデータ法 ・・・・・・・・・・・・・・・　254
　　　　6.2.1　帰無仮説の提示とサロゲートデータの作成 ・・・・・・　254
　　　　6.2.2　サロゲートデータの統計的特徴 ・・・・・・・・・・・・・　262
　　　　6.2.3　周期的スパイク信号のサロゲートデータ ・・・・・・・　271
　　　　6.2.4　多次元信号のサロゲートデータ ・・・・・・・・・・・・　273
　　　　6.2.5　制約条件付きランダム化によるサロゲートデータ ・・・　275
　　6.3　帰無仮説の検定と棄却 ・・・・・・・・・・・・・・・・・・・・・・　276
　　　　6.3.1　サロゲートデータの特徴量が正規分布すると仮定できる場
　　　　　　　合 ・・・・・・・・・・・・・・・・・・・・・・・・・・・・・・・　277

6.3.2　サロゲートデータの特徴量が正規分布すると仮定できない
　　　　　　場合 ･････････････････････････････････ 277
　6.4　サロゲートデータ法の応用例 ･･････････････････････ 278
　　　6.4.1　フラクタル次元解析 ･･･････････････････････ 278
　　　6.4.2　リアプノフスペクトラム解析 ･･････････････････ 286
　　　6.4.3　決定論的非線形予測 ･･････････････････････ 288
　6.5　サロゲートデータ法を用いる場合の注意 ････････････････ 293

参考文献　　　　　　　　　　　　　　　　　　　　　　　　　**295**

索　引　　　　　　　　　　　　　　　　　　　　　　　　　　**325**

第1章

序論

　我々の周囲に存在する種々の現象は時間と共に変化する．例えば，日々の温度，電気回路における電圧や電流，太陽黒点数，経済活動を表す種々の指標，ヒトの脳波・心電図・脈波などの生体信号，地震の発生間隔，感染症患者数，工学プラントにおける複雑な振動などである．これらの変化情報は，通常時間と共に変動する時系列信号 (time series) として計測される．図 1.1 は，こうして計測された "複雑" な時系列信号の例を示している．これらの波形は，本書で扱うカオスダイナミクスを持つ決定論的非線形力学系のモデルから確率的な過程まで，様々な現象を時系列信号として示したものである．

　このような複雑な挙動を示す現象を時系列信号として観測し，その性質を解析し，更にはその挙動を予測・制御するという目的に対して，これまでは，周波数解析などの線形理論に基づく解析が主として用いられてきた．このような研究の流れは，例えば，1927 年の Yule [363] にまで遡ることができる．Yule [363] は，いわゆる自己回帰モデル (autoregressive model, 以下 AR) を不規則振動を表す基本モデルとして採用し，太陽黒点の変化の予測・解析について述べている．この後，例えば，AR の他に，移動平均モデル (moving average model, 以下 MA)，自己回帰移動平均モデル (autoregressive moving average model, 以下 ARMA) などの線形のモデリング手法 [254, 255] が，不規則振動を捉えるための手法として一時代を築いてきた [336, 256]．しかし，このような解析手法が必ずしも適切ではない現象の存在が明らかになってきた．カオス現象である．

　このことを実際に体験するために，図 1.2 に示す二つの時系列波形$(x_A(t), x_B(t)$

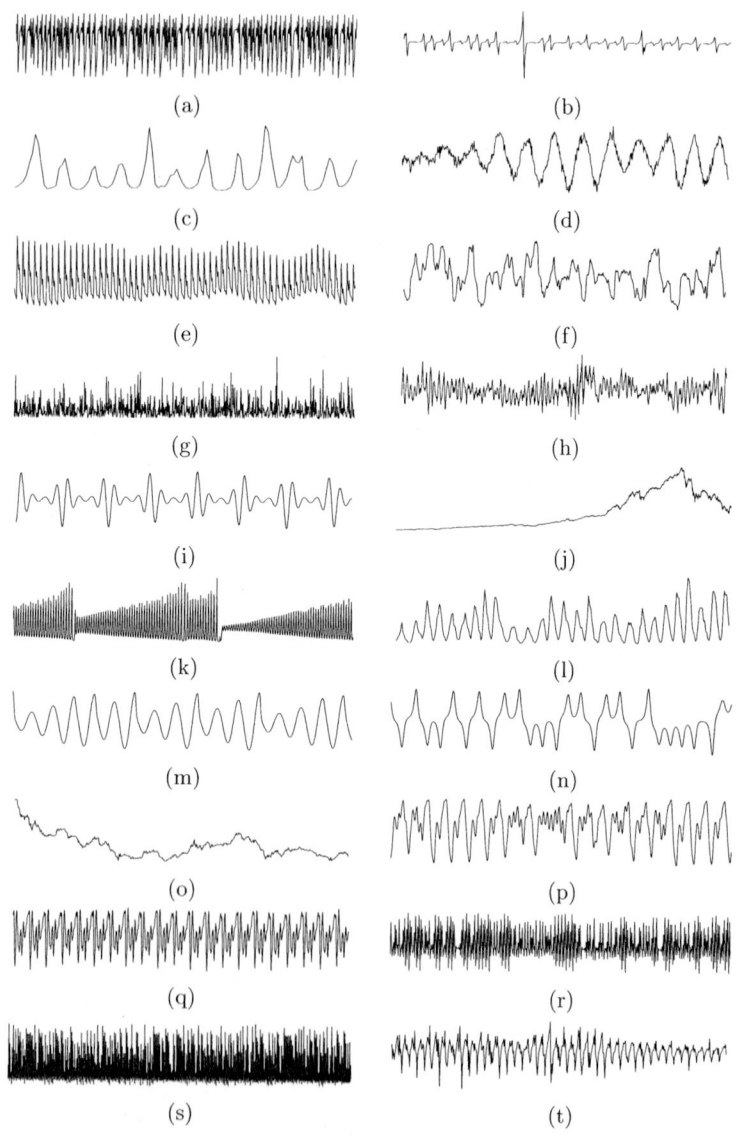

図 1.1: 実在する"複雑"な時系列信号の例.

これらの時系列信号の振舞いには，どのような特徴があるでしょうか．例えば，決定論的な揺らぎか，確率的な揺らぎかがわかるでしょうか．これらの時系列信号が何であるかは，本章の最後 (p.11) にまとめてあります．本書ではこのような様々な振舞いを示す時系列信号を解析して，その特徴を明らかにする手法について解説します．

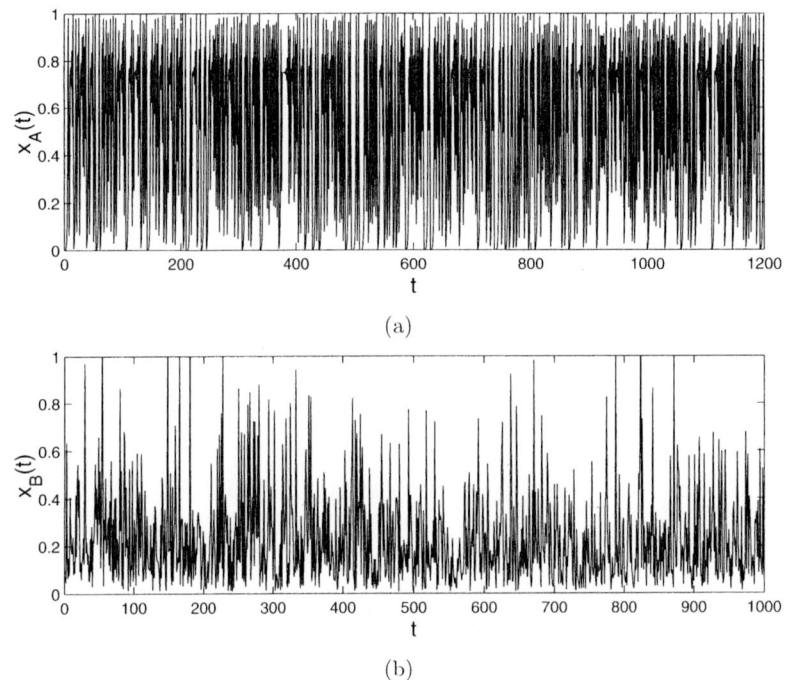

図 1.2: ある二つの時系列波形.

を観察してみよう. これらの時系列信号を見ると, 時間と共に一見ランダムに変動し, その変動の平均値と標準偏差が, ほぼ同程度であることなどが読み取れる.

これらの時系列信号の変動が, 本当にランダムと言えるかどうかをもう少し定量的に見ることにしよう. 周波数解析などの線形理論に基づく解析では, このようなランダムな変動が観測された場合, 例えば, パワースペクトラム密度を推定する等して, その特徴を抽出しようとする [122]. そこで, 図 1.2 の各時系列信号に対して, フーリエ変換を施すことにより, パワースペクトラム密度を推定してみよう. その結果が 図 1.3 である.

これらを見ると, (a), (b) 共に高周波成分までパワーがほぼ一様に残存し, これらの結果を見る限り, やはり共に, 白色雑音的でランダムな変動を示してい

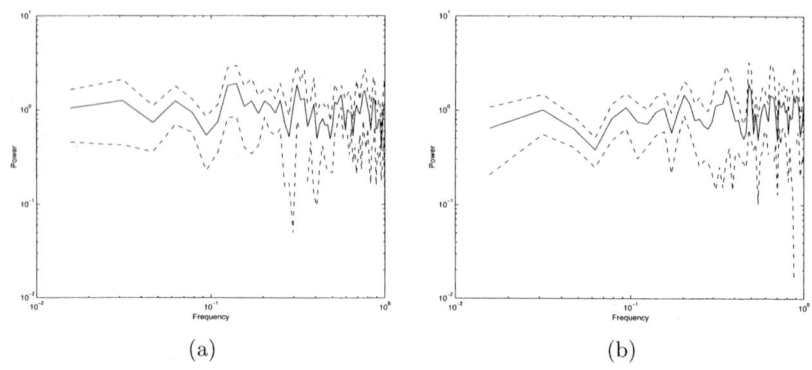

図 1.3: パワースペクトラム．

図 1.2 に示した各時系列信号に対して推定されたパワースペクトラム．各信号の交流電力(分散値)が1となるように正規化した後，時間幅が128点の32個の小区間に分割する．但し，各小区間の先頭時刻は，32時間ステップ分ずつ移動させている．次に，各小区間に対してフーリエ変換を施し，その平均値をパワースペクトラムとして推定している．各図における点線は，32個のパワースペクトラム推定の95%信頼区間を示す．

たことが確認できる．このように，周波数に分解するという手法に従えば，これらの時系列信号の間に有意な差を見いだすことは難しい．

ところが，これらの時系列信号に対して，図 1.3 で示したようにパワースペクトラムを推定するのではなく，少し変わった見方をしてみると驚くべき違いが出現する．それは，図 1.4 のように，1次元の時系列信号値 $y(t)$ を2次元ベクトル $(y(t), y(t+1))$ のペアに変換し，これを状態値として2次元空間内にプロットするのである．図 1.4 の変換は非常に単純であるが，この手法で得られる結果 (図1.5) は，図 1.3 で示した結果とは大きく異なり，$x_A(t), x_B(t)$ の間では全く異なる様相を呈している．$x_A(t)$ の場合，2次元状態空間 $(x_A(t), x_A(t+1))$ 内に放物線が現れたのに対し，$x_B(t)$ の場合，図 1.5(a) のような明確な構造を見いだすことは難しい．

なぜ，このような差が出現したのであろうか．からくりを知ってしまえば非常に簡単だが，実は，$x_A(t)$ の時系列は，

$$x(t+1) = ax(t)(1-x(t)) \tag{1.1.1}$$

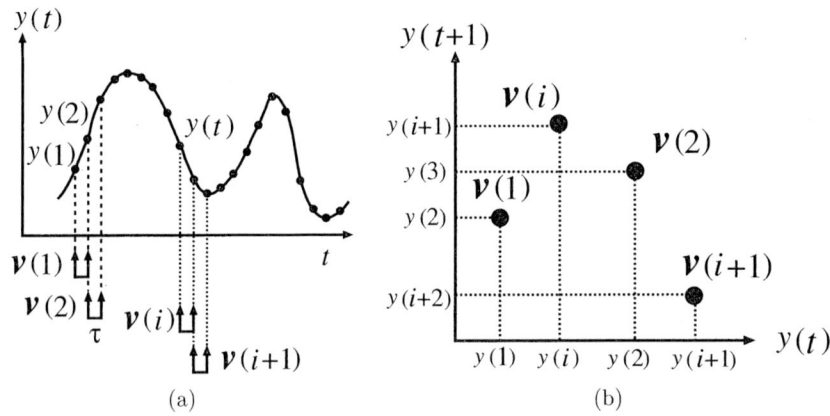

図 1.4: (a) 時系列信号 $y(t)$ の (b)「状態空間」$v(t)$ への変換.

で示されるロジスティック写像 (図 1.2(a) では, $a = 4$) と呼ばれる決定論的力学系の状態変数 $x(t)$ であったのに対し, $x_B(t)$ は, コバルトの γ 線放射の時間間隔の時系列データであったからである. つまり, 図 1.5 (a) の放物線は, 式 (1.1.1) の 2 次関数 ($y = 4x(1 - x)$) が現れたのである. ロジスティック写像から得られた結果は, $x_A(t)$ から $x_A(t + 1)$ への状態遷移規則が, 式 (1.1.1) により決定論的に定められるので, その関係式である放物線の上に点がプロットされる. 一方, 図 1.5 (b) を見ると, コバルトの γ 線放射の時間間隔データは, 依然としてランダムな様相を呈しており, $x_B(t)$ から $x_B(t+1)$ への状態遷移規則は, この結果を見る限り, 決定論的な関係としては抽出できないことがわかる.

式 (1.1.1) で表わされるロジスティック写像のように, 非常に単純な (1 自由度) 非線形写像が複雑な挙動を生じることがある [343, 212]. 図 1.2 (a) の例でもわかるように, 対象となるシステムに非線形性が存在すると, たとえ自由度が少数であっても, 確率的な現象に匹敵するランダムさを生み出すのである. 実際, コイントスによる表・裏を 0, 1 に対応させた任意のランダム系列は, 式 (1.1.1) で示したロジスティック写像を用いて, $x = 0.5$ を閾値とした状態変数 $x(t)$ の $\{0, 1\}$ への二値化により実現できることが証明できる [360].

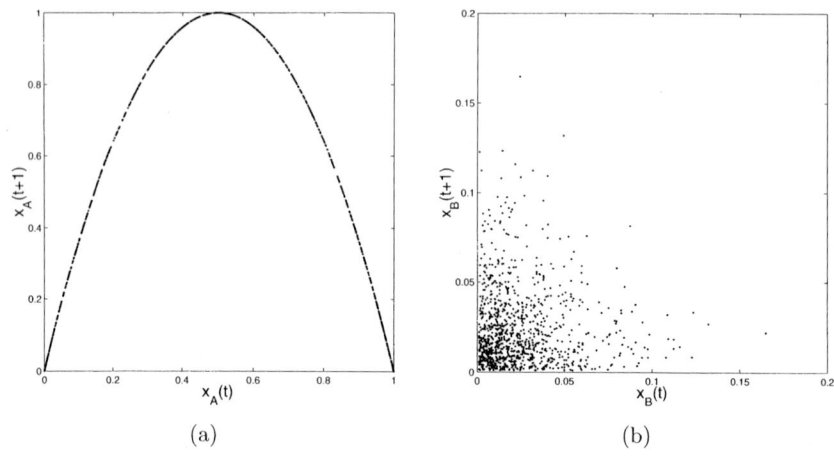

図 1.5: 図 1.2 の時系列の $(x(t), x(t+1))$ のプロット.

このようにシステムの状態遷移規則が決定論的であるにも関わらず，システム自体の非線形性によって確率系と等価な複雑さを産み出す現象は，現在では，決定論的カオス (deterministic chaos) と呼ばれている [186]．このような決定論的カオスの存在自体は，J.Hadamard や H. Poincaré らが活躍した 19 世紀末から知られていた [276, 15] が，今世紀に入ってから，S. M. Ulam と J. von Neumann の卓見 [343]，上田睆亮らのアナログ計算機による 2 次元非自律系常微分方程式系での不規則遷移現象の発見 [342]，ディジタル計算機による E. N. Lorenz のバタフライ効果の発見 [203]，サンプル値制御系における Kalman の研究 [165]，May によるロジスティック写像の数値解析 [212] 等，その全容が徐々に解明されてきた．そして現在では，計算機の驚異的な進歩も伴って，たとえ自由度が小さくても，システムの持つ非線形性によるカオス現象の遍在が，様々な非線形力学系のモデル [343, 203, 200, 212, 271, 272, 120, 129] を対象とした解析によって明らかにされている．さらに，理論解析及び実験の両面からのアプローチが，例えば，電気回路 [211]，神経応答などの脳・神経系 [13, 75]，生理リズムの揺らぎ [107] 等の種々の実在系をも対象として試みられている．

決定論的カオスの持つ豊富なダイナミクスが解明されるに従って，既存の時系列解析の分野にも衝撃を与えようとしている．カオス現象が広く知られる以

前は，複雑な応答を生み出すシステムは複雑で大自由度系であり，逆に自由度が少ない系からは複雑な応答は出て来ないという考えが支配的であったように思われる．そのため，たとえ決定論的カオスに対応する現象が実際に観測されていたとしても，「実験測定装置に問題があった」とか，「観測対象であった現象が，確率的な不規則振動であった」等と解釈することにより数多くの意味のある時系列信号が捨て去られていったのではないだろうか．

しかし，決定論的カオスの発見は，従来の確率的解釈と決定論的解釈の垣根を取り払い，これらの概念を融合させるための新しい架け橋となったのである [169]．決定論的カオスの発見とその遍在性が示唆された結果，今まで単なるノイズとして捨て去ってきた不規則な挙動を示す時系列信号をカオスの立場から再び見直し，「不規則な振動の本質が，少数自由度の非線形力学系のダイナミクスによるものである」という可能性を考慮して解析する新しいタイプの時系列解析が適用されるようになっている [84, 245, 244, 114, 5, 134, 135, 136, 63, 351, 240]．即ち，時系列信号の不規則さを生み出す原因を我々が知ることのできない誤差項として排除することなく，システムに本質的に内在する非線形性に求めようとする新しい時系列解析の手法である．このような観点から行われる時系列解析を，我々は「カオス時系列解析」と呼ぶ．

決定論的カオスとは，式 (1.1.1) に示すロジスティック写像のような，決定論的ダイナミクスを有する少数自由度システムの振舞いが，システムに内在する非線形性に起因して生じる複雑な現象である．非線形性は種々の実在系において，複雑な振舞いの本質的な役割を担うことが多く，従って，この意味において時系列信号の示す複雑さを確率的要素にのみ求めるのではなく，決定論的非線形性にも求めようとするカオス時系列解析のこの動機は極めて自然であると言えるだろう．このような考えに従って，近年，決定論的カオスの存在可能性の探求がカオス時系列解析を通じて行なわれ，例えば，神経応答や脳波信号 [16, 133, 131, 139, 138]，音声信号 [223, 121, 230, 333, 193]，心電図 [270] 等の生体システム，工学システム [14, 17]，経済活動を表す指標 [319] 等の様々な実データに対して適用された結果，カオスの存在に関する議論が活発化している．

このように，種々の実在系においてカオスの遍在性が議論されているが，複雑な現象の背後には，どのようなダイナミクスが存在していたのか，そして，確

率的要因がその複雑さを生み出したのか，それとも，決定論的非線形性にその原因があるのかを見極めることがまず必要となる．ここで，「複雑な変化を示す現象が決定論的カオスであるかどうか」という質問に対して答を出すための最も着実な方法の一つは，システムに固有のパラメータを変化させた結果生じる分岐現象 (bifurcation) の観測 [211, 334, 233] と，カオスへのルート (route to chaos) [14] の存在の確認である．しかし，例えば，生体システム，社会システム，経済システムなどの，リアルワールドに存在する数多くの実システムでは，システムパラメータを変化させることが容易でないだけではなく，仮にこれらのパラメータを同定できたとしても，再実験を行なうこと自体が本質的に不可能である場合が多い．このような悪条件に加え，時系列解析で我々が手にできる情報 (時系列信号) は，測定時間・精度共に有限であり，しばしばノイズに汚されたものとなる．時系列解析では，このような制限された状況下でも，観測された時系列信号だけから，解析対象となる現象に対して，一体それが何であったのか，何がいえるのかということがしばしば要求される，いわゆる「不良設定問題」である．

時系列解析の研究そのものには，三つの過程があると言ってよいだろう．

(1) 対象構造の理解
(2) モデリング
(3) 予測・制御

である [21]．従来の統計的時系列解析の分野でも指摘されているように，工学などにおける最終目標の一つは，あるシステムから得られる複雑な変動の予測と制御にあるため，特に (1) は無視されることが多いが，(1) を精密に行なうことにより，対象システムの特徴，特性などをより詳しく知ることができる [21]．その結果，(2) のモデリングにおいて，より本質的なモデルの構築が可能となるだろう．より良いモデルを使えば，(3) の予測・制御という目標に大きな影響を与え，結果として予測精度・制御効率が向上することが期待できる．即ち，複雑な挙動を示す時系列の予測を効率的に行なうためにも，対象となるシステムの解析とその構造理解は重要なのである [21]．

さて，複雑な時系列を決定論的カオスの側面から解析する時には，決定論的非線形力学系から生じる現象の特徴を定量化しなければならない．つまり，決

定論的カオスの特徴を考慮する必要があるのだが，これには，以下の性質をあげることができるだろう．

(1) 軌道不安定性 (orbital instability)
初期変位が指数関数的に伸ばされて，最終的にはアトラクタのサイズにまで拡大される．初期変位の伸び率は，リアプノフ指数 [279, 82, 356] で定量化される．

(2) 長期予測不能性 (long-term unpredictability)
(1) の軌道不安定性という性質があるので，無限大の精度で初期状態を観測しない限り，観測誤差が指数関数的に拡大される．その結果，長期的には予測不可能となる．しかし，決定論的ダイナミクスに従ってはいるので，良いモデルを作れば短期的には予測可能となる．このような特徴は，決定論的非線形予測 [204, 87, 89, 220, 61, 196, 63, 351, 144] と呼ばれる手法を用いて解析される．

(3) 有界性 (boundedness)
(1) の軌道不安定性 のみでは，初期変位における誤差が拡大されるのみで発散する．アトラクタとして漸近安定な状態を保つためには，非線形折り返しによる再帰運動により，有界な領域に存在する必要がある．

(4) アトラクタのフラクタル性，自己相似性 (self-similarity)
カオス力学系のアトラクタの幾何学的な構造は，多くの場合自己相似構造 (フラクタル構造) をもつ．自己相似性は，非整数のフラクタル次元で定量化される．そこで，アトラクタの構造をフラクタル次元解析 [112, 317, 305, 160, 161] を通じて定量化する．

(5) 非周期性 (nonperiodicity)
時系列信号として観測したときに，非周期的な挙動を示す．例えば，図 1.2 (a) はその典型例である．従って，パワースペクトラムの推定は，カオス時系列解析にとっても，依然重要な解析手法の一つである (図 1.3)．

本書では，カオス時系列解析において必要となる定量的な解析手法について述べていく．まずはじめは，アトラクタの再構成と呼ばれる手法 (第 2 章，第 3 章) である．図 1.4 で，1 変数の時系列信号 $y(t)$ から 2 次元状態空間 $\boldsymbol{v}(t) = (y(t), y(t+1))$ を構成すると，図 1.5 のようにな特徴づけが可能となることを示したが，実は，

この 1 変数の時系列信号からの 2 次元状態空間の構成は，第 2 章で解説するアトラクタの再構成法の最も簡単な例である．そして，この手法は，フラクタル次元解析，リアプノフスペクトラム解析などの定量的な解析手法全てに対する重要な基本技法である．カオス時系列解析に不馴れな読者は，まず始めに第 2 章を精読していただきたい．このように，第 2 章の内容は特に重要なので，その数学的な基盤となる「埋め込み定理」[318, 285] の証明を，第 3 章に独立させ詳しく述べている．第 3 章での埋め込み定理の証明は，文献 [285] で示されている証明方法と若干異なるシナリオとなっている．埋め込み定理を数学的に知りたい読者は，第 3 章を参考にしていただきたい．他方で，カオス時系列解析の基本であるアトラクタの再構成法や，フラクタル次元解析，リアプノフスペクトラム解析などの定量解析をまず知りたいという読者は，第 3 章を読み飛ばして頂いても，十分に理解できる構成となっている．

　第 4 章，第 5 章，第 6 章はカオス時系列解析の定量化手法である．まず，第 4 章では，フラクタル次元とリアプノフ指数を中心に，カオスを定量化する尺度を時系列信号から推定する手法について解説している．第 5 章は，非線形予測の手法についてまとめてある．不規則信号の予測という直接的な課題を解決するために用いる非線形予測法の具体的なアルゴリズムと予測特性，そして，非線形予測の手法を用いた不規則時系列信号の同定法を解説した．最後に，第 6 章は，サロゲートデータ法と呼ばれている統計的解析手法である．時系列解析が不良設定問題であることはすでに述べたが，統計的仮説検定等の導入により，統計量の推定等に関する信頼性を向上させる必要がある．カオス時系列解析の手法が広く知られるようになった現在では，第 6 章で説明する統計的解析手法を用いることは必須である．

　本書の最後には，カオス時系列解析とそれに関連する分野の文献を収集・整理した．現在では，カオス時系列解析に関する研究は大変盛んになっており，カオス時系列解析に関連した多くの論文が次々と発表されている．参考文献の欄を見て頂くと分かるが，カオス時系列解析に関する論文は，例えば，数学系，物理系，工学系などの広範囲に及んでいる．これらの論文誌の中には，WWW 上で掲載論文を閲覧できるようにしているものもあるので，過去の論文だけでなく，最新の論文をチェックするには，それらのサイトを参考にするのも良い

方法であろうと思う．

　なお，本書における解析結果や図の作成において，口絵1−6，図4.5,4.6(b)，図4.16−4.19，図4.39−4.43，図5.13−5.19の(b)，図5.20−5.26 では，(株)あいはら の Chaos-Times (http://www.aihara.co.jp/rdteam/chaostimes/) を，その他の図表の作成においては，米国 The Mathworks, Inc. の MATLAB$^{\rm TM}$ (http://www.mathworks.com/) を用いた．ChaosTimes は本書の著者の一人である山田が中心となって開発したカオス時系列解析システムで，カオスの様々な特徴量解析，決定論的非線形予測手法及び解析結果の可視化を提供するソフトウェアであり，このような基礎解析ツールを正しく活用することが重要である．

　図 1.1 の時系列信号の正体：(a) エノン写像の第1変数 (カオス)，(b) ニューヨーク麻疹患者数の変動，(c) カナダ山猫 (リンクス) 捕獲数，(d) サンタフェ研究所時系列解析コンテストでの E.dat (白色矮星発光強度)，(e) 人の指尖脈波，(f) ローレンツ方程式第1変数のサロゲートデータ，(g) コバルト γ 線放射の時間間隔 (ランダム)，(h) 脳波信号，(i) ラングフォード方程式第1変数(トーラス)，(j) 日経平均株価，(k) サンタフェ研究所時系列解析コンテストでの A.dat (NH_3 レーザ発振強度信号，カオス的)[350, 130]，(l) 太陽黒点数の年平均変動，(m) レスラー方程式第1変数 (カオス)，(n) ローレンツ方程式第1変数 (カオス)，(o) 対ドル円相場の変動，(p) マッケイ−グラス方程式 (カオス)，(q) 日本語母音「あ」，(r) 池田写像の第1変数 (カオス)，(s) 正弦波電流刺激に対するヤリイカ巨大軸索の応答 (カオス)，(t) ニューヨーク水疱瘡患者数の変動．

第2章

時系列の埋め込みの実践

2.1 はじめに

　決定論的カオスの特徴には，アトラクタの構造的特徴である自己相似性 (フラクタル性) や，力学的特徴である軌道不安定性，そして，これに起因して生じる長期予測不能性などがある．従って，カオス時系列解析の具体的な手法としては，例えば，フラクタル性を定量化するフラクタル次元解析 [112, 160, 161]，軌道不安定性を定量化するリアプノフスペクトラム解析 [279, 82, 356, 36] などが用いられる．また，長期予測不能性の解析に関しては，直接，非線形ダイナミクスを推定する決定論的非線形予測 [204, 87, 89, 220, 61, 196, 144, 146] が用いられており，この応用としてノイズリダクション [89, 292, 281] と呼ばれる幾何学的フィルタリングなどが，実データ解析に応用されている．

　これらの手法を用いる時，即ち，不規則時系列信号を決定論的カオスの観点から解析しようとする時，まず始めに行なわなければならないのは，力学系のアトラクタの再構成 [318, 285] であり，この段階の成否が上に挙げた種々の定量的解析における成否を握ることになる [135]．

　アトラクタの再構成法として現在最もよく用いられるのは，観測時系列から時間遅れ座標系への変換である．この変換が埋め込みであることは，数学的にはいくつかの仮定の下で Takens の埋め込み定理 [318, 285] により保証される．Takens の埋め込み定理は，1936 年の H. Whitney による埋め込み定理 [353] を，力学系の観測問題として，観測関数を介した一変数時系列より構成する時間遅れ座標系への変換へ拡張した定理である．理論的には，データの精度及びデー

タ数が無限で，ノイズがないという条件の下では，ほとんど無視できる特殊な場合を除いて時間遅れの値は"ほぼ"任意である [318, 285]．しかし，実データを解析対象とする場合，これらの条件は満たされることはほとんどあり得ない．そのため，時間遅れの設定や座標変換の導入などによる，最適なアトラクタの再構成についての研究が数多くなされているが，これらの問題は依然未解決である．更に，現在では，フィルタリングの問題および再構成状態空間の次元に関する条件と併せた議論が，D.S.Broomhead ら [44] や T.Sauer ら [285] によりなされている．これらの研究は，有限精度，有限長のノイズを含む観測時系列信号が与えられたとき，更には，時系列信号がフィルタリングされている時，如何に最適な状態空間を再構成するかという問題を考慮することの重要性を示している．

第 2 章 では，このようなノイズを含む状況等，実験データの解析を含む場合について，測定された (少なくとも 1 変数の) 時系列信号から，力学系のアトラクタをどのように再構成するか [64, 106] という課題とその解決法について説明していく．この章で述べる埋め込み定理の数学的証明に関しては，第 3 章を参照して欲しい．

2.2 力学系のアトラクタと観測時系列信号からのアトラクタの再構成

2.2.1 力学系とアトラクタ

力学系 (ダイナミカルシステム, dynamical systems) とは，どのようなものだろうか．力学系とは，ある時刻における状態が，微分方程式，差分方程式，微差分方程式により決定されるシステムをいう．一般に k 次元の力学系では，任意の時刻におけるシステムの状態の変化則は，k 個の状態変数の関数により記述される．例えば，離散時間力学系の場合，式 (2.2.1) のような写像 (difference equation) により，

$$\boldsymbol{x}(t+1) = \boldsymbol{f}_{\boldsymbol{\mu}}(\boldsymbol{x}(t)) \quad (2.2.1)$$

また，連続時間力学系の場合，次のような微分方程式 (differential equation) により，

$$\frac{d\boldsymbol{x}(t)}{dt} = \boldsymbol{f}_{\boldsymbol{\mu}}(\boldsymbol{x}(t)) \quad (2.2.2)$$

のように表すことができる．但し，$x(t)$ は時間 t における力学系の状態空間を構成する多様体 M 上でのシステムの状態，f は k 次元非線形関数，μ はシステムを制御するパラメータベクトルである．なお，式 (2.2.1) では，t を離散時間として，式 (2.2.2) では，t を連続時間とした．

さて，式 (2.2.1)，式 (2.2.2) の右辺の f には，明示的に時間 t が含まれていない．このような系を自律系 (automonous system) と言う．これに対し，例えば，

$$x(t+1) = f_\mu(x(t), t) \tag{2.2.3}$$

や

$$\frac{dx(t)}{dt} = f_\mu(x(t), t) \tag{2.2.4}$$

のように，f に t が明示的に含まれる系を非自律系 (non-automonous system) という．

式 (2.2.1)–(2.2.4) などの力学系に初期条件を与え，十分時間が経った後の，k 次元状態空間内での漸近的な振舞いを力学系のアトラクタ (attractor) という．力学系のアトラクタは，

(1) 平衡点 (fixed point)
(2) リミットサイクル (limit cycle)
(3) トーラス (torus)
(4) ストレンジアトラクタ (strange attractor) あるいは カオス (chaos)

に分類される．旧来より知られていた，固定点，リミットサイクル，トーラスなどのアトラクタの次元は整数値をとる．これに対し，カオス力学系のアトラクタは，フラクタル構造を有することが多く，この場合，アトラクタの次元は非整数のフラクタル次元となる．この意味において，カオス力学系の示すアトラクタは上記 (1) 〜 (3) のアトラクタとは異なるので，ストレンジアトラクタと呼ばれている．一方，全くランダムなデータならば，理論的には空間を埋めつくすので，状態空間の次元と等しくなる (表 2.1)．

2.2.2 力学系とダイナミカルノイズ，観測ノイズ

さて，実際の実験においては，式 (2.2.1) や式 (2.2.2) に示したような，k 次元空間内における全状態変数 x を完全に観測できるわけではない．即ち，我々

表 2.1: 状態空間内でのアトラクタの分類. 文献 [13] を改変.

	平衡点	リミットサイクル	k トーラス	ストレンジアトラクタ	ランダム
状態空間					
振舞い	平衡状態	周期	準周期	カオス	ノイズー
構造	点	閉曲線 R/Z	R^k/Z^k ($k \geq 2$)	フラクタル構造	無構造
次元	0	1	k	非整数	状態空間 n
リアプノフスペクトラム	$\lambda_i < 0$ ($i=1,\ldots,n$)	$\lambda_1 = 0$ $\lambda_i < 0$ ($i=2,\ldots,n$)	$\lambda_i = 0$ ($i=1,\ldots,k$) $\lambda_i < 0$ ($i=k+1,\ldots,n$)	$\lambda_i > 0$ ($i=1,\ldots,m-1$) $\lambda_m = 0$ $\lambda_i < 0$ ($i=m+1,\ldots,n$)	
波形					

2.2 力学系のアトラクタと観測時系列信号からのアトラクタの再構成

が通常観測できるのは，観測器を介して得られる $m(\leq k)$ 変数の時系列 $\boldsymbol{y}(t)$ である．更に，実験系では，観測ノイズ，ダイナミカルノイズと呼ばれる擾乱が加わることになる．これらをまとめると，実際の場面における力学系と観測時系列との関係は，例えば，式 (2.2.1) の離散力学系の場合，ノイズが加法的であるとすれば，以下のように考えることができる．

$$\boldsymbol{x}(t+1) = \boldsymbol{f_\mu}(\boldsymbol{x}(t)) + \boldsymbol{\eta}(t) \qquad (2.2.5)$$

$$\boldsymbol{y}(t) = \boldsymbol{g}(\boldsymbol{x}(t)) + \boldsymbol{\xi}(t) \qquad (2.2.6)$$

ここで，$\boldsymbol{\eta}(t)$，$\boldsymbol{\xi}(t)$ は，各々，ダイナミカルノイズ (dynamical noise)，観測ノイズ (observational noise) と呼ばれる．ダイナミカルノイズ は，力学系の時間発展に対する擾乱である．例えば，ディジタルコンピュータを用いる場合の丸め誤差は，非常に小さいレベルのダイナミカルノイズ と考えることができる．一方，観測ノイズは，式 (2.2.6) における観測関数を介する際に含まれるノイズであり，観測器や通信路に依存する．関数 $\boldsymbol{g}$ は，力学系の状態変数を k 次元状態空間から，我々が観測できる m 次元状態空間へ写すスタティックな変換を表し，これが m 個の観測時系列を取り出す操作に対応する．

2.2.3 力学系の観測と埋め込み定理 —— 多変数の場合 ——

式 (2.2.1) や式 (2.2.2) で記述されるような力学系が存在する時に，一体我々はいくつの座標軸を用いれば，元の軌道が再構成できるであろうか．即ち，未知の力学系 (k 次元) を m 個の測定点で観測するとき，m をいくつにすれば，軌道を再構成することができるであろうか．この問題を考える上で基礎となるのが，H. Whitney の研究に基づく埋め込み定理 [353, 285] である．

定理 2.2.1 （ホイットニーの埋め込み定理） A を d 次元のなめらかな多様体とする．このとき，A から $\mathbf{R}^{2d+1}$ へのなめらかな写像全体の中で，埋め込み (embedding) となる写像の集合は C^1 位相で稠密な開集合となる．ただし，"なめらか"という言葉を C^1 級の意味で用いる．

ここで，「あるなめらかな写像 F が埋め込みである」とは，F が 1 対 1 (one-to-one) でかつはめ込み (immersion) であって，さらに，F が A から $F(A)$ への同相写像 であることである．もしも A がコンパクトであれば，F が 1 対 1 かつ

はめ込みならば，F は埋め込み (embedding) である．ただし，F がはめ込みとは，$x \in A$ における F の微分 $DF(x)$ が 1 対 1 写像となることである．図 2.1 に，1 対 1 であるがはめ込みではない場合，逆に，はめ込みではあるが 1 対 1 ではない例をあげている．

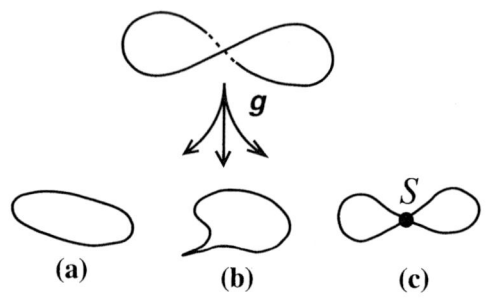

図 2.1: 1 対 1, はめ込み, 埋め込み.
1 次元多様体を観測関数 g を通して $\mathbf{R}^2$ で観測すると，(a) 埋め込み (1 対 1 でかつはめ込み) となる，(b)1 対 1 ではあるが，はめ込みではない，(c) はめ込みではあるが，1 対 1 ではない場合がある．(b) では，尖った部分において微分が 1 対 1 とならないためはめ込みとならない．一方，(c) では，点 S において 1 対 1 とならない．

さて，定理 2.2.1 において用いられている稠密な開集合 (open and dense) について成立する性質は generic とも呼ばれるが，場合によっては有限空間においてすらその測度は極めて小さくなるため，実際に実現できるかどうかという観点から考えると必ずしも適当でない．さらに，対象とするのは無限次元空間である．そこで，以下のプレバレント (prevalent) の概念 [126] を用いて，「ほとんど全て」ということを表現することが重要になる．

定義 2.2.1（プレバレント） ノルム空間 V におけるボレル集合 S がプレバレントであるとは，V のある有限次元部分空間 E が存在して，任意の $v \in V$ に対して，ほとんど全ての $e \in E$ に対して $v + e \in S$ となる．

簡単にいえば，S がプレバレントであるとは，V 内のいかなる点 v に対しても，E で決められる有限次元方向にそって空間を動くならば，ほとんど全ての点は S に属するということである．このプレバレントの概念に基づいて，以下の定理が成立する [285]．

定理 2.2.2（ホイットニー埋め込みプレバレント定理） A を $\mathbf{R}^k$ 内のコンパクトでなめらかな多様体とし，その次元を d とする．$m > 2d$ のとき，$\mathbf{R}^k$ から $\mathbf{R}^m$ へのほとんど全て (almost every) の C^1 級関数 $\boldsymbol{g} = (g_1, \ldots, g_m)$ は $\mathbf{R}^m$ での A の埋め込み (embedding) となる．

さて，なぜ次元の2倍より大きい数の座標が必要なのかを，簡単な例を使って考えてみよう．今，$\mathbf{R}^k$ 内に $d = 1$ の多様体 A があるとする（図 2.2）．この A を $g : \mathbf{R}^k \to \mathbf{R}^1$ という関数により観測するとしよう．このとき写像 g によって A は押し潰され，その結果，ほとんど全ての部分で1対1にならない．

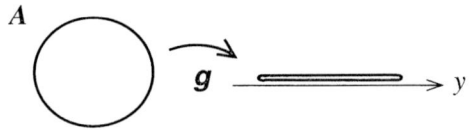

図 2.2: 1次元の多様体を $\mathbf{R}^1$ で観測する．

1次元の多様体(輪) を $\mathbf{R}^1$ で観測すると，観測空間内では元の多様体 (輪) がつぶれて，ほぼ全ての部分 (両端の2点を除く部分) で1対1とならないことがわかる．

次に，写像 $g : \mathbf{R}^k \to \mathbf{R}^2$ によって A が観測されるとする．図 2.3 (a) に示した例は，埋め込みになっている例である．しかし，図 2.3 (b) では，点 S において交差 (self-intersection) が存在し1対1とならない．仮に，観測関数 g を少し変化させたとする．つまり，観測関数に摂動 (perturbation) を与え，観測の仕方を少し変化させたときを考えても，交差する位置 S は少し変わるが，$\mathbf{R}^2$ において観測する限り，交差していることの本質的な解消にはならない．

最後に，$\mathbf{R}^3$ において観測する場合が図 2.4 である．この場合，上の2例とは異なる状況が生じる．図 2.4 (b) は，図 2.3 (b) と一見同じ状況にある．しかし，図 2.4 (b) は図 2.3 (b) とは異なり，交差 S は，観測関数 g に与えることのできるほとんどすべての摂動によって消滅し，1対1の状況をつくり出すことができる (図 2.4 (c))．

即ち，$d = 1$ の多様体から $\mathbf{R}^3$ への写像について考えると，たとえ，交差するような観測関数があったとしても，観測関数に摂動を与えることにより"う

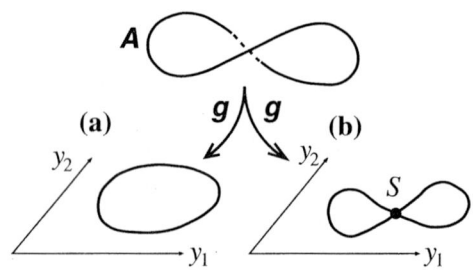

図 2.3: 1次元の多様体を $\mathbf{R}^2$ で観測する.
(a) 交差 のない時と (b) 交差 が生じている時. (a) の場合は1対1かつはめ込みとなっているが, 観測の仕方によっては, (b) のように, 1対1の状況が成立しない場合もあり得る. (b) における交差 S は, $\mathbf{R}^2$ で観測している限り, 観測の仕方を少し変える ($g + \Delta g$ とすることに対応) ぐらいでは解消しないことに注意しよう.

まくいく" こと, 即ち, 1対1写像が実現されることがわかる. 一般的に, $\mathbf{R}^m$ 内において, d_1, d_2 次元の二つの集合が存在し交わるならば, 交差の集合の次元 D_I は, $D_I = d_1 + d_2 - m$ であり, $D_I \geq 0$ のときに交差が生じると考えて良い. 逆に, 交差が生じ得ないのは $D_I < 0$ の場合であり, この時 $m > d_1 + d_2$ となる. $d_1 = d_2 = d$ とすると, $m > 2d$ となることがわかる.

ところで, カオス力学系の場合, そのアトラクタ A は一般にストレンジアトラクタ (フラクタル集合) である. この時, 定理 2.2.2 は, 再構成状態空間の次元の条件に関して, 以下のように拡張される [285, 240].

定理 2.2.3（フラクタルホイットニー埋め込みプレバレント定理） A を $\mathbf{R}^k$ 内のコンパクトな部分集合, そのボックスカウント次元[1] を D_0 とする. また, m を $m > 2D_0$ なる自然数とする. この時, $\mathbf{R}^k$ から $\mathbf{R}^m$ へのほとんど全ての C^1 級写像は,

(1) A 上で1対1である.
(2) A に含まれるなめらかな多様体のコンパクトな部分集合上ではめ込みとなる.

---

[1] ボックスカウント次元についての詳しい説明は, 第4章 p.130 を見てほしい.

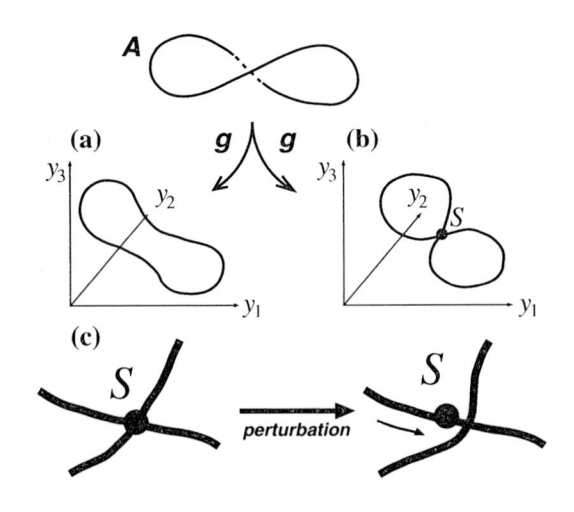

図 2.4: 1次元多様体を $\mathbf{R}^3$ で観測する.
(a) 交差のない時と (b) 交差が生じている時. (a),(b) は図 2.3 と同じではあるが，(c) を見るとわかるように，観測関数に摂動が与えられると，(b) 図の点 S において存在した交差は，$\mathbf{R}^3$ 内では容易に消滅してしまう.

この定理では，A が $\mathbf{R}^k$ 内のコンパクトでなめらかな多様体の場合だけでなく，ある力学系のストレンジアトラクタである場合にも，次元の条件についてはボックスカウント次元 (容量次元) を用いることで適用可能となるように拡張されているところがポイントである．なぜ，ボックスカウント次元なのか，また，2倍より大きい座標軸が必要なのかは，フラクタル集合の場合は絵に描くことは難しいが，前述の定理における直観的な理解と同様に考えることができる [285]．

$\mathbf{R}^m$ において一辺 ϵ の二つのボックスが交わる確率は ϵ^m のオーダである．$\mathbf{R}^m$ 内にボックスカウント次元 d_1, d_2 の集合 S_1, S_2 があるとき，これらの集合を ϵ サイズのボックスで被覆する．被覆に必要な数を各々 $N_1(\epsilon)$, $N_2(\epsilon)$ とすると，$N_1(\epsilon) \propto \epsilon^{-d_1}$, $N_2(\epsilon) \propto \epsilon^{-d_2}$ となる．よって，各集合を被覆する箱の組合せは $N_p \sim \epsilon^{-(d_1+d_2)}$ と表される．これより，S_1, S_2 を覆った箱のいかなる組合せにおいても交わりが存在しない確率は $\sim \epsilon^{-(d_1+d_2)}\epsilon^m = \epsilon^{m-d_1-d_2}$ である．よって，$m > d_1 + d_2$ であれば，十分小さい ϵ に対してこの確率は 0 となる．即ち，$\mathbf{R}^m$ 内におけるボックスカウント次元 d_1, d_2 次元の集合は，$m > d_1 + d_2$

のとき確率1で交差しないと考えて良いであろう [285].

2.2.4　力学系の観測と時間遅れ座標——一変数の場合——

　ここまでは，多変数の同時観測可能性を前提としたものであったが，実験などでの現実のシステムでは，このような同時観測を行なえるケースはむしろ珍しい．例えば，最悪の場合，1変数の時系列データ $y(t)$ が観測できるのみである．また，仮に，2変数以上の信号が観測できたとしても，それらの時系列信号が，実際に多次元力学系の変数に対応する考えて良いかどうかは，難しい問題である．このような場合は，計測された1変数の時系列データから高次元空間における力学系のアトラクタの軌道を再構成することが必要となる．現在，このアトラクタの再構成に最も多く使われる手法は時間遅れ座標系への変換であるが，これは，1980年代初めに提案され，数学的にも基礎づけられたものである．

　もし，時系列信号 $y(t)$ が微分方程式により記述されていたとすれば，次のような，

$$(y(t), y'(t), y''(t), \ldots) \tag{2.2.7}$$

という微分座標系を使うことが考えられる．式 (2.2.7) の変換によって，アトラクタの特徴量の一つであるリアプノフ指数が保存されることが，N. H. Packard, J. P. Crutchfield, J. D. Farmer & R. S. Shaw の力学系集団により数値解析で示されている [242].

　しかし，この手法は実データのようなノイズを含む場合には適さない．なぜなら，微分するという操作はハイパスフィルタを施すことに相当し，通常高域にも大きなパワーを持つノイズを強調する可能性があるためである．これを避けるための手法として，D. Ruelle と N. Packard らにより，一定の時間遅れ毎の差分による時間遅れ座標系を用いる手法が提案された．文献 [242] においては，時間遅れ座標系への変換の有効性も示されている．現在では，1変数の時系列信号 $y(t)$ からアトラクタを再構成するための手法として，この変換が最も良く用いられる [242, 318].

　さて，具体的な時間遅れ座標系への変換は，時間遅れの大きさを τ として，m 次元の再構成状態空間において，式 (2.2.8) のような m 次元ベクトル

$$\boldsymbol{v}(t) = (y(t), y(t+\tau), \ldots, y(t+(m-1)\tau)) \tag{2.2.8}$$

を構成すれば良い(図 2.5). なお，歴史的には，Yule も同様な時間遅れ座標系を用いた解析を行なっている [363]. 但し，文献 [363] では，

$$\boldsymbol{v}(t) = (y(t) + y(t-2), y(t-1))$$

という座標系が用いられている.

F. Takens は再構成状態空間の次元 m が $2d+1$ 以上であれば，式 (2.2.8) による観測時系列から再構成状態空間への変換が埋め込みであることを以下の定理として証明した [318]. また，[318] と同じ講義録に同様の結果が R. Mañé によっても示されている [207]. この他に，Aeyels も類似の研究をほぼ同時期に発表している [11].

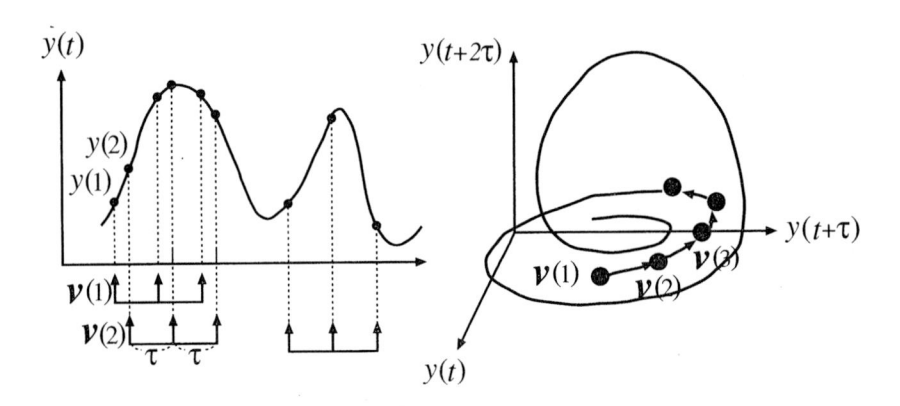

図 2.5: 時間遅れ座標系による 1 変数時系列からのアトラクタ再構成.
(a) 1 変数の時系列信号から，(b) $m(=3)$ 次元再構成状態空間へ変換することで，アトラクタの再構成が可能となる. 実例については，図 2.10 – 図 2.24 を参照のこと.

定理 2.2.4 (ターケンスの埋め込み定理 (写像)) d 次元のコンパクトな多様体 M と C^2 級写像 $\boldsymbol{f} : M \to M$, $g : M \to \mathbf{R}^1$ が与えられたとき, $m > 2d$ であれば, 次式の写像 $V : M \to \mathbf{R}^m$ は, 生成的に (generic) 埋め込みである.

$$V(\boldsymbol{x}) = (g(\boldsymbol{x}), g(\boldsymbol{f}(\boldsymbol{x})), g(\boldsymbol{f}^2(\boldsymbol{x})), \ldots, g(\boldsymbol{f}^{m-1}(\boldsymbol{x}))) \tag{2.2.9}$$

ターケンスの定理では，C^2 級写像となっているが，C^1 級写像でも成立することが L. Noakes により示されている [232]．

現在では，定理 2.2.4 は，ホイットニーの埋め込み定理の場合と同様，(1) プレバレントの概念を導入し，(2) 次元に関する条件を拡張するなどにより，連続系，離散系の各場合について，以下の定理 2.2.5，定理 2.2.6 として成立することが，T. Sauer, J. A. Yorke & M. Casdagli により示されている [285]．

定理 2.2.5（フラクタル時間遅れ埋め込みプレバレント定理(連続系)）Φ を $\mathbf{R}^k$ の開部分集合 U 上のフロー，A を U のコンパクトな部分集合，A のボックスカウント次元を D_0 とする．また，$m > 2D_0$，時間遅れを $\tau > 0$ とする．A には，たかだか有限個の平衡点と有限個の $p\tau (3 \leq p \leq m)$ の周期の周期解しか存在せず，τ あるいは 2τ の周期解はないとする．さらに，これらの周期軌道のリターン写像のヤコビアン行列は異なる固有値を持つとする．この時，ほとんど全ての U 上の C^1 級関数に対して，次式の時間遅れ座標への変換 V は，

$$V(\boldsymbol{x}) = (g(\boldsymbol{x}), g(\Phi_{-\tau}(\boldsymbol{x})), g(\Phi_{-2\tau}(\boldsymbol{x})), \ldots, g(\Phi_{-(m-1)\tau}(\boldsymbol{x}))) \quad (2.2.10)$$

(1) A 上で 1 対 1 である．
(2) A に含まれるなめらかな多様体のコンパクトな部分集合上ではめ込みとなる．

定理 2.2.6（フラクタル時間遅れ埋め込みプレバレント定理(離散系)）f を $\mathbf{R}^k$ の開部分集合 U 上の微分同相写像，A を U のコンパクトな部分集合，A のボックスカウント次元を D_0 とする．また，$m > 2D_0$ とする．$p \leq m$ なるすべての自然数 p に対し，p 周期点の集合 A_p のボックスカウント次元は，$p/2$ より小さいとする．さらに，これらの周期軌道に対するヤコビ行列 Df^p は異なる固有値を持つとする．

この時，ほとんど全ての U 上の C^1 級関数 g に対して，次式の時間遅れ座標への変換 V は，

$$V(\boldsymbol{x}) = (g(\boldsymbol{x}), g(\boldsymbol{f}(\boldsymbol{x})), g(\boldsymbol{f}^2(\boldsymbol{x})), \ldots, g(\boldsymbol{f}^{m-1}(\boldsymbol{x}))) \quad (2.2.11)$$

(1) A 上で 1 対 1 である．

(2) A に含まれるなめらかな多様体のコンパクトな部分集合上ではめ込みとなる．

これらの定理では，定理 2.2.1，定理 2.2.2 とは異なり，A の周期軌道に関する条件も付記されていることに注意しよう．これは，定理 2.2.5 や定理 2.2.6 が，一変数の観測系を介した場合の定理であり，全変数を観測できる場合に比べると強い制約を受けているためである．なお，これらの定理では，時間遅れ座標系への変換に関して述べられているが，式 (2.2.7) の微分座標系による再構成においても，次元の条件自体は同様であると考えられる．

さて，ここまでは，最悪の状況として 1 変数しか観測できない場合を述べているが，前節で述べたように多変数が同時計測できる場合にも同様の議論が行なえる．その場合，時間遅れ座標の構成を，

$$V_m(\boldsymbol{x}) = (\overbrace{g_1(\boldsymbol{x}), g_1(\boldsymbol{f}(\boldsymbol{x})), \ldots, g_1(\boldsymbol{f}^{m_1-1}(\boldsymbol{x}))}^{m_1 \text{delays}},$$
$$\overbrace{g_2(\boldsymbol{x}), g_2(\boldsymbol{f}(\boldsymbol{x})), \ldots, g_2(\boldsymbol{f}^{m_2-1}(\boldsymbol{x}))}^{m_2 \text{delays}}, \ldots,$$
$$\overbrace{g_q(\boldsymbol{x}), g_q(\boldsymbol{f}(\boldsymbol{x})), \ldots, g_q(\boldsymbol{f}^{m_q-1}(\boldsymbol{x}))}^{m_q \text{delays}} \tag{2.2.12}$$

としたとき，再構成状態空間の次元に関しては，$m_1 + m_2 + \cdots + m_q > 2D_0$ であり，周期軌道に関する同様の条件が成り立てば，式 (2.2.12) の変換は埋め込みとなる [285]．

特に，時空間システムを対象としたときには，時間的埋め込みあるいは空間的埋め込みを単独で用いるよりも，式 (2.2.12) を用いた方が予測精度が向上することなども報告されている [236]．

2.2.5 フィルタ遅延座標系

実験で得られる時系列データが，フィルタリングされていないことは稀である．従って，非線形力学系から観測された時系列信号に線形フィルタを施した場合について，アトラクタの再構成を論じることは，実データ解析の観点からも重要である．

非線形力学系の統計量の推定に関しては，非線形時系列にフィルタが施された場合の影響について解析されている [225]．例えば，次元解析の観点から [33, 34, 225]，フィルタリングされたカオス時系列の次元に関する理論的な結論として，FIR フィルタ は次元の値を変えないが，IIR フィルタ は次元の値を変えることが示されている [44, 240]．また，Takens の埋め込み定理における証明と同様のシナリオで，FIR フィルタを用いた場合についての定理が D. S. Broomhead, J. P. Huke & M. R. Muldoon により証明されている [44]．リアプノフ指数などの測度を推定する場合に関しても，フィルタリングがアトラクタ再構成にどのような影響を与えるかが議論されている [32, 225, 73, 325]．これらのフィルタリングが介在する場合のアトラクタの再構成に関する成果は，以下の定理 [285] により総括される．

定理 2.2.7（フィルタ遅延埋め込みプレバレント定理） U を $\mathbf{R}^k$ 内の開部分集合，$\boldsymbol{f}$ を U 上の C^1 級微分同相写像とし，A を U のコンパクトな部分集合，A のボックスカウント次元を d とする．$m > 2d$ なる m に対して，B を階数 m の $m \times w$ 行列とする．また，$\boldsymbol{f}$ は w 以下の周期点を持たないと仮定する．

このとき，ほとんど全ての C^1 級関数 g に対して，次式の w 次元の時間遅れ座標を介した変換 († は転置) は，

$$W(\boldsymbol{x}) = BV(\boldsymbol{x})^\dagger = B(g(\boldsymbol{x}), g(\boldsymbol{f}(\boldsymbol{x})), g(\boldsymbol{f}^2(\boldsymbol{x})), \ldots, g(\boldsymbol{f}^{w-1}(\boldsymbol{x})))^\dagger \quad (2.2.13)$$

(1) A 上で 1 対 1 である．
(2) A に含まれるなめらかな多様体の閉部分集合上ではめ込みである．

上述の定理 2.2.7 におけるフィルタ行列 B には様々なものが考えられる．行列 B が単位行列であれば，定理 2.2.7 と定理 2.2.6 は等価である．移動平均フィルタを用いると，ノイズが低減されるので実データに対しては有効である [285, 138]．

定理 2.2.7 とは別に，時間遅れ座標への変換に特異値分解 (singular value decomposition) (カルーネン・レーベ変換 (Karhunen–Loéve transform) あるいは主成分分析 (principal component analysis)) を用いる手法が，D. S. Broomhead & G.P. King [45] や R. Vautard, P. Yiou & M. Ghil ら [344] 等により議論されている．Allen & Smith は，カオスと白色ノイズ或は有色ノイズの識別に関し

てこの手法を用いている [25, 26].

式 (2.2.8) の時間遅れ座標系により時系列信号 $y(t)$ が m 次元再構成状態空間内において再構成されているとしよう. この時, $N \times m$ アトラクタの軌道行列 T を

$$T = (v(1)^\dagger v(2)^\dagger \cdots v(N)^\dagger)^\dagger \qquad (2.2.14)$$

により定義する. 但し, $\dagger$ は転置を表わす. この時 T は,

$$T = USR \qquad (2.2.15)$$

を満たすように分解できる. 但し, 行列 U, R は, $N \times m$, $m \times m$ の直交行列であり, 行列 S は $m \times m$ の対角行列である. 行列 S の要素 $s_i (i = 1, 2, \ldots, m)$ が特異値である. 具体的には, 行列 T の分散共分散行列 $C = T^\dagger T$ に対して,

$$C = RSU^\dagger USR^\dagger = RS^2 R^\dagger \qquad (2.2.16)$$

となるので, $s_i^2 (i = 1, 2, \ldots, m)$ は行列 C の固有値として計算される.

この手法は, 定理 2.2.7 において フィルタ行列 B に特異値分解の変換行列 R を用いたと考えることができる [285]. KL変換は, 他の直交変換と比べた場合, 上位 $p (1 \leq p \leq m)$ 成分の累積電力寄与率が最も大きい. そこで, 軌道行列を変換した後, 電力寄与率の低い特異値に対応する部分空間をノイズフロアと見なしてカットする. 残った上位 p 成分は, アトラクタの次元に近いと評価される [45]. カットした後の p 次元データに再度時間遅れ座標系を用い (re-embedding), 次元推定を行なう手法も有効である [95]. 更に, 特異値分解と微分座標系, 時間遅れ座標系との関係が, 文献 [106] において議論されている. また, 特異値分解を用いた決定論性の検定方法も提案されている [40].

一方, 特異値分解単独では, アトラクタの次元ではなく, データの精度に依存してノイズフロアが決定される場合もあり, 誤った結果を招くことも指摘されている [215, 243]. この場合, 特異値分解と次元解析の併用により, ノイズを低減する手法が提案されている [22]. この手法は, 多次元の時系列信号を同時観測した場合にも適用することが可能である [269]. この他に, Neymark 座標系への変換を用いる手法も提案されている [194].

また, Farmer と Sidorowitch は, 1983 年のレビューにおいて, 式 (2.2.17) の

ような座標変換を提案した [89].

$$(y(t), e^{-h\tau}y(t-\tau), \ldots, e^{-h(m-1)\tau}y(t-(m-1)\tau)) \qquad (2.2.17)$$

但し, h は位相エントロピ (metric entropy) である. この変換は, フィルタ行列 B を

$$B = \begin{bmatrix} 1 & & & & \\ & e^{-h\tau} & & & \\ & & e^{-h2\tau} & & \\ & & & \ddots & \\ & & & & e^{-h(m-1)\tau} \end{bmatrix} \qquad (2.2.18)$$

としたと考えれば良い. この変換により, 決定論的非線形予測の精度が向上することも示されている [89].

これらの定理をまとめると, 次のように解釈することができる (図 2.6). まず, 式 (2.2.1) や式 (2.2.2) で表される d 次元多様体 M 上で定義される力学系 f が存在する. 式 (2.2.6) で示される C^1 級写像 g を介して, 我々は少なくとも 1 変数の時系列データ y を観測する. 式 (2.2.9) による, 測定された時系列信号を τ 毎ずらした時間遅れ座標系で構成される空間への変換 V が埋め込みとなっている. さらに, 行列 B を掛けることによる空間への変換も埋め込みとなる.

変換 V が埋め込みとなることは重要である. まず第一に, このときアトラクタ A のフラクタル次元が保存されるので, 再構成アトラクタのフラクタル次元を計算することで元のアトラクタの次元を推定できる. 但し, 次元推定においては, 必ずしも 1 対 1 になっていなくても良いことに注意する [77, 76]. 図 2.3 を見るとわかるように, 交差 S が存在しても, A の次元は 1 と計算される.

次に, 例えば, V が埋め込みであれば, リアプノフ指数の推定が可能である. 特に, カオスを特徴づける正のリアプノフ指数推定の基盤となるのが, 不安定多様体の埋め込みである.

また, 再構成されたアトラクタ上のダイナミクスは, $F = VfV^{-1}$ で与えられる (図 2.7). このダイナミクスの同定が, リアプノフ指数の推定や決定論的非線形予測にとって, 本質的に重要となる.

2.2 力学系のアトラクタと観測時系列信号からのアトラクタの再構成

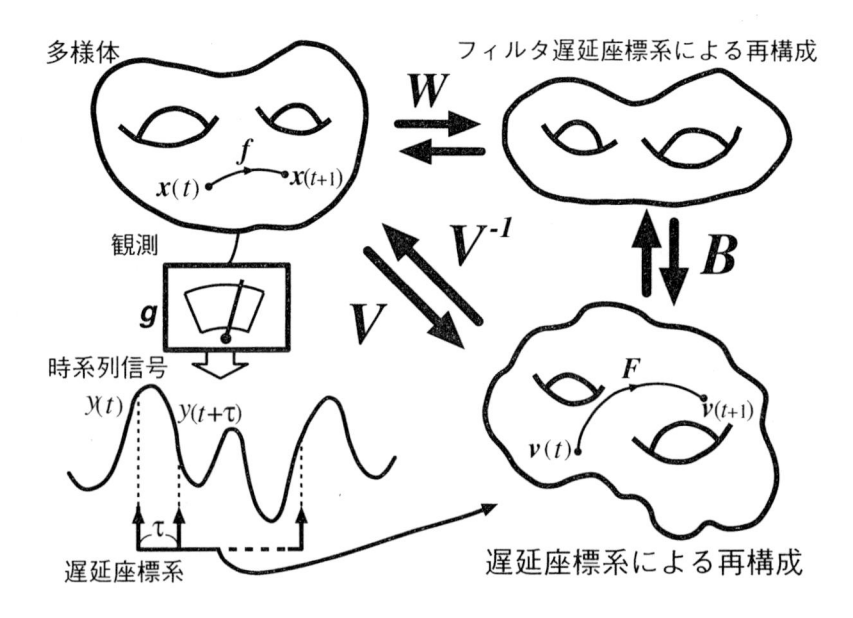

図 2.6: 埋め込み定理のまとめ.
多様体上で定義される力学系 f と観測関数 g を通じて 1 変数時系列 $y(t)$ を時間遅れ座標系への変換 (V) により，アトラクタを再構成する．フィルタ行列 B を更に施すことによる変換 W (フィルタ遅延座標系) でも再構成できる．

決定論的カオスは，時系列信号として観測した場合複雑な挙動を示すため，ランダムなデータと区別するのは一見不可能のようである．しかし，上で述べた埋め込み定理 の保証する再構成状態空間への変換により，力学系のアトラクタ，更には，ダイナミクスの再構成が可能となる．そして，第 4 章で述べるフラクタル次元解析，リアプノフスペクトラム解析，リカレンスプロット [83, 185, 153] 等の非線形統計量の推定，第 5 章で述べる決定論的非線形予測やノイズリダクション等の非線形ダイナミクスの推定，そして，近年注目されている，不安定周期軌道を安定化する手法である OGY 制御 [239]，ターゲッティング [298, 299] 等においても，このアトラクタの再構成法は重要である．

さて，現在では，Takens の埋め込み定理が，外力を含む場合に (強制系, forced system あるいは 入出力システム，input output system) について，入力が確率的な場合も含めて拡張されている [307, 308]．また，これと同様な拡張が Sauer

$$\begin{array}{ccc} x & \xrightarrow{f} & x \\ {\scriptstyle V}\downarrow & & \downarrow {\scriptstyle V} \\ v & \xrightarrow{F} & v \end{array}$$

$$F = VfV^{-1}$$

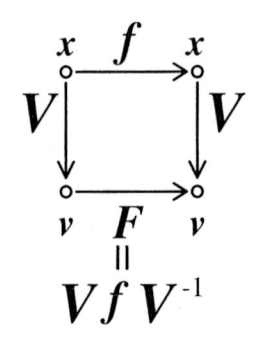

図 2.7: 真のダイナミクスと再構成ダイナミクスの関係.

らの埋め込み定理に関しても試みられており [62, 127, 140]，これらの数学的成果を伴って，種々のシステムの解析 [127, 270]，因果性検定などに応用されつつある [140, 141]．

2.2.6 発火間隔時系列からのアトラクタ再構成

ここまで説明してきた定理は，連続的な変数が観測された場合に，その変動の背景に存在する元の力学系のアトラクタが再構成できるかという問題に関する数学的基盤を与えるものであった．これらの定理は，観測される系列が，例えば，電気生理実験などで得られるニューロンの発火のような点過程 (point process) であっても，その発火間隔時系列 (interspike interval , 以下, ISI) を考えることで，同様に成立することが示されている [283]．

例えば，図 2.8 に示す単純な積分発火モデル (integrate and fire model) を考えてみよう．積分発火モデルでは，まずニューロンが入力信号 $x(t)$ を受取り，それが積分され，ニューロンの内部状態値が上昇する．内部状態がある閾値 Θ に達した時，即ち，

$$\Theta = \int_{T_i}^{T_{i+1}} S(t)dt \tag{2.2.19}$$

を満たす時刻 T_i にパルスが出力され，内部状態がリセットされ 0 に戻る．T_i は，第 i 番目のパルスが生起する時刻である．ただし，$S(t) = h(x(t))$ は正関数である．これより，ISI は，$t_i = T_{i+1} - T_i$ で定められる．この時，次の定理が

2.2 力学系のアトラクタと観測時系列信号からのアトラクタの再構成　31

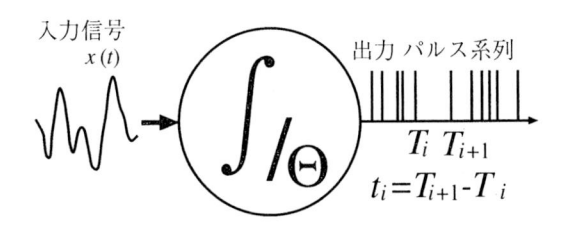

図 2.8: 積分発火モデルによるパルス系列の生成.

成立する [284].

定理 2.2.8 (ISI 再構成定理) $\dot{x} = f(x)$ を $\mathbf{R}^k$ の自律系, A をそのアトラクタとする. A のボックスカウント次元を D_0 とする. また, $m > 2D_0$ とし, A には, たかだか有限個の平衡点しか存在しないとする.

このとき, ほとんど全ての正関数 $h : \mathbf{R}^k \to \mathbf{R}$ に対して, 次式で定義される関数 G_h は, A 上で 1 対 1 である.

$$G_h(\boldsymbol{x}(0)) = (T_1 - T_0, \ldots, T_m - T_{m-1})) \qquad (2.2.20)$$

但し, T_i は, 式 (2.2.19) による.

このような, ISI 再構成を用いた場合の相関次元解析 [65] や, 非線形予測を用いた解析 [283, 142] が報告されている. 特に, 文献 [65] では, 式 (2.2.19) で作成される ISI の他に, 状態空間内に設定したある閾値を軌道が横切る瞬間にパルスを生じさせ, ISI を作成する手法についても議論されている.

さて, ここで用いられたニューロンのダイナミクスは, 実際のニューロンに比べると単純過ぎるとも言えるであろう. そこで, もう少し実際のニューロンに近いダイナミクスを模擬する方法のひとつとして, 漏れを含む積分ダイナミクス (leaky integrator) にニューロンの動作を拡張することも考えられる. 即ち, ニューロンの内部状態 $u(t)$ のダイナミクスを,

$$\frac{du}{dt} = -ku + S(t) \qquad (2.2.21)$$

により表現する. 式 (2.2.21) において $k = 0$ とすれば, つまり, 漏れがないとすれば, 式 (2.2.19) と等価である. このように拡張されたダイナミクスに

おいて，刺激として与えられた力学系の特徴が保存されるかを探る研究もある [259, 260, 47]．ニューロンモデルが上記のような leaky integrator ではなく，フィッツヒュ–南雲モデル [93, 229] やホジキン–ハクスレイ方程式 [123] の場合においてどのように力学系の情報が変換されるか等も検討されている [65, 66]．また，実際に昆虫の感覚神経ニューロンを用いたカオス力学系による刺激と ISI からのアトラクタ再構成 [314] も行われている．これらは，カオス時系列解析の脳・神経系への適用という点からも重要な研究課題である．

2.3 再構成軌道の実例と可視化

2.3.1 アトラクタの可視化

実データを解析する場合には，再構成軌道を実際に描いてみることが第一歩であり，重要なステップである．その場合，どのように再構成状態空間内での表示を行なうかを考える必要がある．通常我々は 3 次元空間しか認識できないが，第 4 次元の情報もとり入れた表示は有効である．その際，第 4 軸の表現に色彩を用いる手法が効果的であり，脳波，脈波，音声信号を対象として試みられている．

W. J. Freeman は脳波信号を対象にして，4 次元状態空間における再構成を行った．第 4 軸の大きさを色により表示することにより，アトラクタの形状をわかりやすく表現している [100]．I. Tsuda, T. Tahara & H. Iwanaga は，脈波信号を対象として，4 次元状態空間に軌道を再構成し 3 次元ポアンカレ写像を表示する際に第 4 軸の情報を濃淡により表現している [341]．T. Ikeguchi & K. Aihara は，音声信号及び脳波信号を対象として，4 次元状態空間における移動平均フィルタを用いたフィルタ遅延座標系による再構成を行ない [138]，音声信号の持つ力学的軌道構造を定性的に明らかにした．

これらの色覚を用いた表現手法の他に有力なのは立体視表示，バーチャルリアリティ等を用いることであろう．3 次元空間内の軌道を立体視知覚を用いて表示する手法は，例えば，O. Rössler により，レスラーアトラクタ [271]，ハイパーカオスアトラクタ [272] の形状を表現するために，二眼式立体視を使うことで，アトラクタの立体構造表現が行なわれている．また，T. Ikeguchi, T. Yamada & K. Aihara は立体視知覚の導入により，低次元カオスの軌道構造をそのダイナミク

スと共に知覚する手法について提案している．更に，Y. Yorikane, A. Akabane, T. Harada & T. Ikeguchi は力覚を用いたストレンジアトラクタの呈示手法を提案している．軌道上の速度，局所リアプノフ指数等の指標に応じて力覚情報を変化させることで，状態空間中のアトラクタ構造を体験できるシステムを構築している [362].

これらの手法では，既に述べた軌道の交差の様子を，スクリーンという2次元空間に押し潰すことなく観察することが可能となる．また，力覚などを用いることで，アトラクタの構造を視覚のみでなく，触覚等の知覚による，効果的な認識が可能となる．これらの手法は，実データ解析にとっても極めて重要であり，そのダイナミクスやアトラクタの構造を理解する上で非常に有効となるであろう．

2.3.2 ストレンジアトラクタとその再構成例

それでは，いくつかの例を用いて実際の再構成軌道等の様子を観察してみよう．非線形力学系の数理モデルや時系列解析で解析対象とされてきた実データを対象として，全変数が観測できる場合のオリジナルのアトラクタの形状や，1変数の時系列からの再構成を行った場合に時間遅れ値の設定で再構成アトラクタの形状がどのように変化するのかなどの観点から見ていこう．なお，ここで用いた数理モデルや実データは，主として第4章，第5章，第6章で解析対象としたものとしている．カオス応答を示し得る数理モデルについては，例えば，文献 [176, 177] 等が非常に参考になる．

2.3.2.1 非線形力学系の数理モデル

まずはじめに，離散時間力学系の数理モデルについて，(1)-(5) で述べている．次に，連続時間力学系について，自律系の常微分方程式を (6)-(10) に，非自律系の常微分方程式を (11) に示している．また，(12) では，微差分方程式についての例をあげている．最後に，ISI 再構成の例を (12) で紹介した．なお，以下では，写像については，t を離散時間として，また，微分方程式については，t を連続時間としている．

(1) ロジスティック写像 (logistic map) は，数理生態学の分野で個体数の増減のダイナミクスを議論するために導かれた，ロジスティック方程式

$$\frac{dX}{dt} = (\gamma - kX)X \qquad (2.3.1)$$

をオイラ差分することにより得られる差分方程式 [360] であり，次式で表わされる．

$$x(t+1) = ax(t)(1-x(t)) \qquad (2.3.2)$$

ここで，$0 \leq a \leq 4$ はパラメータであり，$a=4$ のときに，コイントスと等価になるのは，第 1 章で既に述べた通りである．
R. M. May が 1975 年に Nature でロジスティック写像から作り出される複雑な挙動の解析結果を発表 [212] したことにより，現在のカオスの研究の流れを再スタートさせた数理モデルとしても有名である．また，ロジスティック写像は，$a=4$ のとき，厳密解

$$x(t) = \sin^2(2^t \sin^{-1}\sqrt{x(0)})$$

を持つ．このような厳密解が存在する例は文献 [340, 175] 等に集められている．

さて，ロジスティック写像の状態変数 $x(t)$ を

$$z(t) = \frac{1 - \cos \pi x(t)}{2} \qquad (2.3.3)$$

により変数変換すると，位相同型のテント写像 (Tent map)

$$z(t+1) = \begin{cases} 2z(t) & (0 \leq z(t) \leq \frac{1}{2}) \\ 2 - 2z(t) & (\frac{1}{2} \leq z(t) \leq 1) \end{cases} \qquad (2.3.4)$$

となる (図 2.9 (b))．更に，式 (2.3.4) において，$\frac{1}{2} \leq z(t) \leq 1$ の場合に $z(t+1) = 2z(t) - 1$ とすると，ベルヌーイシフト写像 (Bernoulli shift map)

$$z(t+1) = \begin{cases} 2z(t) & (0 \leq z(t) \leq \frac{1}{2}) \\ 2z(t) - 1 & (\frac{1}{2} \leq z(t) \leq 1) \end{cases} \qquad (2.3.5)$$

となる (図 2.9 (c))．

図 2.9 (a)–(c) には，これらの 1 次元写像の関数形と図式解法 (リターンプロット) (左)，時系列信号としての波形 (中央)，パワースペクトラム (右) を示している．これらを見ると，時系列としての振動はとても激しく，推定されたパワースペクトラムもほぼ一様であることがわかる．

なお，テント写像，ベルヌーイシフト写像の場合，式 (2.3.4), (2.3.5) に基づいて計算すると，ディジタル計算機での有限精度の問題により，周期解あるいは平衡点しか観測できない．そのため，計算機シミュレーションでは，式 (2.3.4)，式 (2.3.5) におけるこれらの写像の傾き 2 を $2-2.2204^{-16}$ として計算している．

(2) 変形ベルヌーイ写像 (Bernoulli map) は，物理学者 相澤洋二らにより提案された 1 次元写像で，パラメータを調節すると，パワースペクトラムが $1/f$ 型の応答を生じることがその特徴である [20]．変形ベルヌーイ写像 は，

$$x(t+1) = \begin{cases} x(t) + 2^{B-1}(1-2\epsilon)x(t)^B + \epsilon & (0 \leq x(t) \leq \frac{1}{2}) \\ x(t) - 2^{B-1}(1-2\epsilon)(1-x(t))^B - \epsilon & (\frac{1}{2} \leq x(t) \leq 1) \end{cases} \quad (2.3.6)$$

と表わされる．図 2.9(d) (左) は，式 (2.3.6) におけるパラメータを $B = 2, \epsilon = 1 \times 10^{-13}$ とした場合の概形 (太線) と応答の様子を図式解法で示した図である．$B = 1, \epsilon = 0$ とすると，(1) で述べたベルヌーイシフト写像 (式 (2.3.5)) となる．$0 \leq x \leq \frac{1}{2}$ と $\frac{1}{2} \leq x \leq 1$ の各区間において，関数形は，弓形のようにやや曲がっており，これにより，間欠性カオス (intermittent chaos) を生じる．

図 2.9(d)(中央) は，時系列波形を示している．激しく振動する部分をバースト相 (bursting phase, 図 2.9(d) では例えば，$0 \leq t \leq 1000$ 付近)，時間発展が静かに進行する部分をラミナ相 (laminar phase, 図 2.9(d) では例えば，$1000 \leq t \leq 2300$ 付近) と呼ぶ．ラミナ相における応答は，図 2.9 (d) (左) において，式 (2.3.6) と $x(t) = x(t+1)$ の直線が近接する部分により作り出される．

さて，このパラメータ値における時系列のパワースペクトラムを推定すると，図 2.9(d) (右) となる．ロジスティック写像，テント写像，ベル

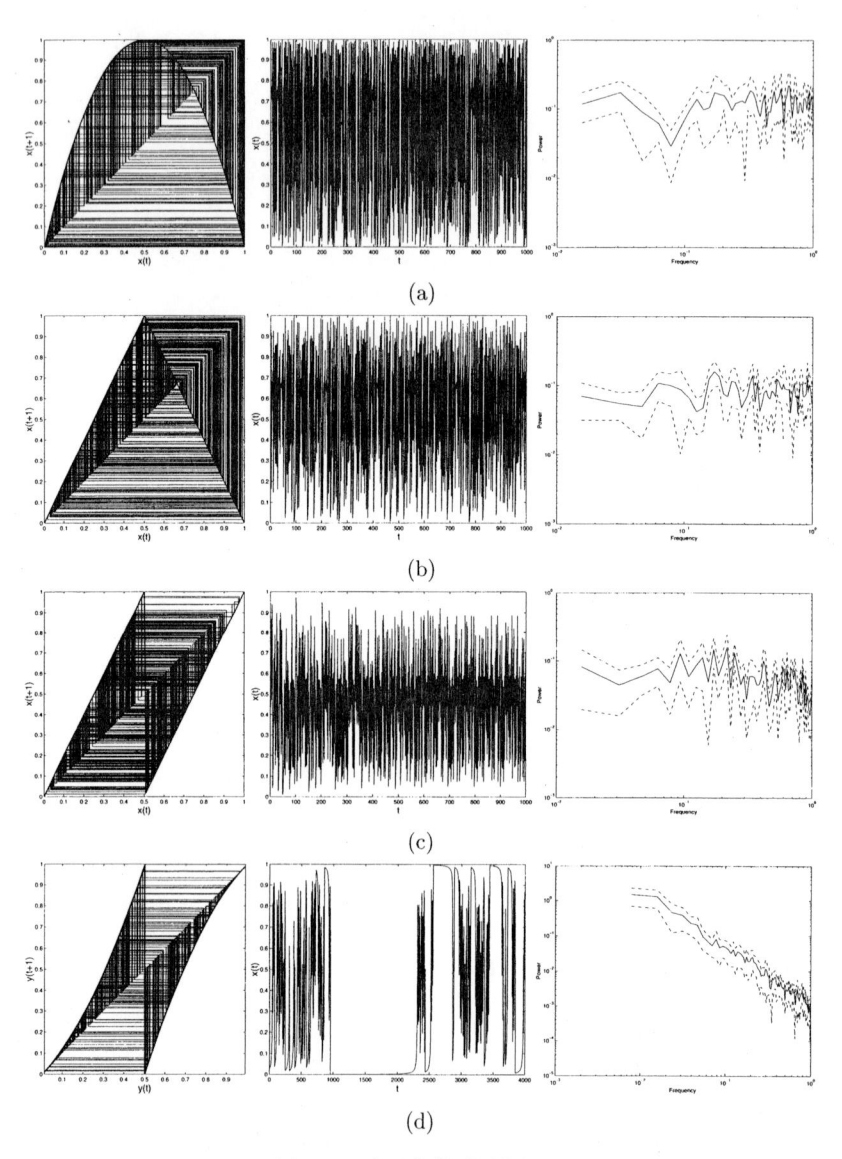

図 2.9: 1次元非線形写像例.
(a) ロジスティック写像, (b) テント写像, (c) ベルヌーイ写像, (d) 変形ベルヌーイ写像 の関数形(左), 応答の時系列波形(中央)とそのパワースペクトラム(右). 関数形では, 太い線が各力学系を表わし, 実線は応答を示す. パワースペクトラム図では, 実線が推定されたパワースペクトラムで, 点線は95%信頼区間を表わす.

ヌーイシフト写像のパワースペクトラム (図 2.9 (a)–(c)(右)) と比較すると，これらの写像のパワースペクトラムは，平坦で一様であるのに対し，変形ベルヌーイ写像の場合 $1/f$ 型を示す．このため文献 [20] では，この応答は非定常カオス (nonstationary chaos) と呼ばれている．

(3) エノン写像 (Hénon map) は，

$$\begin{cases} x(t+1) &= 1 - ax(t)^2 + y(t) \\ y(t+1) &= bx(t) \end{cases} \qquad (2.3.7)$$

で示される 2 次の非線形性 (式 (2.3.7) の第 1 式 $x(t)^2$) を有する 2 次元写像である．

天文学者 M. Hénon により提案された数理モデル [120] であるが，2 次元で構造が単純であり，また，非線形性も 2 次のオーダであるなどの理由により，数値実験などのチェックに用いられることが多い．

図 2.10(a) は，式 (2.3.7) におけるパラメータを $a = 1.4, b = 0.3$ とした場合のアトラクタである．クロワッサンのようなアトラクタが現れることがわかるだろう．上のパラメータ値において，図 2.10 (b)–(e) は，変数 $x(t)$ から 2 次元再構成状態空間に再構成した場合を示している．図 2.10 (b) の場合には，再構成アトラクタの形状は，元のアトラクタ (図 2.10(a)) と構造が非常に似ていることがわかるであろう．図 2.10 (c),(d),(e) も，2 次元状態空間に変換した場合であるが，(b) の場合とは異なり，時間遅れ値を $\tau = 2, 3, 10$ とした場合である．エノン写像の場合，時間遅れ値を大きくすると，構造が大きく変化し，特に $\tau = 10$ となると全く構造が失われる．直観的に言えば，写像から得られたデータの場合，各点が状態空間内のアトラクタ上を大きく動き回るので，$\tau = 1$ とすれば十分である．

なお，口絵 1 (a),(b) は，エノン写像のアトラクタをカラー化したプロットを示している．口絵 1 右列のカラープロットでは，各時刻における状態値と次時刻の状態値の間との距離を，また，左列のプロットは，状態空間内のアトラクタの確率密度を，各々グラデーションカラー (256 階調) に対応させて表現している．

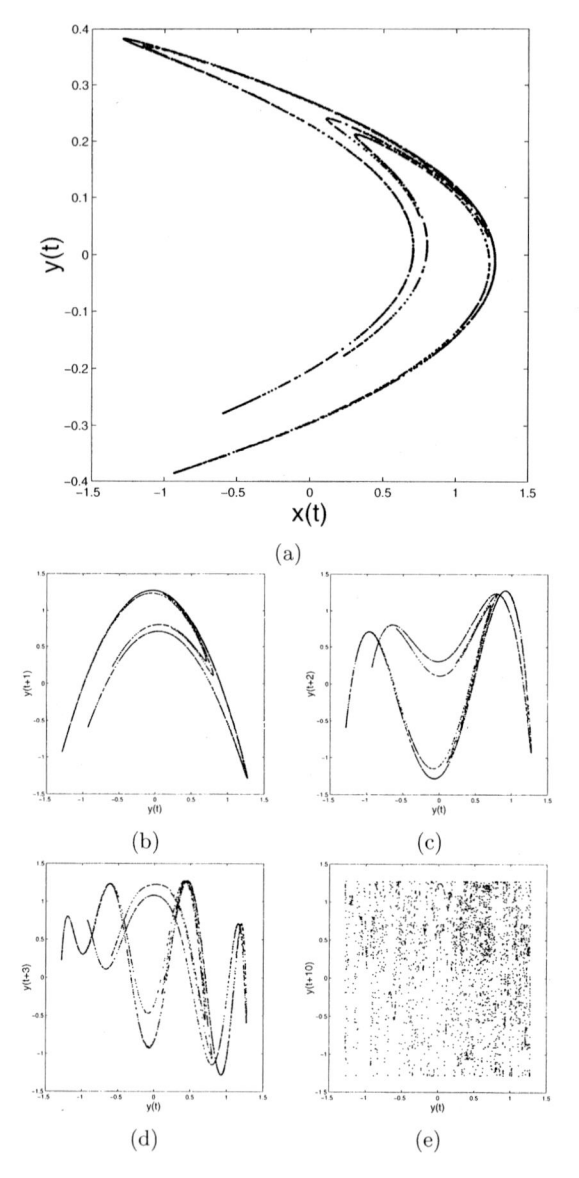

図 2.10: エノン写像のストレンジアトラクタと再構成.
(a) パラメータは, $a = 1.4, b = 0.3$. ランダムに設定した初期値から1000イタレーション分を過渡状態として破棄し, その後の3000点をプロットした図である. (b)〜(e) はエノン写像のアトラクタを再構成した例. (a)の変数$x(t)$を時系列として, (b) $\tau = 1$, (c) $\tau = 2$, (d) $\tau = 3$, (e) $\tau = 10$とした場合.

(4) 池田写像 (Ikeda map) は，物理学者 池田研介により光カオスのモデル化を通して提案された以下に示される 2 次元写像である [129].

$$\begin{cases} x(t+1) &= p + b(x(t)\cos(\theta(t)) - y(t)\sin(\theta(t))) \\ y(t+1) &= b(x(t)\sin(\theta(t)) + y(t)\cos(\theta(t))) \end{cases} \quad (2.3.8)$$

但し，

$$\theta(t) = \kappa - \alpha/(1 + x(t)^2 + y(t)^2)$$

である．池田写像も，しばしば数値実験に用いられるが，エノン写像の非線形性がたかだか2次であるのに対し，池田写像は高次の非線形性を有し，より一般性が高いことをその理由としてあげることができるだろう．さて，図 2.11 は，式 (2.3.8) におけるパラメータを $p = 1, b = 0.9, \kappa = 0.4, \alpha = 6.0$ とした場合のアトラクタである (口絵 1(c),(d) も参照)．上のパラメータ値において，図 2.11(a) は，変数 $x(t)$ から $m = 2$ 次元再構成状態空間に再構成した場合を示している．これを見るとわかるように，再構成アトラクタの一部で点が重なりあっており，このままでは埋め込みとはならないことが予想される．図 2.11(b) は，$m = 3$ 次元状態空間に変換した場合であるが，先ほどの場合とは異なり，重なりが解消されていることがわかる．このように，状態空間の次元をあげることにより，図 2.11 (b) で観測された重なりが解消されていく．

一般的に力学系の再構成が保証されるための埋め込み定理の示している条件は $m > 2D_0$ である．この条件は，十分条件であり，$m \le 2D_0$ でも埋め込みとなることもあり得る．もちろん，この図の例は $m = 3$ であり，これだけでは埋め込みとなっているか等の詳細を正確に捉えることはできない．状態空間の次元を何次元にまであげれば，埋め込みとなるかを解析するための一手法に，誤り近傍法 (false near neighbors) と呼ばれる手法 [295, 24, 180, 7, 55] があるが，これについては，2.4.3 節で説明する．

(5) カオスニューラルネットワーク (chaotic neural network) は，合原一幸らによって提案された，ニューロンにおけるカオス応答を定性的に再現する多次元力学系 (写像) である [19].

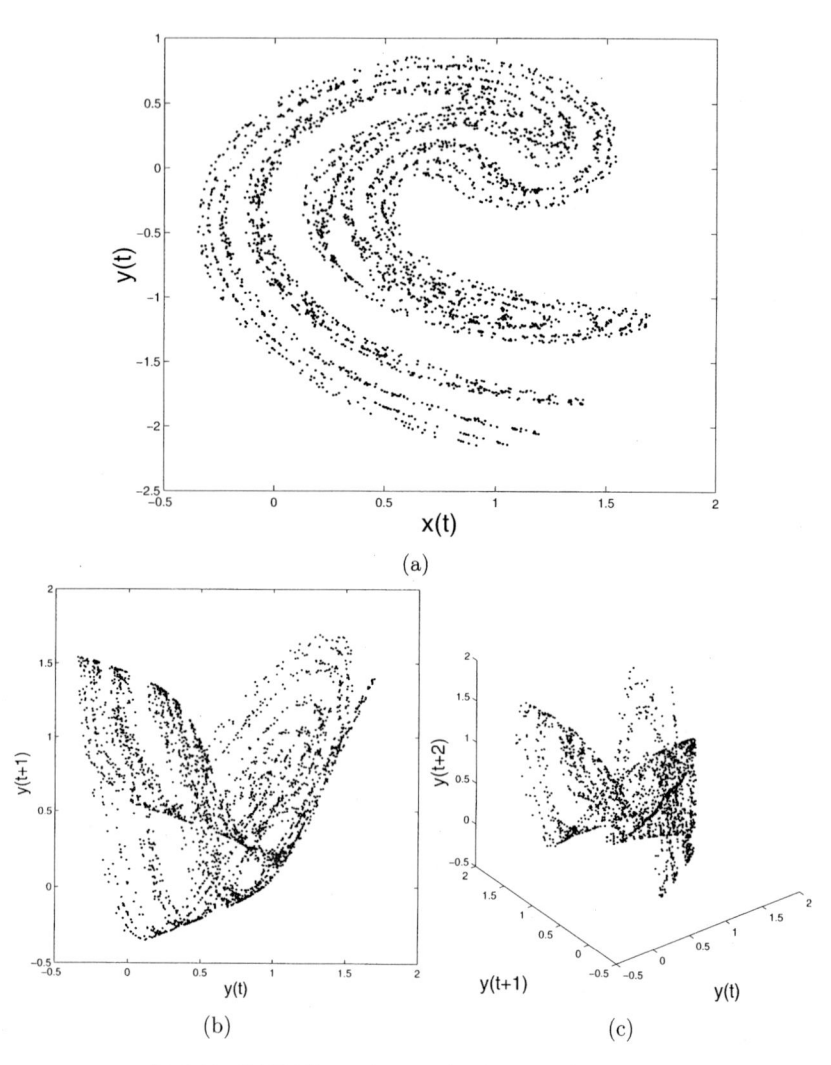

図 2.11: 池田写像のストレンジアトラクタと再構成.
(a) パラメータは, $p = 1, b = 0.9, \kappa = 0.4, \alpha = 6.0$. ランダムに設定した初期値から 1000 イタレーション分を過渡状態として破棄し, その後の 3000 点をプロットした図である. (b),(c) 池田写像のアトラクタの再構成. (a) の変数 $x(t)$ を時系列として, (b)$m = 2$, (c)$m = 3$ とした場合.

2.3 再構成軌道の実例と可視化

基本構成要素は,カオスニューロン (chaotic neuron) と呼ばれ,

$$y(t+1) = ky(t) - \alpha f(y(t)) + a \tag{2.3.9}$$

のように,1次元写像として表現できる.ここで,$y(t)$ は,時刻 t におけるニューロンの内部状態,f はニューロンの入出力関係を表わす関数(通常,シグモイド関数 $f(z) = \dfrac{1}{1+\exp(-z/\epsilon)}$ などが用いられる),k, α, a は記憶,刺激などのニューロンに特有の性質を表わすパラメータである.このカオスニューロンを M 個相互に結合することで,カオスニューラルネットワークを構成することができる.カオスニューラルネットワークのダイナミクスは,以下の式で表わされる.

$$y_i(t+1) = k_i y_i(t) + \sum_{j=1}^{M} w_{ij} f(y_j(t)) - \alpha f(y_i(t)) + a_i \tag{2.3.10}$$

但し,$y_i(t)$ は,時刻 t における i 番目のニューロンの内部状態,$k_i, \alpha_i, a_i, w_{ij}$ はパラメータである.w_{ij} が,ニューロン間の結合の強さを表わすパラメータとなる.

図 2.12 (a) には,カオスニューラルネットワークの最も簡単な例として,2個のカオスニューロンが相互結合した場合のカオスニューラルネットワークから生じるストレンジアトラクタの一例を示している.式 (2.3.10) におけるパラメータは,$k_1 = k_2 = 0.8, \alpha_1 = \alpha_2 = 1.0, w_{12} = w_{21} = 0.2, a_1 = a_2 = 0.68$,シグモイド関数の傾きを決めるパラメータは,$\epsilon = 0.04$ である.図 2.12 (a) を見ると,きれいなハート型のアトラクタとなることがわかる (口絵 1(e),(f) 参照).図 2.12 (b),(c) は,第1変数 $y_1(t)$ を用いた2次元,3次元状態空間内での再構成アトラクタである.

(6) ローレンツ方程式(Lorenz equation) は,3変数の自律系常微分方程式で,

$$\begin{cases} \dfrac{dx}{dt} &= -\sigma x + \sigma y \\ \dfrac{dy}{dt} &= -xz + rx - y \\ \dfrac{dz}{dt} &= xy - bz \end{cases} \tag{2.3.11}$$

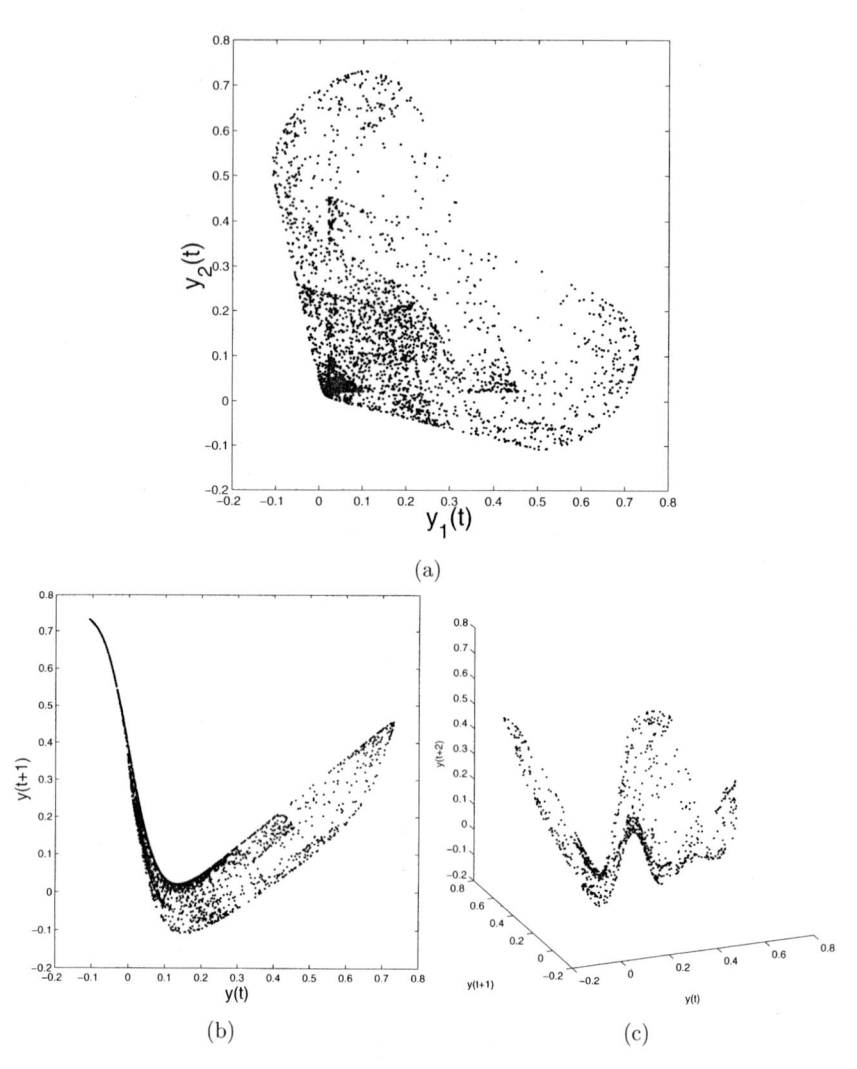

図 2.12: カオスニューラルネットのストレンジアトラクタと再構成.
(a) パラメータは, $k_1 = k_2 = 0.8, \alpha_1 = \alpha_2 = 1.0, w_{12} = w_{21} = 0.2$, $a_1 = a_2 = 0.68, \epsilon = 0.04$ である. ランダムに設定した初期値から1000イタレーション分を過渡状態として破棄し, その後の3000点をプロットした図である. (b),(c) アトラクタの再構成. (a)の2変数 のうち一番目のニューロンの内部状態変数 $y_1(t)$ を時系列として, (b)$m = 2$, (c)$m = 3$ とした場合の再構成例を示している.

として表される [203]. E. N. Lorenz は，気象学者であるが，熱対流のダイナミクスを解析するために提案された微分方程式がこのローレンツ方程式であり，鋭敏な初期値依存性をコンピュータシミュレーションにより解析した最初の例である．ローレンツ方程式のアトラクタを (x, y, z) の3次元状態空間内にプロットしたのが，図 2.13 (a) である．式 (2.3.11) において，パラメータの値を，$\sigma = 10, b = 8/3, r = 28$ とすると，蝶の羽のようなきれいなアトラクタが出現する．図 2.13 (a) は，3次元状態空間内での軌道の様子を実線で示しているが，各状態における速度の大きさ

$$\sqrt{(dx/dt)^2 + (dy/dt)^2 + (dz/dt)^2}$$

を算出し，その大きさにより 256 階調の疑似カラー化した図が口絵 2 (a) である．このように，速度等の状態値に依存した情報を色を用いて表現することにより，状態空間内での点の動きをより容易に把握することができる．

さて，図 2.13(b) は，第1変数 $x(t)$ の時間的変化を示している．この時系列を観測時系列と考え，さまざまな時間遅れ値 τ で，3次元状態空間内に再構成してみよう．その例が図 2.13 (c) である．この図では，様々な視点から観察できるように，3次元空間内に存在するアトラクタを回転させることによりプロットしている．左より，$\tau = 1, \tau = 4, \tau = 10, \tau = 20$ である．

これらの図を見ると，τ が小さ過ぎるとアトラクタの形状は潰れてしまうことがわかる．逆に，τ が大き過ぎると，軌道不安定性によりデータ間の相関が急激に減少するために，構造を捉えることが難しくなることもわかるであろう．このように，実際の解析においては，時間遅れ値 τ をうまく設定する必要があるが，それについては，2.4 節で説明することになる．

さて，このような連続時間力学系と既に説明してきた離散時間力学系とを関係づけるための方法の一つに，Lorenz が文献 [203] で用いたローレンツプロット (Lorenz plot) という手法がある．ローレンツ方程式の第3変数 $z(t)$ も，他の変数同様に不規則な揺らぎを見せるが，この $z(t)$ が

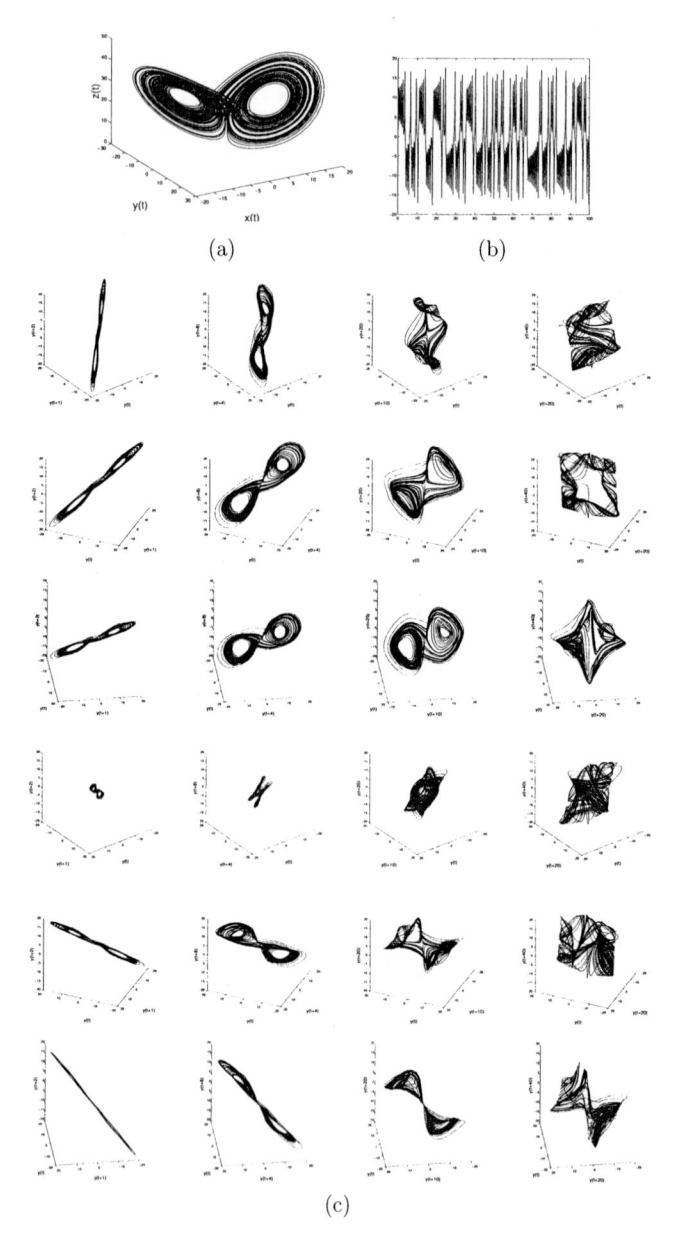

図 2.13: ローレンツ方程式のストレンジアトラクタと再構成例. (a) ストレンジアトラクタと (b) 第1変数 $x(t)$ の時系列. (c) 第1変数を用いた軌道の3次元状態空間内での再構成の例. 左より, $\tau = 1, 4, 10, 20$.

2.3 再構成軌道の実例と可視化

極大値をとる瞬間をストロボ的にプロットする.具体的には,$z(t)$ が極大値をとる時の値を順に $z(n), (n = 1, 2, 3, \ldots)$ とする.この $z(n)$ の系列から,$z(n)$ と $z(n+1)$ の関係をプロットするのがローレンツプロットである.このように,高次元の常微分方程式を低次元の写像に還元するための断面をポアンカレ断面 (Poincaré section),また,還元された写像をポアンカレ写像 (Poincaré map) と言う.ローレンツプロットの場合,$z(t)$ が極大となる時の値を求めているので,

$$\frac{dz}{dt} = xy - bz = 0$$

かつ

$$\frac{d^2z}{dt^2} < 0$$

即ち,

$$xy = bz, \sigma y^2 + (r - z)x^2 - (\sigma + 1)xy < 0$$

なる面で切断したことになる.

図 2.14 (b) に,実際にローレンツ方程式の第 3 変数 $z(t)$ (同図 (a)) より作成したローレンツプロットを示す.これを見ると,既に述べた 1 次元写像 (ロジスティック写像,テント写像) と同種の形状,即ち単峰性写

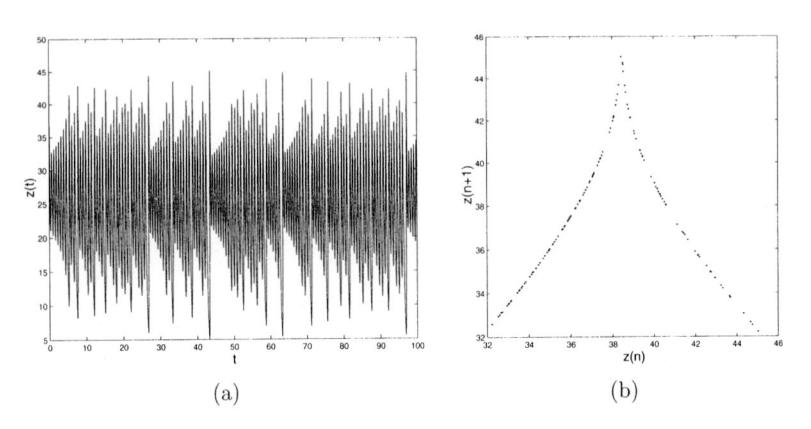

(a)   (b)

図 2.14: ローレンツプロットの構成.
(a) 時系列信号 $z(t)$ から極大値 $z(n)$ を抽出し,(b) $(z(n), z(n + 1))$ としてプロットする.

像 (unimodal map) の関数形が出現することが分かる．ローレンツ方程式の示す不規則振動の本質は，ロジスティック写像などと同種であることなどが推察される．

(7) レスラー方程式 (Rössler equation) は，化学者 O. Rössler により提案された数理モデルであり，

$$\begin{cases} \dfrac{dx}{dt} = -y - z \\ \dfrac{dy}{dt} = x + ay \\ \dfrac{dz}{dt} = b + z(x - c) \end{cases} \quad (2.3.12)$$

で表される [271]．非線形性は，第3式の $z \cdot x$ のみであることに注意しよう．このように非常に単純な非線形性を有するシステムでありながら，非常に豊富なダイナミクスを有している．

パラメータを $a = 0.36, b = 0.4, c = 4.5$ にした場合の，3次元状態空間でのプロットが図 2.15(a) である．貝殻のような形をした美しいアトラクタが出現する．変数 $x(t)$ の時系列プロットが図 2.15 (b) である．図 2.15 (c) は，先のローレンツ方程式の再構成例の場合と同様に，時間遅れ値 τ を変化させた場合に，再構成空間内でのアトラクタの構造の変化の様子を観察したものである．ここでも，τ の設定の重要性を見ることができる．レスラー方程式のストレンジアトラクタを，各状態値での瞬時速度に依存した疑似カラー状態空間プロットが口絵 2 (b) である．

(8) ダブルスクロールアトラクタ (double scroll attractor) は，電気工学者松本隆，L. Chua，本書の著者の一人である小室元政，徳永隆治らによって提案された非線形抵抗を含む電気回路から生成されるストレンジアトラクタである [211, 209, 70, 210]．その方程式は，提案者らによって精力的に解析されている．特に，式 (2.3.14) に示すように，非線形性が区分線形により記述されているので，解析的に扱うことができ，カオスの発生の仕組みと性質が解明されている [208, 187, 188, 189]．

式 (2.3.13) において，v_{C_1}, v_{C_2} はコンデンサにかかる電圧，I_L はコイルに流れる電流であり，C_1, C_2 はコンデンサの容量，L はインダクタンス，G はアドミタンスを表わす．適宜正規化を行い，これらのパラメータを

2.3 再構成軌道の実例と可視化　　　　　　　　　　　　　　　　　47

(a)

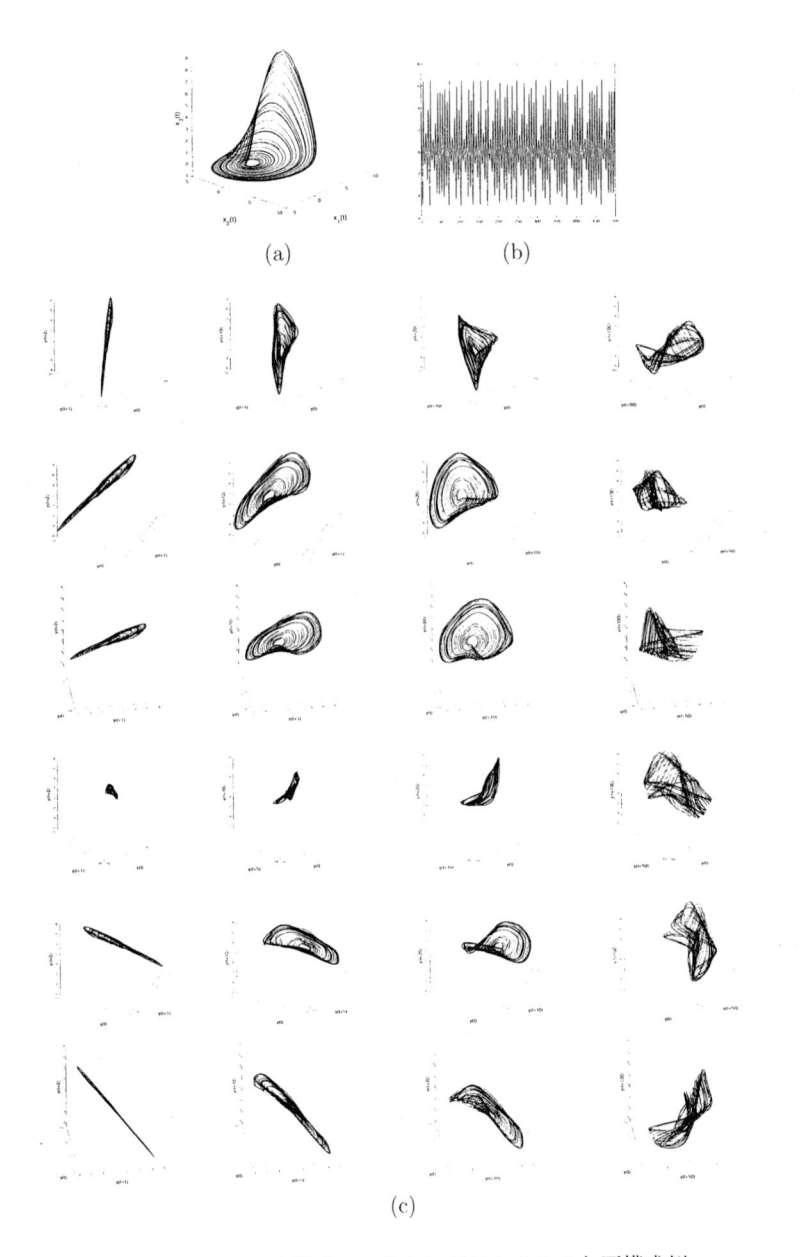

(b)

(c)

図 2.15: レスラー方程式のストレンジアトラクタと再構成例.
(a) ストレンジアトラクタの一例と (b) 第1変数 $x(t)$ の時系列. (c) 第1変数を用いた軌道の3次元状態空間内での再構成の例. 左より, $\tau = 1, 5, 10, 50$.

$C_1 = 1/9$, $C_2 = 1$, $L = 1/7$, $G = 0.7$ とすると，図 2.16 (a) のストレンジアトラクタが出現する．

$$\begin{cases} C_1 \dfrac{dv_{c_1}}{dt} &= G(v_{c_2} - v_{c_1}) - g(v_{c_1}) \\ C_2 \dfrac{dv_{c_2}}{dt} &= G(v_{c_1} - v_{c_2}) + i_L \\ L \dfrac{di_L}{dt} &= -v_{c_2} \end{cases} \quad (2.3.13)$$

但し，

$$g(v) = m_0 v + \frac{1}{2}(m_1 - m_0)|v + B_p| + \frac{1}{2}(m_0 - m_1)|v - B_p| \quad (2.3.14)$$

であり，式 (2.3.14) のパラメータは，$m_0 = -0.5$, $m_1 = -0.8$, $B_p = 1$ である．

図 2.16 (b) は，式 (2.3.13) の変数 v_{C_1} の時系列波形を示している．この時系列を用いて，時間遅れ座標系によるアトラクタ再構成を行なった図が，図 2.16 (c) である．これまでと同様に，様々な時間遅れ値の場合について，種々の視点からの形状を観察している．

(9) ホジキン–ハクスレイ方程式 (Hodgkin–Huxley equations) は，生理学者 A. L. Hodgkin と物理学者 A. F. Huxley によって導出された，ヤリイカの巨大軸索の電気的応答を記述する数学モデルである [123]．これによって Hodgkin と Huxley は，ノーベル医学生理学賞を受賞している．ホジキン–ハクスレイ方程式は次式で与えられる．

$$\begin{cases} \dfrac{dV}{dt} &= I - 120.0 m^3 h(V - 55.0) - 36.0 n^4 (V + 72.0) \\ & \quad -0.24(V + 49.387) \\ \dfrac{dm}{dt} &= \dfrac{0.1(-35-V)}{\exp(\frac{-35-V}{10})-1}(1-m) - 4\exp\left(\dfrac{-60-V}{18}\right) m \\ \dfrac{dh}{dt} &= 0.07 \exp\left(\dfrac{-60-V}{20}\right)(1-h) - \dfrac{1}{\exp(\frac{-30-V}{10})+1} h \\ \dfrac{dn}{dt} &= \dfrac{0.01(-50-V)}{\exp(\frac{-50-V}{10})-1}(1-n) - 0.125 \exp\left(\dfrac{-60-V}{80}\right) n \end{cases} \quad (2.3.15)$$

2.3 再構成軌道の実例と可視化

(a)

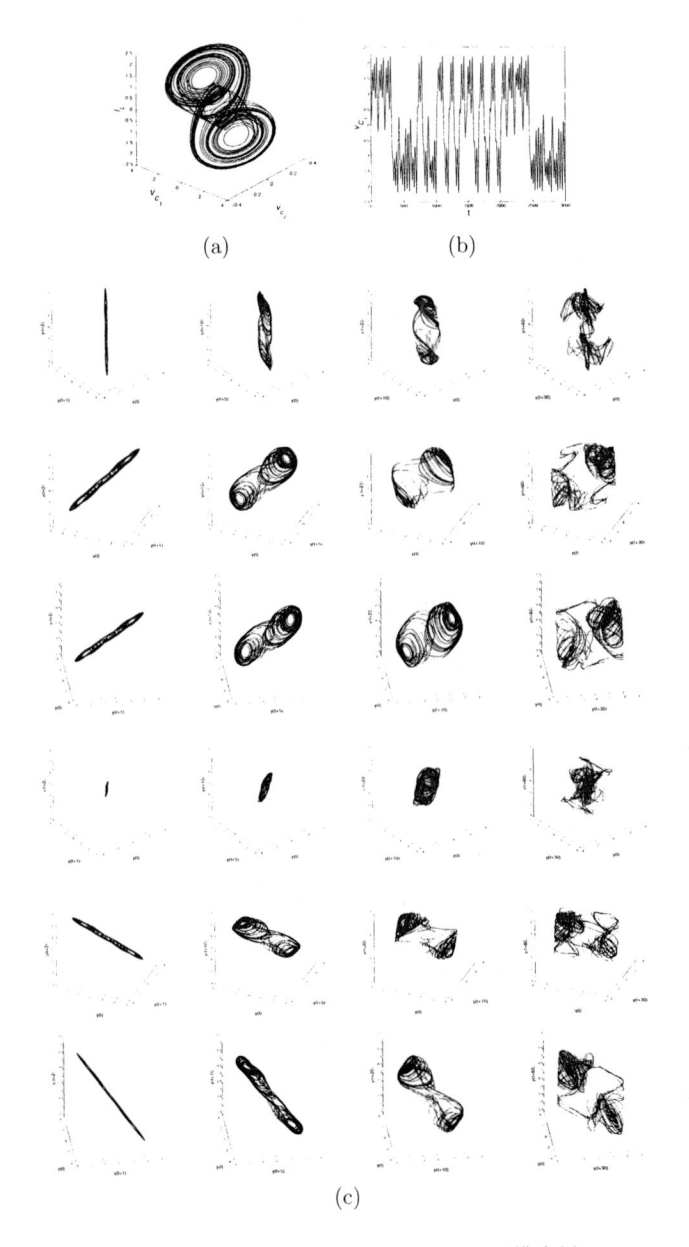

(b)

(c)

図 2.16: ダブルスクロールアトラクタと再構成例.
(a) ストレンジアトラクタの一例と (b) 第1変数 $v_{C_1}(t)$ の時系列. (c) 第1変数を用いた軌道の3次元状態空間内での再構成の例. 左より, $\tau = 1, 10, 30, 50$.

但し，V は膜電位，m, h は各々ナトリウム活性化変数，ナトリウム不活性化変数，n はカリウム活性化変数である．I はヤリイカの神経膜に与える電流刺激を表す．図 2.17 (a) は，周期的な電流刺激として，正弦波の強制入力 $I = I_0 + A \sin 2\pi f t$ ($I_0 = 20$, $A = 40$, $f = 300.2$) を印加した場合のカオスアトラクタを示している．

さて，図 2.17 は，(b) が第一変数の時系列プロット，(c) は，(b) から時間遅れ座標系による再構成を行った例である．ここでも，時間遅れ値の設定によっては，元のアトラクタと類似の形状を読み取れる場合と，全く異なる様相を呈する場合とがあることに気が付くであろう．特に，ホジキン–ハクスレイ方程式の場合，時間遅れ値 τ を大きくとると (例えば，$\tau = 50$)，元の構造は全く失われてしまうことが明らかである．

なお，口絵 2 (d) には，今までの例と同様に，図 2.17 (a) の状態空間内のアトラクタをカラー化した図を示している．但し，ホジキン–ハクスレイ方程式の場合 4 変数あるので，第 4 変数であるカリウム活性化の状態変数 $n(t)$ の大きさに依存させた疑似カラーを用いている [138]．

(10) ラングフォード方程式 (Langford equation) は，数学者 Langford が，不変トーラスからカオスへの分岐を研究するために用いた方程式であり，式 (2.3.16) のように，3 変数の微分方程式として表わされる [195]．

$$\begin{cases} \dfrac{dx}{dt} &= (z - \beta)x - \omega y \\ \dfrac{dy}{dt} &= \omega x + (z - \beta)y \\ \dfrac{dz}{dt} &= \lambda + \alpha z - \dfrac{z^3}{3} - (x^2 + y^2)(1.0 + \rho z) + \epsilon z x^3 \end{cases} \quad (2.3.16)$$

図 2.18 は，式 (2.3.16) のパラメータを $\alpha = 1$, $\beta = 0.7$, $\lambda = 0.6$, $\omega = 3.5$, $\rho = 0.25$, $\epsilon = 0$ とした場合のアトラクタである．図 2.18 を見るとわかるように，このパラメータ値では，2–トーラス (準周期解) を生成する．$\epsilon > 0$ とすると，図 2.18 (a) のトーラスが崩壊し，カオスが現れる．図 2.18 (a) は，3 次元状態空間内でのアトラクタの形状である．図 2.18 (b) は，第 1 変数 $x(t)$ の時系列波形であり，これを用いたアトラクタの再構成図が，図 2.18 (c) である．$\tau = 10$ 程度までであれば，再構成され

2.3 再構成軌道の実例と可視化   51

(a)

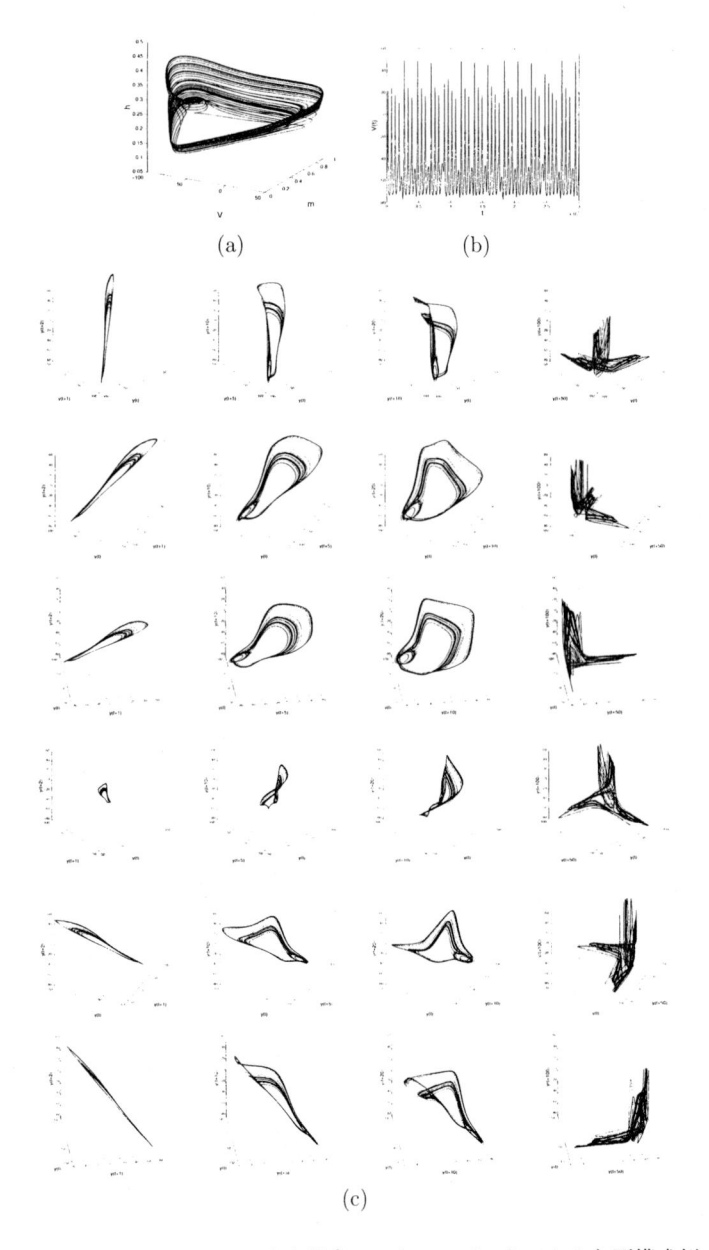

(b)

(c)

図 2.17: ホジキン–ハクスレイ方程式のストレンジアトラクタと再構成例.
(a) 周期刺激がある場合のストレンジアトラクタの一例と (b) 第1変数 $V(t)$ の
時系列. (c) 第1変数を用いた軌道の3次元状態空間内での再構成の例. 左より,
$\tau = 1, 5, 10, 50$.

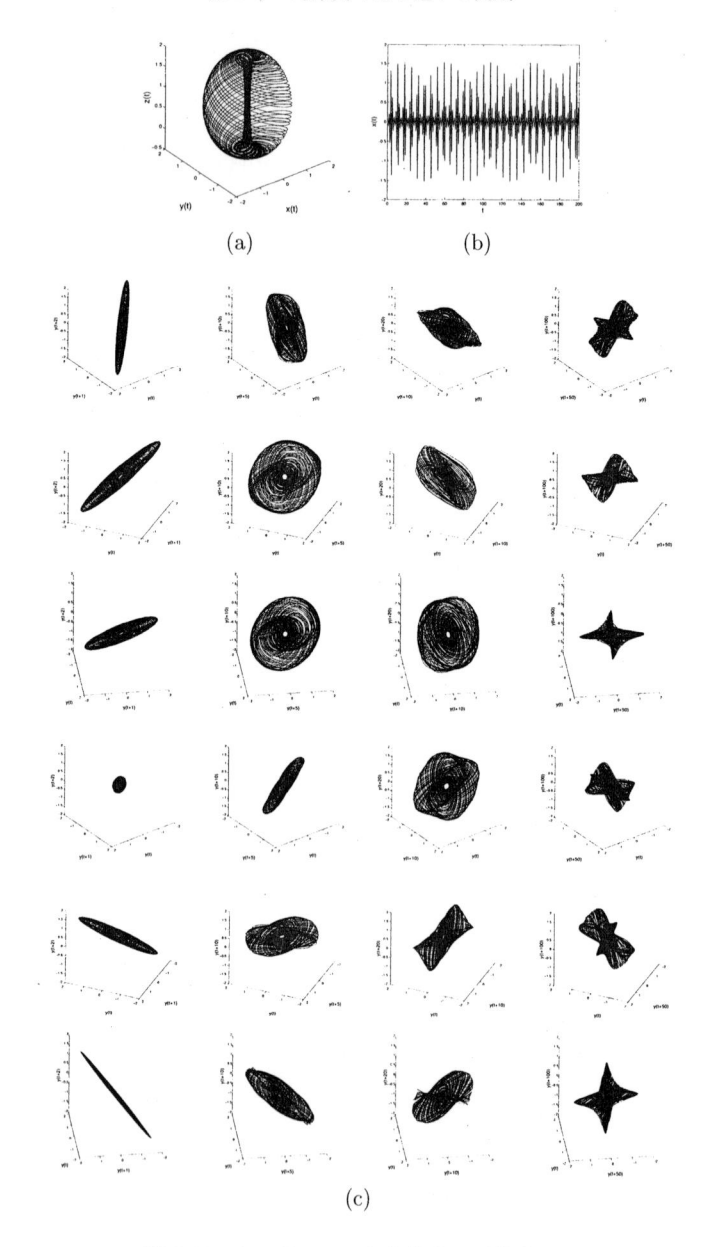

図 2.18: ラングフォード方程式の再構成例.
(a) 準周期アトラクタの一例と (b) 第1変数 $x(t)$ の時系列プロット. (c) 第1変数を用いた軌道の3次元状態空間内での再構成の例. 左より, $\tau = 1, 5, 10, 50$.

たアトラクタの構造から，元のアトラクタの構造をある程度知覚することができるが，この場合も，τ が大き過ぎるとオリジナルのアトラクタ形状とは異なるものが出現する．口絵 2 (c) は，図 2.18 (a) の状態空間内のアトラクタをカラー化した図である．

(11) ダフィング方程式 (Duffing equation) は，式 (2.3.17) で表現される 2 次元非自律系常微分方程式である．

$$\begin{cases} \dfrac{dx}{dt} &= y \\ \dfrac{dy}{dt} &= -ky - x^3 + B\cos t \end{cases} \tag{2.3.17}$$

電気工学者 上田睆亮が，式 (2.3.17) と類似のダフィング–ファンデアポール混合型方程式でのカオスを 1961 年に発見ことは有名である．

さて，図 2.19 左列 は，ダフィング方程式の応答を (x,y) 空間にプロットした図，同図右列 は，ダフィング方程式の強制項 ($B\cos t$) が 1 になる時刻 ($t = 0, 2\pi, \ldots$) における (x,y) をプロットしたものである．これは，周期入力がある場合のポアンカレ断面を構成したことに相当する．周期入力に同期した場合，即ち，応答が周期的であれば，ポアンカレ断面上には周期に対応した個数の点がプロットされる．逆に，ポアンカレ断面上に無数の点が存在すれば，それはシステムの応答が周期入力に同期せずカオス応答となったことを意味する．

図 2.19 (a) 右では，16 個の点が確認できる．一方，$k = 0.1, B = 12.0$ とした場合の式 (2.3.17) の応答が，図 2.19(b) である．カオス的応答を示していることが確認できよう．このアトラクタは，後に，数理物理学者 D. Ruelle により，ジャパニーズアトラクタと命名されたことでも有名である．

(12) 式 (2.3.18) は，M. C. Mackey と L. Glass により，血液細胞の増減のダイナミクスを解析するために提案されたマッケイ–グラス方程式 (Mackey-Glass equation) と呼ばれる 1 変数の微分方程式である [205]．

$$\frac{dx}{dt} = \frac{ax(t-\Delta)}{1+x(t-\Delta)^c} - bx(t) \tag{2.3.18}$$

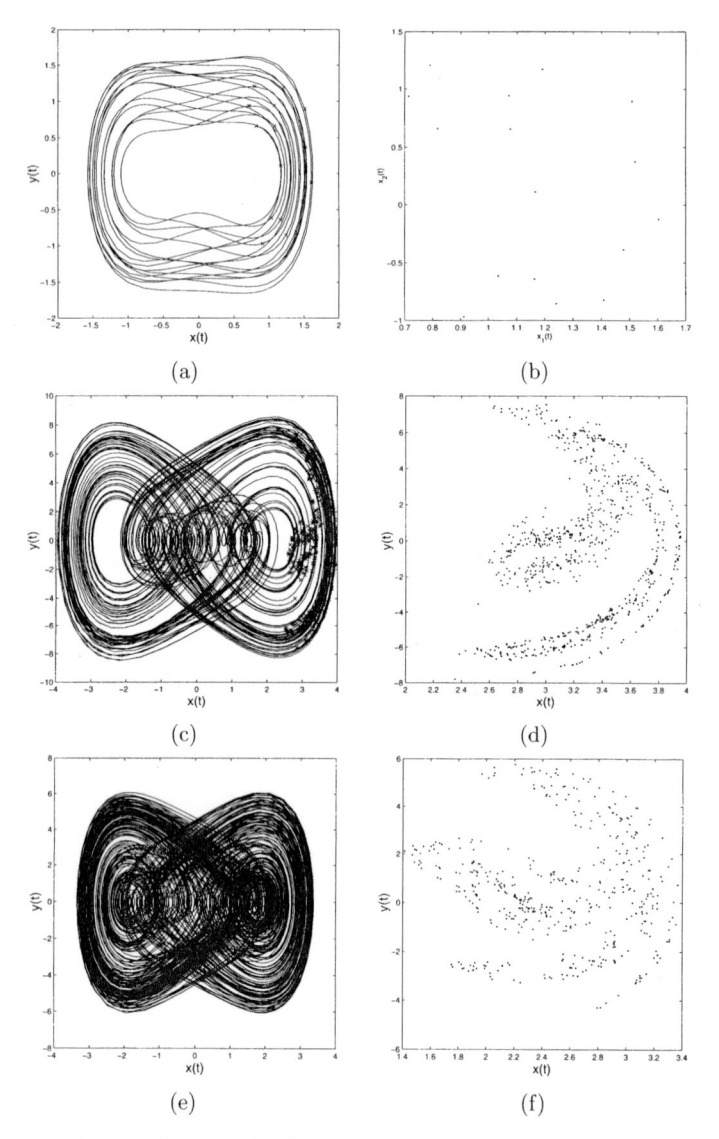

図 2.19: ダフィング方程式のアトラクタとポアンカレ断面.
(a),(b) リミットサイクル ($k = 0.015, B = 0.458$), (c),(d) カオス (ジャパニーズアトラクタ, $k = 0.1, B = 12.0$), (e),(f) カオス ($k = 0.1, B = 12.0$) の場合. 左列は,解軌道とポアンカレ断面上の点 ($t = 2i\pi, i = 1, 2, \ldots$) 上の点を重ね書きしたもの. 右列は,ポアンカレ断面上の点のみをプロットしたもの.

血液細胞のライフサイクルには半減期があるが，式 (2.3.18) の右辺第 2 項がこれを表わす．式 (2.3.18) の右辺第 1 項がなければ，指数関数的に減衰する単純な応答である．一方，第 1 項は，Δ 時間ステップ前の状態値 $x(t - \Delta)$ にも血液細胞数が依存し増加する効果を表わす．マッケイーグラス方程式は，第 1 項の存在により，非常に複雑なダイナミクスを示し，その結果，カオス応答が出現する．

式 (2.3.18) は，通常の微分方程式とは異なり，

$$\frac{d\boldsymbol{x}(t)}{dt} = \boldsymbol{f}_{\boldsymbol{\mu}}(\boldsymbol{x}(t), \boldsymbol{x}(t - \Delta)) \tag{2.3.19}$$

のように，時間遅延 Δ が $\boldsymbol{f}$ に含まれている．このような微分方程式を，微差分方程式 (delay differential equation) と呼ぶ．

式 (2.2.1) や式 (2.2.2) の場合，時刻 t での状態を決定するためには，直前の k 次元分の情報があれば十分であるが，微差分方程式の場合，$t - \Delta < s < t$ の情報が必要となる．即ち，発展規則を決定するためには，無限の情報が必要となり，この意味で，微差分方程式は無限次元系である．

さて，式 (2.3.18) において $a = 0.2, b = 0.1, c = 10$ とした場合の $x(t)$ の時系列信号を図 2.20 に示している．(a) $\Delta = 20$, (b) $\Delta = 30$, (c) $\Delta = 100$ のように，Δ の値を大きくすることにより，徐々に複雑な応答へと変化していくことが観察できる．

このように，微差分方程式には，式 (2.3.19) で示したように，時間遅延 Δ が導入されていることが特徴的である．このようなシステムを対象とするとき，観測時系列しか情報を得られない状況でも，元の方程式における時間遅延 Δ を推定することが重要である．それに関する研究として，文献 [94, 50, 51, 346, 86] がある．

(13) 図 2.21は，式 (2.3.12) のレスラー方程式を積分発火モデル (式 (2.2.19)) への入力とした場合の ISI 再構成の様子を示したものである．

図 2.21 (a) は，入力信号として用いたレスラー方程式の第1変数 $x(t)$ の時間波形を示している．図 2.21 (b) は，被積分関数として，$S(x(t)) = x(t) + 40$ とした場合に，式 (2.2.19) により計算したパルス発生時刻 T_i に基づいて

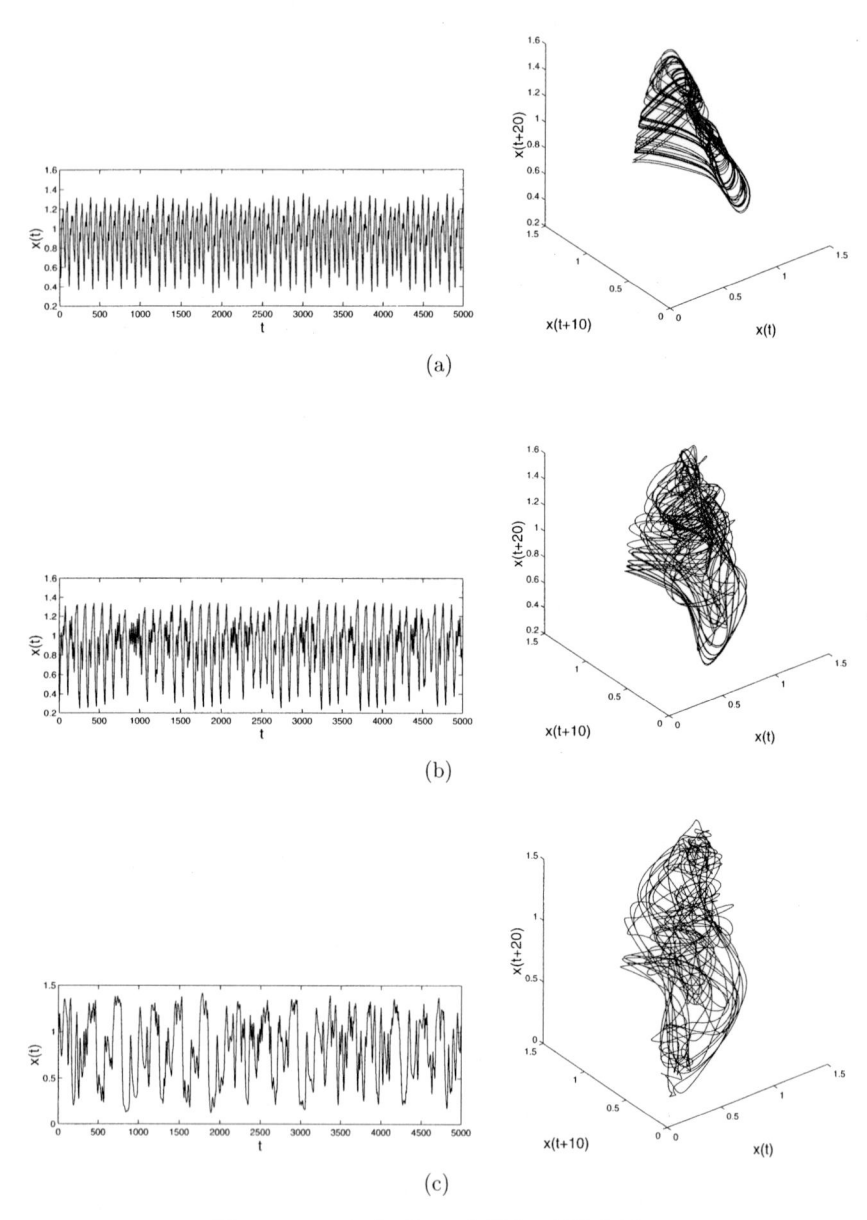

図 2.20: マッケイ-グラス方程式の再構成例. 左列に時系列波形，右列には 3 次元状態空間内での再構成例. (a) $\Delta = 20$, (b) $\Delta = 30$, (c) $\Delta = 100$ の場合. 他のパラメータは固定している.

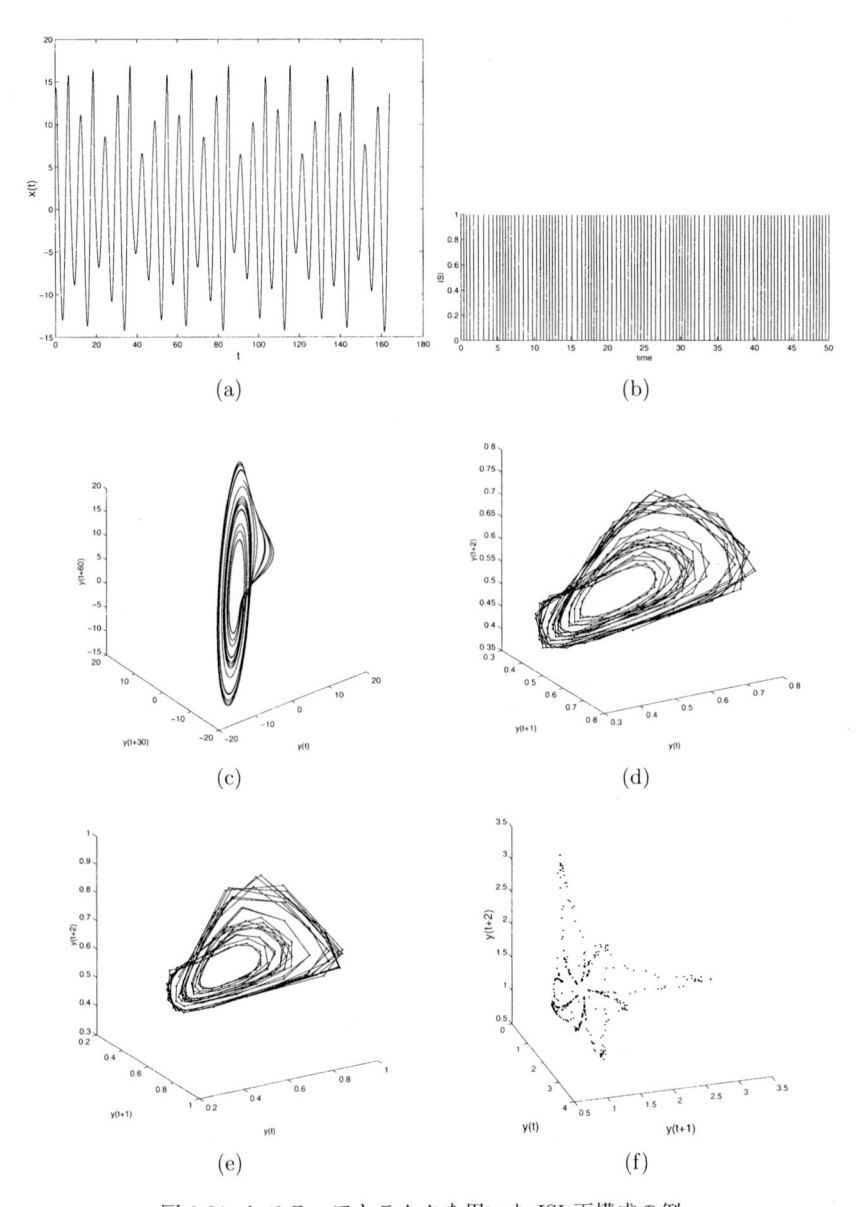

図 2.21: レスラーアトラクタを用いた ISI 再構成の例.
(a) ニューロンへの入力信号として用いたレスラーアトラクタの第1変数 $x(t)$ の時系列, (b) $S(t) = h(x(t)) = x(t) + 40$ により変換し, 式 (2.2.19) により作成した ISI 系列の例. 閾値は $\Theta = 20$ である. (c) $x(t)$ を元にした, アトラクタの再構成図. (d) t_i による ISI 再構成図 ($k = 0$). (e) $k = 0.5$ の ISI 再構成図. (f) $k = 1.80$ の ISI 再構成図.

作り出された ISI 系列 t_i である．図 2.21 (a),(b) 各々を用いて，3 次元再構成状態空間に表現したものが，図 2.21 (c),(d) である．これらの図を比較するとわかるように，ISI 再構成により，元のアトラクタ構造が定性的にではあるが，保存されていることがわかる．

一方，図 2.21 (e),(f) は，漏れを含む積分発火モデル (式 (2.2.21)) を用いた場合の結果である．式 (2.2.21) のパラメータ k には，漏れが少ない場合と多い場合として，各々，$k = 0.5, k = 1.80$ を採用した例を示している．図 2.21 (e),(f) を見ると，k の値によって，アトラクタ構造が大きく変化し得ることがわかるであろう．特に，$k = 1.80$ にまでなると，出力 ISI 系列により再構成されたアトラクタは，元のアトラクタとは全く異なる構造となることがわかる．

2.3.2.2　実データ

(1) 図 2.22 は，日本語母音の「あ」を対象とした場合の再構成例を示している．日本人男性の発声が，マイクロフォンを用いてサンプリング周波数 48[kHz]，量子化精度 12[bits] で 1 秒間計測された音声データ「あ」の時系列信号である．図 2.22(a) は時系列波形であり，図 2.22(b)–(f) は，それぞれ時間遅れ値 $\tau = 1, 5, 11, 15, 20$ とした場合である．これらを見ると，シルニコフ型カオスを連想させるアトラクタの構造が観察できる [333]．さて，このような音声信号にはノイズが重畳していると考えられるため，その低減の一例としてフィルタ値遅延座標を用いたアトラクタの再構成例を図 2.22(g) に示す [138]．$m = 6, \tau = 1$ に対し，フィルタ行列として，移動平均フィルタ

$$B = \begin{bmatrix} \frac{1}{2} & \frac{1}{2} & & & \\ & & \frac{1}{2} & \frac{1}{2} & \\ & & & & \frac{1}{2} & \frac{1}{2} \end{bmatrix}$$

を用いている [138]．図 2.22 (b)–(g) と比べても，上で考察した構造をよりクリアーに捉えることができていると言えるであろう．

(2) 図 2.23(a) は，太陽黒点の変動数の年平均データを示している．太陽黒点の変動は，古くから観測されており，1700 年からの変動が記録として

2.3 再構成軌道の実例と可視化

(a)

(b)

(c)

(d)

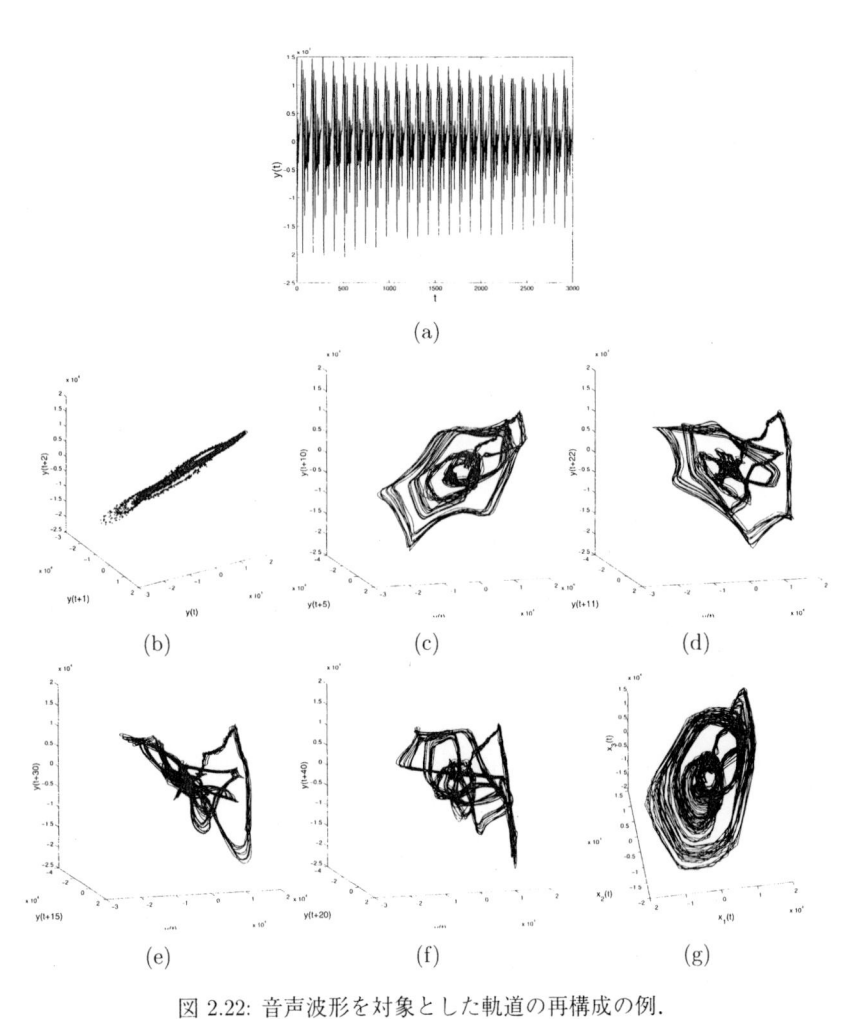

(e)

(f)

(g)

図 2.22: 音声波形を対象とした軌道の再構成の例.
(a) 時系列波形. (b) $\tau = 1$, (c) $\tau = 5$, (d) $\tau = 11$, (e) $\tau = 15$, (f) $\tau = 20$. (g) フィルタ遅延座標系を用いた変換の一例.

残されている.年平均データの他に,月平均,日平均のデータも記録されており,各々,1818 年からの記録がある.

基本的には,約 11 年の周期があり,太陽活動を反映しているものと考えて良い.太陽活動が地球上の種々の営みに影響を与え得るという仮説から,例えば,太陽活動と経済活動の因果性などを解析する場面にも用いられてきた.太陽黒点の変動に関しては,古くから大いに興味が持たれ,また,解析対象としても用いられてきたことからもわかるように,時系列解析の分野と特に関係が深いデータの一つである.太陽黒点は現在でも日々観測が続けられており,最新のデータは理科年表などで簡単に手に入れることができる.

さて,図 2.23(b)–(e) は,太陽黒点データから求めた再構成状態空間内でのプロットである.この図を見てもわかるように,何らかの空間的構造が存在することがわかる.

(3) 図 2.24 は,サンタフェ研究所で 1992 年に主催された時系列予測コンテストで用意された時系列信号の一つである [351].コンテストでは,当初,A.dat という名称で呼ばれていたが,実体は,NH_3 遠赤外レーザの発振強度信号であり,カオス的振動を示していると言われている.このデータを発生するシステムは,既に述べたローレンツシステムに非常に似た構造を持つシステムとして記述されている.

図 2.24 (a) は,A.dat の時系列波形である.図 2.24 (b)–(e) は,(a) から時間遅れ座標系へ変換した再構成状態空間内 (3 次元) でのプロットを示している.これらを見ると,きれいなアトラクタ構造が存在することがわかるなお,サンタフェ研究所の時系列解析コンテストでは,生理学,経済学,天文学,計算機科学,音楽などの,多岐に渡る分野からデータが用意されたことも特徴の一つである.コンテストの詳細などは,文献 [351] を参照してほしい.また,これらのデータは,現在 WWW 上にて公開されており,自由に用いることができる [350, 130].

(4) 図 2.25,図 2.26 は,ニューヨークにおける麻疹患者数,水疱瘡患者数の変動データである.これらのデータのカオス性に関する報告が,文献 [312, 311] で議論されている.文献 [312, 311] では,第 5 章で述べるよう

2.3 再構成軌道の実例と可視化

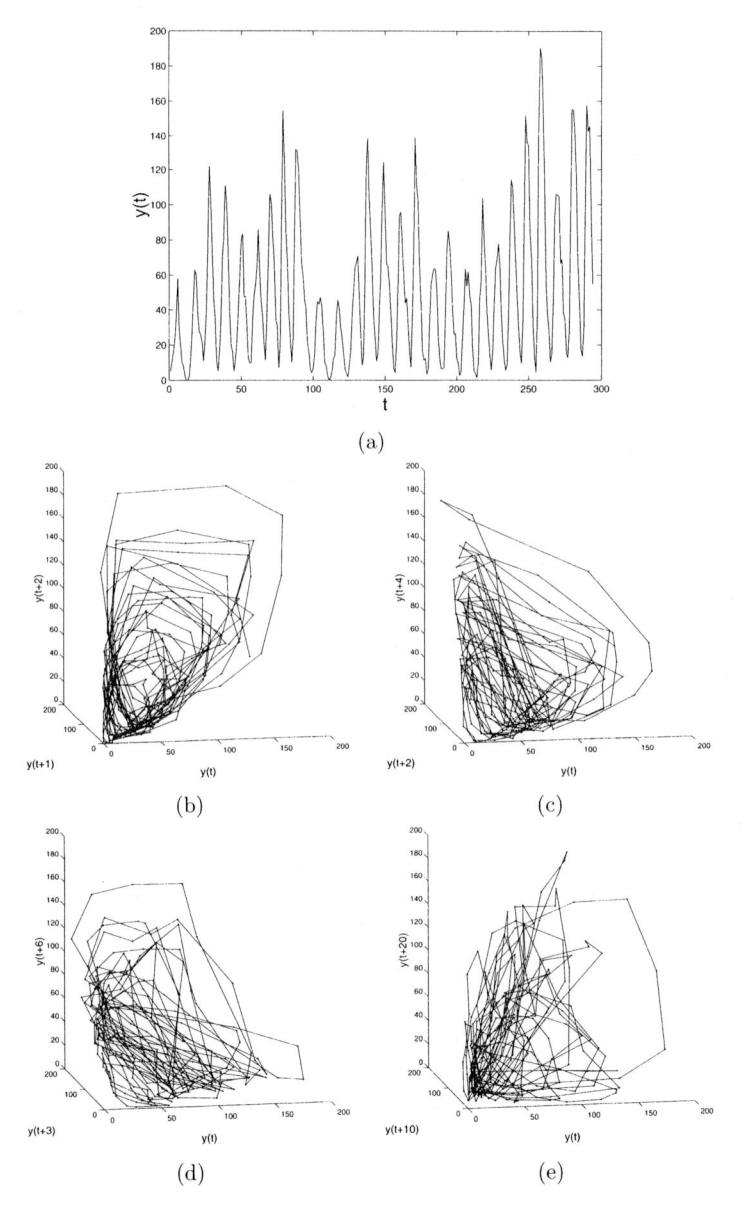

図 2.23: 太陽黒点の変動数の年平均データの再構成.
(a) 時系列波形. 横軸の単位は年. (b) $\tau = 1$, (c) $\tau = 2$, (d) $\tau = 3$, (e) $\tau = 10$ とした場合の軌道の再構成例.

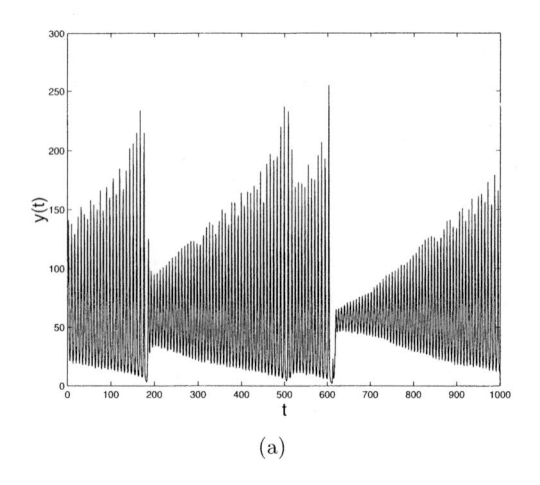

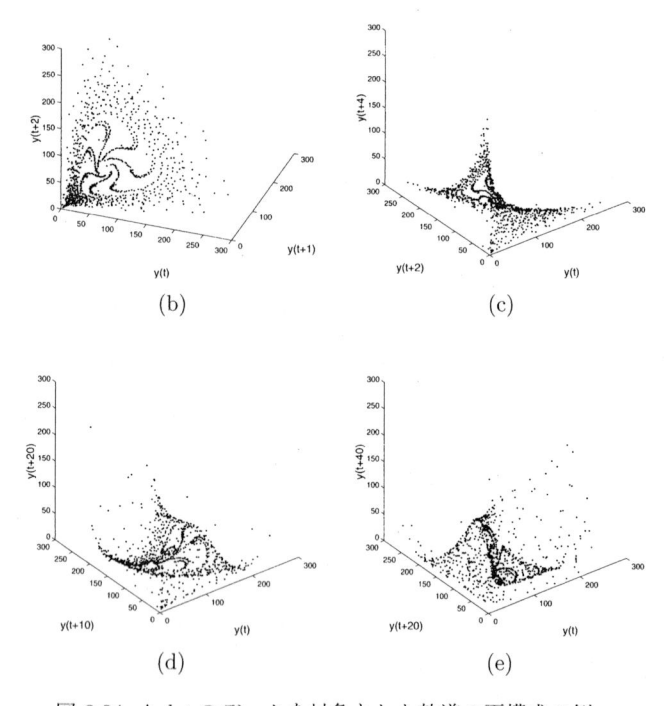

図 2.24: A.dat のデータを対象とした軌道の再構成の例.
(a) A.dat の時系列波形. (b) $\tau = 1$, (c)$\tau = 2$, (d)$\tau = 10$, (e)$\tau = 20$ で再構成した場合.

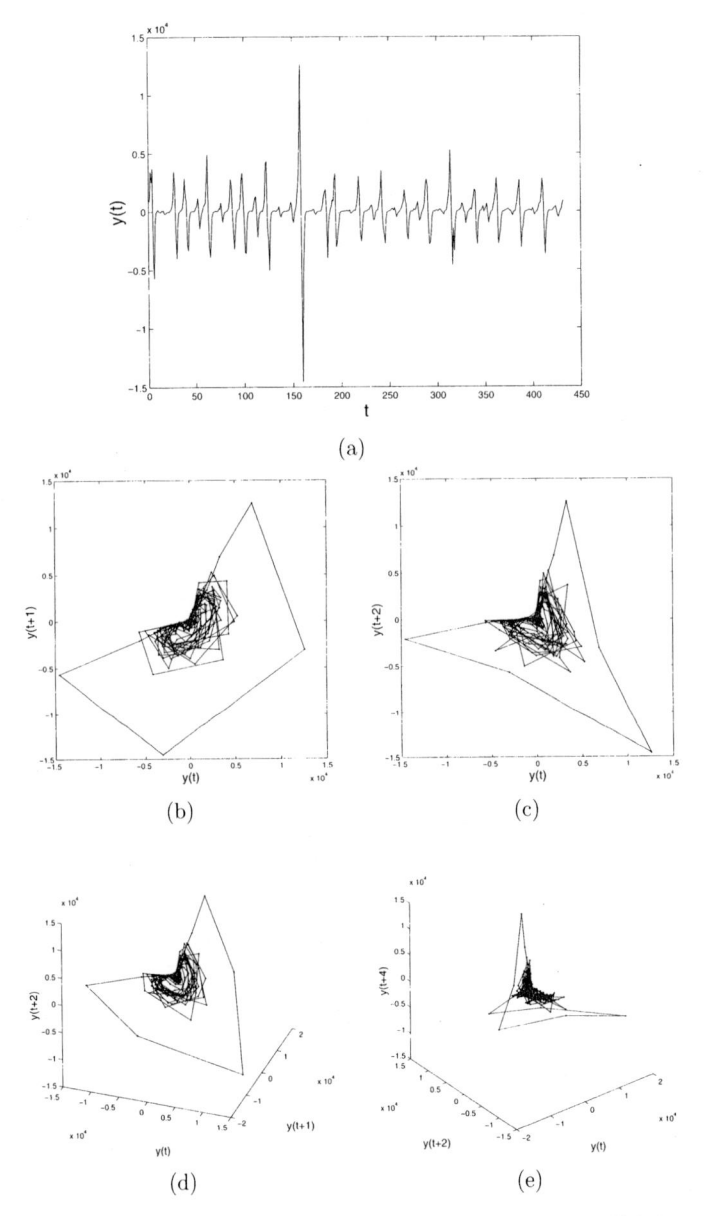

図 2.25: ニューヨーク麻疹の患者数の変動データの軌道の再構成例.
(a) 時系列波形, (b) $m=2, \tau=1$, (c) $m=2, \tau=2$, (d) $m=3, \tau=1$, (e) $m=3, \tau=2$.

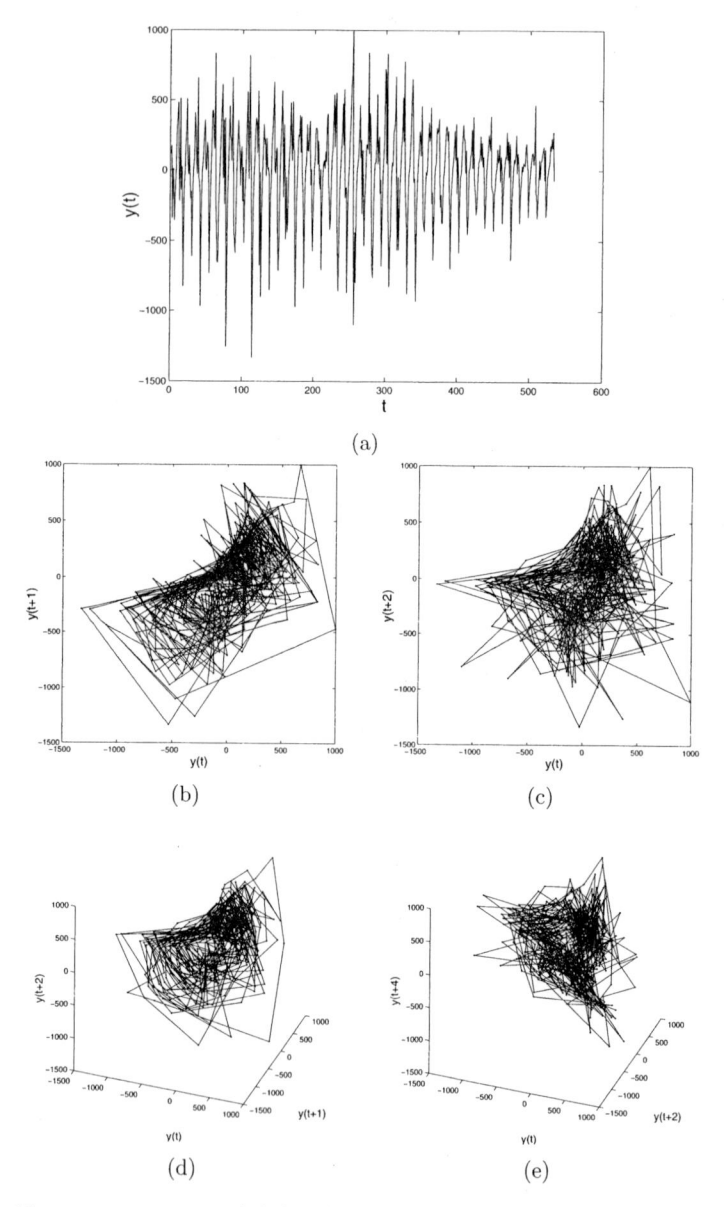

図 2.26: ニューヨーク水疱瘡の患者数の変動データの軌道の再構成例.
(a) 時系列波形, (b) $m=2, \tau=1$, (c) $m=2, \tau=2$, (d) $m=3, \tau=1$, (e) $m=3, \tau=2$.

2.3 再構成軌道の実例と可視化

(a)

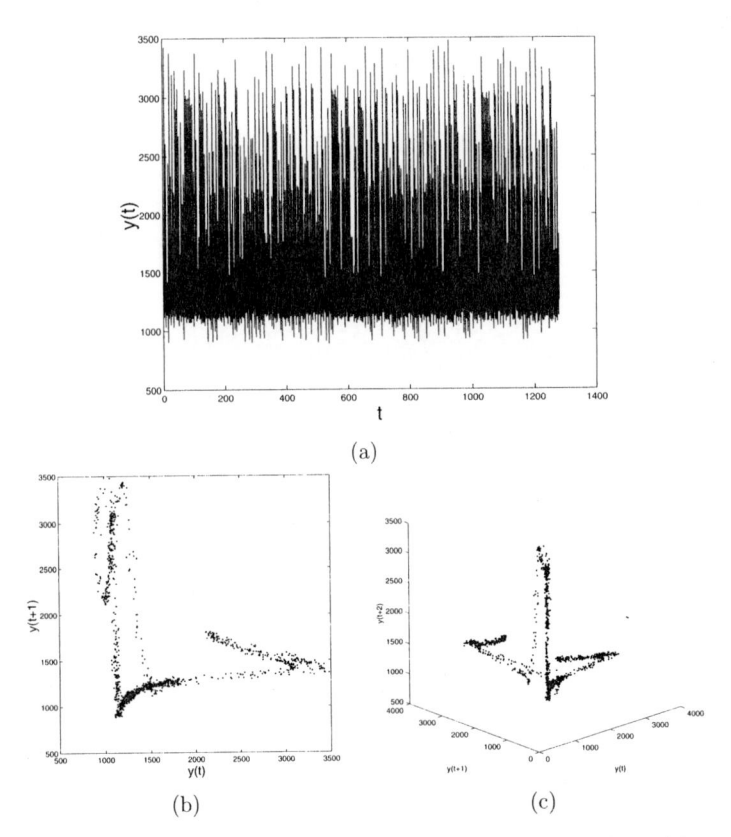

(b)　　　　　　　　　　(c)

図 2.27: ヤリイカ巨大軸索のデータを対象とした軌道の再構成の例.
(a) ヤリイカ巨大軸索の正弦波刺激に対する応答の時系列波形. (b) $m = 2, \tau = 1$,
(c) $m = 3, \tau = 1$ で再構成した場合.

に，非線形予測を用いた複雑時系列の同定手法がこれらのデータに適用されている．麻疹患者数のデータは，カオス的な挙動を示す (短期的には予測可能であるが，長期的には予測不可能となる) のに対し，水疱瘡のデータの場合は，周期的ダイナミクスにノイズが重畳した場合のデータと類似の傾向を示すことが述べられている．数理生態学では，モデリング等を含めた議論が続けられているが，これらの振動現象の本質を明快に説明するには至っておらず，今後課題の一つとなっている．

さて，図 2.25 (a) は，麻疹データの時系列波形，図 2.26 (a) は，水疱瘡の時系列波形である．図 2.25(b)–(e)，図 2.26(b)–(e) は，上記の各データから，時間遅れ座標系へ変換した再構成状態空間内 (3 次元) でのプロットを示している．

(5) 図 2.27 は，正弦波電流を刺激に対するヤリイカ巨大軸索の応答の時系列信号である．自励発振周波数 213 [Hz] で発振している巨大軸索に，288 [Hz] の正弦波電流刺激を与え，刺激電流の位相 150 度におけるポアンカレ断面上で観測されたデータである．

図 2.27 (a) は時系列波形を，図 2.27 (b),(c) は，(a) から時間遅れ座標系へ変換した再構成状態空間内 (2,3 次元) でのプロットを示している．これらを見ると，時系列波形としては，複雑な挙動を示していても，状態空間内で表示することで，そのアトラクタ構造を認識できることがわかるだろう．実際，電気生理学実験における精密な分岐構造の観察や，ホジキン–ハクスレイ方程式を用いたシミュレーションなどにより，カオス応答が観測されることが示されている．即ち，このデータはカオス応答を示す実データの良い例となっており，時系列解析の手法の性能を，このデータを用いて定量的に評価することができるという意味においてもこのようなデータは重要である [216, 18]．

2.4　最適な再構成状態空間の設定

2.4.1　時間遅れ値の設定基準

Takens の埋め込み定理 [318] とプレバレントを用いた Sauer らの埋め込み定理 [285] では，ごく特殊な場合を除いて時間遅れ τ の値は任意である．しかし，

2.4 最適な再構成状態空間の設定

実際に解析を行なう場合には，データ数及びデータ精度は有限であり，実データの場合ノイズを含むなどの理由から，時間遅れの値を適切に設定することが必要となる．また，高次元力学系を再構成する場合にも，問題点があることも指摘されている [168]．特に，連続系から得られたデータの場合については，時間遅れの大きさの設定が重要となる．例えば，τ が小さ過ぎると再構成状態空間内のデータは極端に相関が高くなる．その結果，たとえば 2 次元再構成状態空間で再構成された軌道は，傾きが 45 度の直線近傍におしつぶされて分布する．逆に，τ が大き過ぎると，カオス力学系の持つ軌道不安定性により各座標はほぼ無相関となり，力学系の座標軸としては不適当になる．このことは，前節のアトラクタの再構成の実例を見てきたので，良くわかるであろう．

また，再構成状態空間の次元 m に応じて時間遅れ値 τ の大きさを変化させ，再構成後のベクトルの幅 (埋め込み窓) τ_w を一定に保つべきだとする議論もある [45, 264, 215, 22, 114, 106, 274, 58, 191] (図 2.28)．即ち，

$$(m-1)\tau = \tau_w \tag{2.4.1}$$

のように τ を m に応じて変化させる．特に，相関次元解析では，τ_w を固定した方が，スケーリング領域が大きくなり，次元推定に対して良い効果を与える場合があることも知られている [264]．

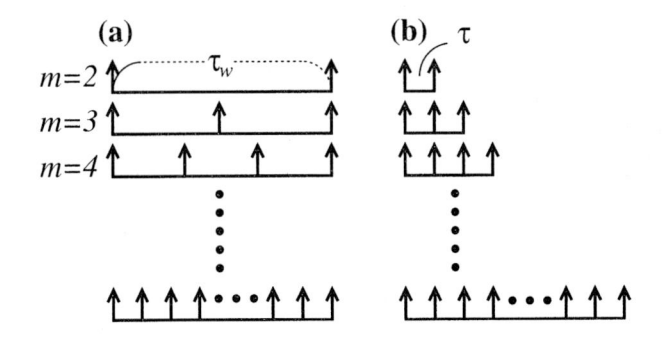

図 2.28: 埋め込み窓の変化.
(a) 再構成ベクトルの幅 (τ_w) を一定にする場合. (b) 時間遅れ (τ) を一定にする場合.

τ あるいは τ_w の最適な決定法については，いくつかの基準が提案されている．これらの手法は，観測された時系列信号の時間相関あるいは再構成されたアトラクタの空間分布を考慮する2手法に大別される．

第一の手法では，対象とする時系列信号の時間相関に関する情報に基づいて座標軸を構成する．具体的には，

(1) 時系列信号の主要な周期の数分の一となる時刻 [29]，
(2) 自己相関関数が最初に 0 となる時刻，
(3) 自己相関関数が $1/e$ となる時刻 [184, 22]，
(4) 自己相関関数が最初に極小値をとる時刻，
(5) 自己相関関数の包絡線が $1/e$ となる時刻，
(6) 高次の自己相関係数が上述の基準を満たす時刻 [23, 154]，
(7) 非線形相関関数が最初に 0 となる時刻 [12]

等がある．

第二の手法は，再構成されたアトラクタの空間分布を考慮することにより，最適な時間遅れ値を求める手法である．それらは，

(1) 再構成状態空間における結合確率密度 [242]，
(2) 相互情報量 (mutual information) が最初に極小値をとる τ または τ_w [296, 98]，
(3) 相関積分を応用した指標 [201, 182]，
(4) 多次元での冗長度 (redundancy) [96, 97]，
(5) 冗長度と無相関性 (irrelavance) の両者を考慮した指標 [64]，
(6) 変動率 (wavering product) [199]，
(7) 充填率 (fill factor) [54, 52]，
(8) 累積局所変形度 (integral local deformation) [53]，
(9) 連続度 (continuity statistics) [349]，
(10) 特異値比 (singular value fraction) [178]，
(11) 局所指数発散プロット (local exponential divergence plot) [103]，
(12) 再構成拡大度 (reconstruction expansion) [274]

等である．

これらの手法に関する優劣についての結論は出ておらず，また，単純に比較するのも容易ではない．そこで，次項では，上で述べた時間的情報から適切な時間遅れ値を決定するための手法の一例として，高次自己相関関数を用いる手法について考察を加えていこう．

2.4.2 高次自己相関係数を用いた時間遅れ値の設定法

本項では，時間遅れの設定に必要となる高次自己相関関数 [23, 154] について説明しよう．まず，高次自己相関関数を求めるために必要なモーメント及びキュムラントについて述べておく [310].

2.4.2.1 モーメント及びキュムラント

モーメントとは，一般に変量のべき乗の平均値であり，ある a 点のまわりの r 次のモーメント μ'_r は以下のように表される [310].

$$\mu'_r = \int_{-\infty}^{\infty} (x-a)^r dF(x) \tag{2.4.2}$$

$a = \mu'_1$ の時，特に a のまわりの中心モーメント μ_r と呼ばれる．

$$\mu_r = \int_{-\infty}^{\infty} (x-a)^r dF(x) \tag{2.4.3}$$

キュムラントは，特性関数の対数をべき級数に展開しその係数から定められるものであり，時間 t の恒等式としてモーメントを使うと次式を満たす密度関数の定数 κ_r で表される．

$$\sum_{r=1}^{\infty} \frac{\mu'_r t^r}{r!} = \exp \sum_{r=1}^{\infty} \frac{\kappa_r t^r}{r!} \tag{2.4.4}$$

また，r 次のキュムラント κ_r は，キュムラントとモーメントの関係 (式 (2.4.5)) からモーメント μ'_r のみの関数として表すことができる [310].

$$\frac{\partial \mu'_r}{\partial \kappa_j} = \binom{r}{j} \mu'_{r-j} \tag{2.4.5}$$

式 (2.4.2) で示したモーメントは x のみの 1 変量の場合であったが，変量が $x_1, x_2, x_3, \ldots$ と多変量となった場合の多変量モーメント μ'_{rst} は次のように定義

される.

$$\mu'_{rst} = \int_{-\infty}^{\infty}\int_{-\infty}^{\infty}\cdots\int_{-\infty}^{\infty}(x_1-a)^r(x_2-b)^s(x_3-c)^t\cdots dF(x_1,x_2,x_3,\ldots) \tag{2.4.6}$$

ここで，多変量モーメント $\mu'_{rst\ldots}$ と同様に多変量キュムラント $\kappa_{rst\ldots}$ についても同様に考えることができる．r 次のキュムラント κ_r は，モーメント μ'_r のみの関数として表すことができるので，r 次のモーメント μ'_r を多変量モーメント $\mu'_{rst\ldots}$ に拡張していくことによって多変量キュムラント $\kappa_{rst\ldots}$ を作り出すことができる．例えば，4 変量キュムラント κ_{1111} は次のように作成できる．

まず，式 (2.4.3) で示した中心モーメントを用いた 4 次キュムラント κ_4 を，形式的に r の関数として，式 (2.4.7) から式 (2.4.8) のように変換する．

$$\kappa_4 = \mu_4 - 3\mu_2^2 \tag{2.4.7}$$

$$\kappa(r^4) = \mu(r^4) - 3\mu^2(r^2) \tag{2.4.8}$$

式 (2.4.8) に対し，オペレータ $s\frac{\partial}{\partial r}$ を適用することにより次式が与えられる．

$$\kappa(r^3 s) = \mu(r^3 s) - 3\mu(rs)\mu(r^2) \tag{2.4.9}$$

この式を元の書式に戻すと，

$$\kappa_{31} = \mu_{31} - 3\mu_{11}\mu_{20} \tag{2.4.10}$$

と書き表すことができる．以下，次に適用するオペレータを $t\frac{\partial}{\partial r}$, $u\frac{\partial}{\partial r},\ldots$, とし，同様の作業を繰り返すことによって κ_{211}, κ_{1111} と多変量キュムラントに拡張していくことができる．

2.4.2.2 高次自己相関関数

ここで，今まで示してきた変量 x を連続量から離散的に観測された状態量 $x(t)$ として考える．このとき，ある時系列 $x(t)$ の平均を $\bar{x}$, 分散を σ_t^2, 遅れ時間を τ, データ数を n とした時の多変量中心モーメント $\mu_{rst\ldots}(\tau)$ は次のように表される．

2.4 最適な再構成状態空間の設定

$$\underbrace{\mu_{rst\ldots}}_{i\text{個}}(\tau) = \frac{\frac{1}{n-(i-1)\tau}\sum_{t=1}^{n-(i-1)\tau}(x(t)-\bar{x})^r(x(t+\tau)-\bar{x})^s(x(t+2\tau)-\bar{x})^t\cdots}{\sigma_t^{(r+s+t+\cdots)}}$$

(2.4.11)

この時，2 変量キュムラント $\kappa_{11}(\tau)$ は，

$$\kappa_{11}(\tau) = \mu_{11}(\tau) = \frac{\frac{1}{n-\tau}\sum_{t=1}^{n-\tau}(x(t)-\bar{x})(x(t+\tau)-\bar{x})}{\sigma_t^2} \quad (2.4.12)$$

となり自己相関係数を表す [23]．同様にして高次自己相関係数も定義できる．2-6 次の自己相関係数を以下に定義する．

- 2 次自己相関関数

$$\kappa_{11}(\tau) = \mu_{11}(\tau) \quad (2.4.13)$$

- 3 次自己相関係数

$$\kappa_{111}(\tau) = \mu_{111}(\tau) \quad (2.4.14)$$

- 4 次自己相関係数

$$\begin{aligned}\kappa_{1111}(\tau) &= \mu_{1111}(\tau) - \mu_{0011}(\tau)\mu_{1100}(\tau) \\ &\quad - \mu_{1010}(\tau)\mu_{0101}(\tau) - \mu_{1001}(\tau)\mu_{0110}(\tau)\end{aligned} \quad (2.4.15)$$

- 5 次自己相関係数

$$\begin{aligned}&\kappa_{11111}(\tau) \\ &= \mu_{11111}(\tau) - \mu_{01110}(\tau)\mu_{10001}(\tau) - \mu_{01101}(\tau)\mu_{10010}(\tau) \\ &\quad - \mu_{11100}(\tau)\mu_{00011}(\tau) - \mu_{01011}(\tau)\mu_{10100}(\tau) - \mu_{11010}(\tau)\mu_{00101}(\tau) \\ &\quad - \mu_{11001}(\tau)\mu_{00110}(\tau) - \mu_{00111}(\tau)\mu_{11000}(\tau) - \mu_{10110}(\tau)\mu_{01001}(\tau) \\ &\quad - \mu_{10101}(\tau)\mu_{01010}(\tau) - \mu_{10011}(\tau)\mu_{01100}(\tau)\end{aligned} \quad (2.4.16)$$

- 6 次自己相関係数

$$\begin{aligned}&\kappa_{111111}(\tau) \\ &= \mu_{111111}(\tau) - \mu_{001111}(\tau)\mu_{110000}(\tau) - \mu_{101110}(\tau)\mu_{010001}(\tau)\end{aligned}$$

$$
\begin{aligned}
&- \mu_{101101}(\tau)\mu_{010010}(\tau) - \mu_{101011}(\tau)\mu_{010100}(\tau) - \mu_{100111}(\tau)\mu_{011000}(\tau) \\
&- \mu_{011110}(\tau)\mu_{100001}(\tau) - \mu_{011101}(\tau)\mu_{100010}(\tau) - \mu_{111100}(\tau)\mu_{000011}(\tau) \\
&- \mu_{011011}(\tau)\mu_{100100}(\tau) - \mu_{111010}(\tau)\mu_{000101}(\tau) - \mu_{111001}(\tau)\mu_{000110}(\tau) \\
&- \mu_{010111}(\tau)\mu_{101000}(\tau) - \mu_{110110}(\tau)\mu_{001001}(\tau) - \mu_{110101}(\tau)\mu_{001010}(\tau) \\
&- \mu_{110011}(\tau)\mu_{001100}(\tau) - \mu_{001110}(\tau)\mu_{110001}(\tau) - \mu_{001101}(\tau)\mu_{110010}(\tau) \\
&- \mu_{101100}(\tau)\mu_{010011}(\tau) - \mu_{001011}(\tau)\mu_{110100}(\tau) - \mu_{101010}(\tau)\mu_{010101}(\tau) \\
&- \mu_{101001}(\tau)\mu_{010110}(\tau) - \mu_{000111}(\tau)\mu_{111000}(\tau) - \mu_{100110}(\tau)\mu_{011001}(\tau) \\
&- \mu_{100101}(\tau)\mu_{011010}(\tau) \\
&+ 2\mu_{100001}(\tau)\mu_{010010}(\tau)\mu_{001100}(\tau) + 2\mu_{000110}(\tau)\mu_{110000}(\tau)\mu_{001001}(\tau) \\
&+ 2\mu_{000110}(\tau)\mu_{101000}(\tau)\mu_{010001}(\tau) + 2\mu_{000101}(\tau)\mu_{001010}(\tau)\mu_{110000}(\tau) \\
&+ 2\mu_{100100}(\tau)\mu_{001010}(\tau)\mu_{010001}(\tau) + 2\mu_{000101}(\tau)\mu_{101000}(\tau)\mu_{010010}(\tau) \\
&+ 2\mu_{100100}(\tau)\mu_{001001}(\tau)\mu_{010010}(\tau) + 2\mu_{000011}(\tau)\mu_{110000}(\tau)\mu_{001100}(\tau) \\
&+ 2\mu_{010001}(\tau)\mu_{100010}(\tau)\mu_{001100}(\tau) + 2\mu_{000011}(\tau)\mu_{101000}(\tau)\mu_{010100}(\tau) \\
&+ 2\mu_{100010}(\tau)\mu_{001001}(\tau)\mu_{010100}(\tau) + 2\mu_{100001}(\tau)\mu_{001010}(\tau)\mu_{010100}(\tau) \\
&+ 2\mu_{100001}(\tau)\mu_{000110}(\tau)\mu_{011000}(\tau) + 2\mu_{000011}(\tau)\mu_{100100}(\tau)\mu_{011000}(\tau) \\
&+ 2\mu_{100010}(\tau)\mu_{000101}(\tau)\mu_{011000}(\tau) \quad\quad\quad\quad\quad\quad\quad\quad (2.4.17)
\end{aligned}
$$

さて,従来の設定法では,2次統計量,例えば自己相関関数,フーリエ変換などを基盤として,時間遅れ値の適切な値を求めるようにしていた.システムの状態を再構成するために,1変数の時系列信号から多次元空間へ変換することを考えると,システムのダイナミクスを記述するための多変量分布を使用すれば,より多くの情報が得られることが推察される.

そこで,時系列信号から高次自己相関係数を求め,次に,各自己相関係数が最初に極をとる時刻を推定する.この最初に極をとる時刻は,対象とするシステムの特徴的なタイムスケールを表現していると考えて良いだろう.このとき,一般に r 次の自己相関係数を考え,その次数を増加させていったときに,この第1極値をとる時相がどのように変化するかを解析し,その収束する値を時間遅れ値とすることが考えられる [154].

2.4 最適な再構成状態空間の設定

この手法を，非線形力学系モデルと音声信号に対して適用した結果を示そう．まず各データに対し，高次自己相関係数を求め，各自己相関係数が最初に極をとる時間とその次数との関係を表したグラフを図 2.29 に示す．

非線形力学系のモデルより生成した 1 変数の時系列信号に対して，従来法及び提案手法から時間遅れ値 τ を求めた結果を，既に 3 次元空間に再構成した結果 (図 2.13, 図 2.15) と比較しながら考えていこう．図 2.13(c), 図 2.15(c) のアトラクタを見ると，ローレンツ方程式では，$\tau = 4$ 程度，レスラー方程式では，$\tau = 10$ 程度のように，高次自己相関係数の極が収束する値を τ とすることで，全状態変数が観測できた場合 $((x, y, z)$ を用いる) のアトラクタ (図 2.13(a), 図 2.15(a)) と比較した時，非常に類似の構造となることが直観的に理解できる．また，図 2.22 (c) を見ると，音声信号の場合にも，やはり，この基準で設定した時間遅れ値 $\tau = 5$ を用いれば，他の値を τ とした場合に比較しても，うまく再構成され得ることが理解できるであろう．

このような再構成アトラクタの定性的観察を，より定量的な解析手法を用いて考察してみよう．ここで述べている時間遅れ値設定基準を，Wayland の検定法とよばれる，アトラクタのなめらかさ，軌道の決定論性を測る手法により定量的に比較した結果が，第 4 章の図 4.38 である．この図では，ローレンツ方程式，レスラー方程式の場合について，全変数が観測できた場合のアトラクタの軌道と，1 変数から再構成した場合のアトラクタの軌道のなめらかさ，決定論性の度合いの比較が行なわれている．どちらに適用した場合においても，ここで求めた時間遅れ値 τ を用いて再構成されたアトラクタの決定論性が，元の位相空間 (x, y, z) より求められた決定論性により近づいていることが読みとれる．

これらの結果を総合的に考えると，高次自己相関係数の極が収束する値を τ とする基準は，従来法と比較して同等以上の再構成空間を実現できる可能性があると言える．もちろん解析的な保証がないので，この手法の絶対性を主張することはできないが，少なくとも，この基準により求めた値が，最適な時間遅れ値の設定という課題に関する出発点とすることは有効であろう．

さて，ここまでの手法は，ある決まった時間遅れ値を求めるという問題設定になっていたが，時間遅れ値と再構成状態空間の次元を，アトラクタの局所的な構造に依存して，アトラクタ内で適応的に変化させる variable embedding と

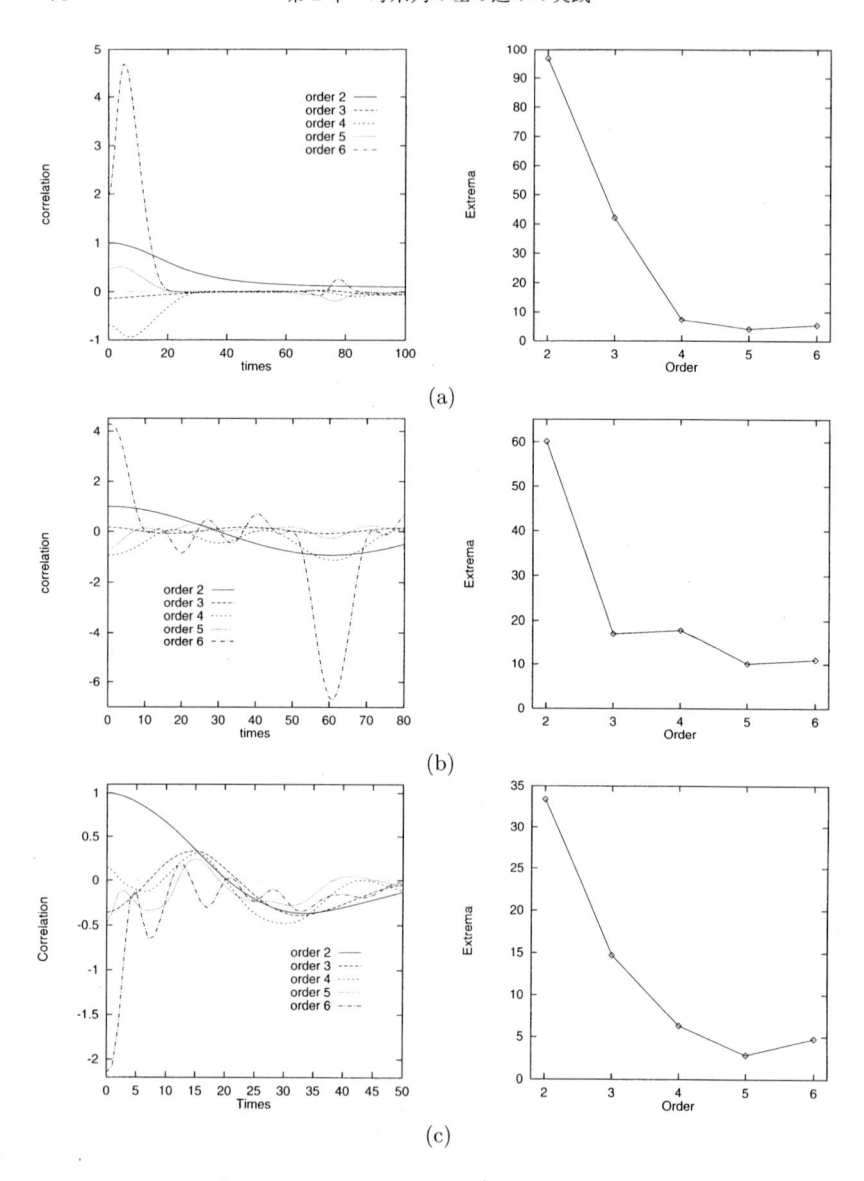

図 2.29: 高次相関係数と各次数での相関係数が最初に極値をとる時刻. (a) ローレンツ方程式の $x(t)$, (b) レスラー方程式の $x(t)$, (c) 日本語母音「あ」のデータの場合. 各図において, 左側は高次自己相関係数を, 右側は, 極と次数の関係を示している.

呼ばれる手法が，K. Judd と A. Mees により提案されている [164]．第 5 章で説明する非線形予測の一手法として，動径基底関数ネットワークを用いた場合に，variable embedding を用いることで，予測精度が向上することが示されている [164, 300]．variable embedding のような手法においても，上で述べた基準設定法を用いるのはもちろん有効である．時間遅れ値を適応的に変化させる場合にも，これらの基準値はその初期状態として十分効果的となるからである．今後は，これらの基準設定法と適応的な埋め込みによるアトラクタの再構成手法を用いることが有効な手段となるであろう．

2.4.3 再構成状態空間の次元

図 2.2-図 2.4 で示したように，状態空間内で交差が存在する時には，状態空間の次元 m を $m > 2D_0$ とすれば，埋め込みとなることが保証され，これらの問題は解消される．これは，埋め込みとなることを保証する再構成状態空間に対する十分条件である．つまり，$m \leq 2D_0$ であっても，埋め込みとなっていることもあり得る(もちろん保証はない)．

図 2.30 では，2 次元状態空間内での再構成から，3 次元状態空間内での再構成への変化を考えている．図 2.30 (a) では，二つの軌道が点 A, B の付近で交差し，このため，1 対 1 とならないこと，従って，埋め込みとならないことになる．次に，図 2.30 (b) では，状態空間の次元を一つ大きくしたことにより，先の交差が解消している．このように交差が解消することを，図 2.30 での点 A, B, C の近傍関係の変化として抽出することができる．

例えば，図 2.30 (a) のように 2 次元空間では，点 A, B, C は互いに近傍である．一方，3 次元空間では，図 2.30 (b) のように，依然点 A, C は互いに近傍であるが，点 B は点 A の近傍で無くなる．このような点 B のことを点 A の誤り近傍点 と呼ぶ．一般的には，m 次元状態空間から，$m+1$ 次元状態空間へと再構成状態空間の次元をあげた時を考え，m 次元空間では近傍であったが，$m+1$ 次元空間では近傍でなくなるような 点 B が少なくなれば，埋め込みとなる可能性が大きくなる．

そこで，再構成状態空間の次元を徐々に上げていき，誤り近傍点(false near neighbors) の数が減った時に埋め込みとなったと判断する[199, 180, 7, 179, 24, 55]

手法が考えられる．この手法を誤り近傍法と呼ぶ [180, 7, 179, 55]．この手法を用いて推定される最小の埋め込み次元には数学的な保証はない．しかし，通常の解析では，より低い次元の再構成状態空間での処理が望まれるので，このための一つの指標を与える基準としては有効である．

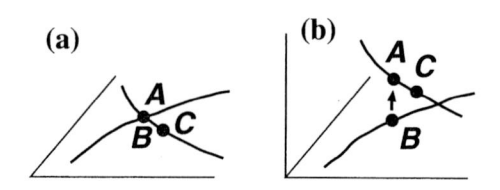

図 2.30: 誤り近傍の例．

(a) $\mathbf{R}^2$ では点 A, B, C は互いに近傍であるが，点 A と点 B は誤り近傍であるために，(b) $\mathbf{R}^3$ ではこれらの点は離れる．一般的に言えば，m 次元状態空間から，$m+1$ 次元状態空間への変換を考えたときに，このような誤り近傍が多数存在するとすれば，m 次元空間では埋め込みではなかったといえる．

このような指標を計算するための具体的手順を示そう．まず，m 次元状態空間での再構成ベクトルを

$$\boldsymbol{v}(t) = (y(t), y(t+\tau), \ldots, y(t+(m-1)\tau)) \tag{2.4.18}$$

としよう．この $\boldsymbol{v}(t)$ の m 次元再構成状態空間内での最近傍点を

$$\boldsymbol{v}(n(t)) = (y(n(t)), y(n(t)+\tau), \ldots, y(n(t)+(m-1)\tau)) \tag{2.4.19}$$

とする．このとき，m 次元再構成状態空間内での2点間の距離は，

$$R_m(t) = \sqrt{\sum_{k=1}^{m} \{y(t+(k-1)\tau) - y(n(t)+(k-1)\tau)\}^2} \tag{2.4.20}$$

である．一方，$m+1$ 次元再構成状態空間において，これらの2点 $\boldsymbol{v}(t)$ と $\boldsymbol{v}(n(t))$ 間の距離は，

$$R_{m+1}(t) = \sqrt{\sum_{k=1}^{m+1} \{y(t+(k-1)\tau) - y(n(t)+(k-1)\tau)\}^2} \tag{2.4.21}$$

となる．$m+1$ 次元空間において，これらの 2 点間距離を次式の相対距離 R_L で表わすと，

$$R_L = \sqrt{\frac{R_{m+1}(t)^2 - R_m(t)^2}{R_{m+1}(t)^2}} = \frac{|y(t+m\tau) - y(n(t)+m\tau)|}{R_m(t)} \quad (2.4.22)$$

となる．式 (2.4.22) で定義された相対距離が，ある閾値以上の時，点 $\boldsymbol{v}(n(t))$ を点 $\boldsymbol{v}(t)$ の誤り最近傍点 (false nearest neighbor) と呼ぶ．閾値には，15 程度が用いられる [180, 7, 2]．

さて，基本的には，このような基準で誤り最近傍点を同定できるのだが，有限長の高次元データに対応する必要がある．もし，上の基準を元に，点 $\boldsymbol{v}(n(t))$ は点 $\boldsymbol{v}(t)$ の誤り最近傍点でないと判定されても，

$$R'_L = \frac{|y(t+m\tau) - y(n(t)+m\tau)|}{R_A} \quad (2.4.23)$$

が 2 倍のオーダよりも大きいときには，点 $\boldsymbol{v}(n(t))$ は点 $\boldsymbol{v}(t)$ の誤り最近傍点であるとする [180, 7, 2]．但し，R_A は，再構成アトラクタの半径であり，データ数を N としたとき以下で定義する．

$$R_A = \frac{1}{N} \sum_{k=1}^{N} |y(k) - \bar{y}| \quad (2.4.24)$$

$$\bar{y} = \frac{1}{N} \sum_{k=1}^{N} y(k) \quad (2.4.25)$$

である．

このような考え方で，埋め込みとなっている再構成状態空間の次元を推定できるが，この手法には，適当な閾値を設定する必要がある．現在では，この手法のように閾値を設定することなく，埋め込みとなっているであろう再構成状態空間の次元を推定する手法が，Cao により提案されている [55]．

Cao の手法では，まず以下の量を推定する．m 次元再構成状態空間内での，再構成ベクトルを $\boldsymbol{v}_m(i)$ とする．i は，時間のインデックスである．また，$\boldsymbol{v}_m(i)$ の最近傍点のインデックスを $n(i,m)$ とする．この時，

を計算する. 但し, 式 (2.4.26) において, $||\cdot||$ はユークリッド距離を表わす. 次に, $a(i,m)$ の平均値 $E(m)$

$$E(m) = \frac{1}{N}\sum_{i=1}^{N} a(i,m) \tag{2.4.27}$$

を求め, m 次元から $m+1$ 次元への変化を定量化する指標として,

$$E_1(m) = \frac{E(m+1)}{E(m)} \tag{2.4.28}$$

を計算する.

 m を大きくしたときに, 決定論的な場合には $E_1(m)$ が収束するが, 収束したときの次元値 m_0 が最小の埋め込み次元となる. ランダムなデータの場合には, 決定論的なデータの場合とは異なり, 式 (2.4.28) は理論的には収束しないが, データ数が有限である等の理由により, 判別が困難となる場合がある. そこで, 補助的な指標として,

$$E_2(m) = \frac{1}{N}\sum_{i=1}^{N} |y(i+m\tau) - y(n(i,m)+m\tau)| \tag{2.4.29}$$

を用いると良い.

 それでは実際に, 誤り近傍法を適用してみよう. 結果は図 2.31 に示している. なお, 以下の図では, 再構成状態空間の次元を $m-1$ から m にしたときの誤り近傍の数を全体データ数に対する割合として表示している. 横軸が再構成状態空間の次元 m, 縦軸が誤り最近傍点の割合である.

 まず, 図 2.31 (a) は, ローレンツ方程式の第 1 変数 $x(t)$ から再構成した場合の結果である. 再構成状態空間の次元が 2,3 次元の場合は, 誤り最近傍点の割合が高いが, $m=4$ となるとほぼ 0% となることがわかる. 図 2.31 (b) は池田写像から得られたデータの場合である. 図 2.11 でも示したように, $m=2$ では, 明らかに重なりが生じており, 1 対 1 にすらなっていないことを考察したが, 図 2.31 (b) を見ると, $m=2$ では, $N=2048, 8192$ いずれの場合も約 80–90

2.4 最適な再構成状態空間の設定

(a)

(b)

(c)

(d)

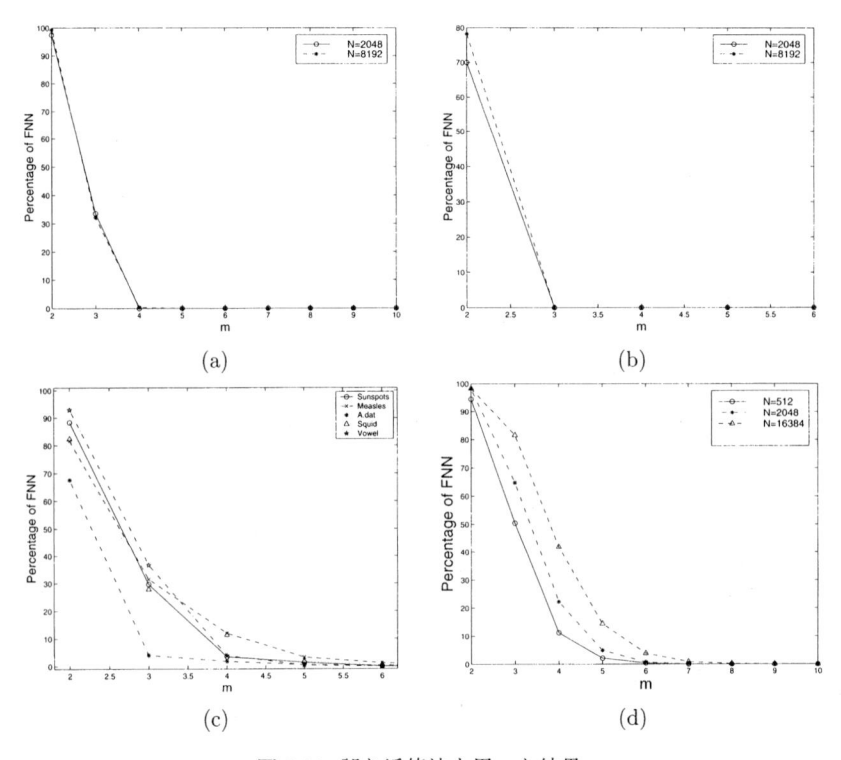

図 2.31: 誤り近傍法を用いた結果.
各図において，横軸は再構成状態空間の次元 m，縦軸は全データ数に対して，誤り最近傍と判定された点の数を百分率で示している．(a) ローレンツ方程式，(b) 池田写像，(c) 太陽黒点の年平均 (Sunspots)，ニューヨーク麻疹の患者数 (Measles)，NH_3 レーザ発振のデータ (A.dat)，ヤリイカ巨大軸索の応答データ (Squid)，日本語母音「あ」(Vowel)，(d) コバルト γ 線放射の時間間隔のデータ．

%と，非常に高い誤り最近傍点の割合となっている．これを $m=3$ とすると，誤り最近傍点数は急速に減少して約 5% 程度となり，$m \geq 4$ では，ほぼ 0 % に収束する．

図 2.31 (c),(d) は，実データに対する結果である．図 2.31 (c) の日本語母音「あ」の時系列信号の場合，約 4-5 次元で割合が 0% に収束していくことがわかる．太陽黒点の年平均データの場合，NH_3 レーザ発振のデータの場合も m を

大きくすると収束する傾向は同様である．一方，図 2.31(d) は，コバルト γ 線放射の時間間隔のデータである．他のデータと比べて，傾向が異なることは明らかである．即ち，$m = 2$-6 程度まで誤り最近傍の割合は 0 とはならない．しかしながら，データ長が有限であるため，再構成状態空間の次元をあげるにつれてやはり 0% に収束することには注意する必要がある．ここでは，簡単化のために，式 (2.4.22), (2.4.23) による判定の閾値を一定にしているが，これらを変化させた場合の結果からより詳しい考察を行なうことも必要となる [2].

第3章

埋め込み定理

3.1 フラクタル埋め込み定理

この章では,T.Sauer, J.Yorke, M.Casdagli によって示されたフラクタル埋め込み定理 [285] を証明する.そのために,あらためてここで用語の定義を与えておく.

定義 3.1.1 M をなめらかな多様体,$F: M \to \mathbf{R}^n$ をなめらかな写像とする.

(1) 任意の $x \in M$ に対して,F の x における微分

$$DF(x): T_xM \to T_{F(x)}\mathbf{R}^n$$

が1対1のとき,F ははめ込みであるという.ここで,T_xM は点 $x \in M$ における M の接空間,$T_y\mathbf{R}^n$ は点 $y \in \mathbf{R}^n$ における $\mathbf{R}^n$ の接空間を表す.

(2) F がはめ込みであり,かつ M と $F(M)$ が微分同相であるとき,F は埋め込みであるという.

M がコンパクトのとき,$F: M \to \mathbf{R}^n$ が1対1かつ,はめ込みであれば,F は埋め込みとなる.

定義 3.1.2 A がコンパクト集合のとき,$\varepsilon > 0$ に対して,A を覆うのに必要な直径 ε の球体の最小数を $N(\varepsilon)$ とする.このとき,極限値

$$\mathrm{boxdim}(A) = \lim_{\varepsilon \to 0} \frac{\log N(\varepsilon)}{-\log \varepsilon}$$

が存在するならば,これを A のボックスカウント次元という.また,下極限
$$\operatorname{lowerboxdim}(A) = \liminf_{\varepsilon \to 0} \frac{\log N(\varepsilon)}{-\log \varepsilon}$$
を A の下ボックスカウント次元という.

定義 3.1.3 V をノルム空間,S を V のボレル集合とする.

(1) S がプレバレントであるとは,ある有限次元線形部分空間 $E \subset V$ で,任意の $v \in V$ に対して
$$m((E+v) \cap S^c) = 0$$
を満たすものが存在することである.但し,m は E 上のルベーグ測度を表わす.

(2) あるプレバレントな部分集合 $S \subset V$ が存在して,全ての $v \in S$ に対して,ある条件 P が成り立つとき,ほとんど全ての $v \in V$ に対して,条件 P が成り立つという.

さて,この章で証明するのは次の二つの定理である.

定理 3.1.1 (Fractal Whitney Embedding Prevalence Theorem) $A \subset \mathbf{R}^k$ をコンパクト集合,$\operatorname{boxdim}(A) = d$ とする.n は $n > 2d$ を満たす整数とする.

このとき,ほとんど全ての C^2 級関数 $F : \mathbf{R}^k \to \mathbf{R}^n$ は,

(1) 集合 A 上で1対1,かつ

(2) A に含まれる多様体 M のコンパクト部分集合 C 上ではめ込み

である.

定理 3.1.2 (Fractal Delay Embedding Prevalence Theorem) $U \subset \mathbf{R}^k$ を開集合,$g : U \to g(U) \subset U$ を C^2 級微分同相写像,$A \subset U$ をコンパクト集合,$\operatorname{boxdim}(A) = d$ とする.n は $n > 2d$ を満たす整数とする.さらに,g の p 周期点の全体を
$$A_p = \{x \in A | g^p(x) = x\}$$
と置くとき,任意の $1 \le p \le n$ に対して,

(B1) $\operatorname{boxdim}(A_p) < p/2$,

(B2) 各周期点 $x \in A_p$ に対して，$Dg^p(x)$ は相異なる固有値をもつ，

と仮定する．このとき，ほとんど全ての C^2 級関数 $h : U \to \mathbf{R}$ に対して

$$F(h,g)(x) = (h(x), h(g(x)), \cdots, h(g^{n-1}(x)))^T$$

で定義される写像 $F(h,g) : U \to \mathbf{R}^n$ は，

(1) 集合 A 上で 1 対 1，かつ
(2) A に含まれる多様体 M のコンパクト部分集合 C 上ではめ込み

である．但し，T は転置を表わす[1]．

この二つの定理の証明は，似ている部分が多く，あらかじめ共通に使えるように一般化した命題を準備して証明するのが合理的であろう．実際，原論文では，そのようなスタイルで証明をしている．しかし，そのために，たとえば，定理 3.1.1 の証明を理解するためにも，必要以上の準備をしなくてはならなくなってしまっている．

そこで，ここでは別のスタイルで証明することにする．3.2 節では，定理 3.1.1 の証明に必要な補題のみを準備して，定理 3.1.1 を証明する．3.3 節では，定理 3.1.2 の証明に使えるように 3.2 節の補題を拡張したうえで，定理 3.1.2 の 1 対 1 に関する部分を証明する．その際，行列に関する命題を使うが，場合分けに紙数を必要とするため，証明を 3.4 節に独立させる．3.5 節では，再び 3.2 節の補題を拡張したうえで，定理 3.1.2 のはめ込みに関する部分を証明する．

3.2 定理 3.1.1 の証明

定理 3.1.1 を証明するための補題を準備する．

補題 3.2.1 n, t を $t \geq n \geq 1$ なる整数，M を $n \times t$ 行列とする．

(1) $n \times n$ 対称行列 MM^T の固有値を $\beta_1 \geq \cdots \geq \beta_n$ とするとき，

$$\beta_i \geq 0 \quad (1 \leq i \leq n).$$

---

[1] 第 3 章でのみ，行列 M の転置を M^T で表わす．

(2) $\sigma_i = \sqrt{\beta_i}$ $(1 \leq i \leq n)$ とするとき, $n \times n$ 直交行列 V, $t \times t$ 直交行列 U が存在して

$$M = V \begin{pmatrix} \sigma_1 & & 0 & \\ & \ddots & & 0 \\ 0 & & \sigma_n & \end{pmatrix} U^T$$

とできる.

定義 3.2.1 この分解を M の特異値分解, σ_i $(1 \leq i \leq n)$ を M の特異値という.

(証明)

(1) β_i に対する固有ベクトルを x とすると,

$$\begin{aligned} 0 &\leq (M^T x, M^T x) = (x, MM^T x) \\ &= (x, \beta_i x) = \beta_i (x, x). \end{aligned}$$

従って, $\beta_i \geq 0$.

(2) $\sigma_i \neq 0$ $(1 \leq i \leq r)$, $\sigma_i = 0$ $(r < i \leq n)$ とする. MM^T は対称行列だから, $n \times n$ 直交行列 V が存在して,

$$V^T MM^T V = \begin{pmatrix} \beta_1 & & 0 \\ & \ddots & \\ 0 & & \beta_n \end{pmatrix}$$

とできる.

$$M^T V = [t_1, \cdots, t_n], \quad t_i \in \mathbf{R}^t$$

とすると,

$$\begin{aligned} (t_i, t_j) &= t_i^T t_j = (M^T V e_i)^T (M^T V e_j) \\ &= e_i^T V^T MM^T V e_j \\ &= e_i \begin{pmatrix} \beta_1 & & 0 \\ & \ddots & \\ 0 & & \beta_n \end{pmatrix} e_j \end{aligned}$$

3.2 定理 3.1.1 の証明

$$= \beta_i \delta_{ij}.$$

従って, $t_1/\sigma_1, \cdots, t_r/\sigma_r$ は $\mathbf{R}^t$ における正規直交系であり, $t_i = 0$ ($r < i \leq n$) である. U を第1列〜第 r 列が $t_1/\sigma_1, \cdots, t_r/\sigma_r$ からなる $n \times n$ 直交行列とする.

$$U = [t_1/\sigma_1, \cdots, t_r/\sigma_r, *]$$

このとき,

$$V^T M U = (M^T V)^T U$$
$$= [t_1, \cdots, t_r, 0, \cdots, 0]^T [t_1/\sigma_1, \cdots, t_r/\sigma_r, *]$$
$$= \left(\begin{array}{cccccc|c} \beta_1/\sigma_1 & & & 0 & & & \\ & \ddots & & & & & \\ & & \beta_r/\sigma_r & & & & 0 \\ & & & 0 & & & \\ & & & & \ddots & & \\ & & & & & 0 & \end{array} \right)$$
$$= \left(\begin{array}{ccc|c} \sigma_1 & & 0 & \\ & \ddots & & 0 \\ 0 & & \sigma_n & \end{array} \right).$$

従って,

$$M = V \left(\begin{array}{ccc|c} \sigma_1 & & 0 & \\ & \ddots & & 0 \\ 0 & & \sigma_n & \end{array} \right) U^T.$$

〔証明終わり〕

補題 3.2.2 M を $n \times t$ 行列 ($t > n$), b を $\mathbf{R}^n$ の元とする. $F : \mathbf{R}^t \to \mathbf{R}^n$ を $F(x) = Mx + b$ で定義されるアフィン写像とする. 正数 σ に対して, M の第 r 番目の特異値 (r 番目に大きい特異値) は σ 以上であるとする.

$$B_\rho = \{x \in \mathbf{R}^t : |x| \leq \rho\}, \quad B_\delta = \{x \in \mathbf{R}^n : |x| \leq \delta\}$$

とする．このとき，

$$\frac{\mathrm{Vol}(B_\rho \cap G^{-1}(B_\delta))}{\mathrm{Vol}(B_\rho)} \leq 2^{t/2}\left(\frac{\delta}{\sigma\rho}\right)^r$$

が成り立つ．ここで，$\mathrm{Vol}(K)$ は，$\mathbf{R}^t$ における，K の体積（ルベーグ外測度）を表す．

(証明) M の特異値分解 $M = VSU^T$ を考える（補題3.2.1）．ここで，V は $n \times n$ 直交行列，S は $n \times t$ 対角行列（$S = \{s_{ij}\}$, $s_{ij} = 0\ (i \neq j)$），U は $t \times t$ 直交行列である．特異値が G の実質的な拡大率を与えていることを考えると，特異値が減少しても，$\mathrm{Vol}(B_\rho \cap G^{-1}(B_\delta))$ は（増大することはあっても）減少することはないから

$$s_{ii} = \sigma \quad (1 \leq i \leq r)$$

すなわち，

$$S = \begin{pmatrix} \sigma & & & 0 \\ & \ddots & & 0 \\ 0 & & \sigma & \\ \hline & 0 & & 0 \end{pmatrix}$$

と仮定してよい．

$MB_\rho = VSU^T B_\rho = VSB_\rho$ であるから，MB_ρ は $\mathbf{R}^n$ における原点を中心とし半径 $\sigma\rho$ の r 次元球体である．$F(B_\rho)$ はその球体の中心を $b \in \mathbf{R}^n$ に平行移動したものである．

$F^{-1}(B_\delta) \cap B_\rho$ は B_ρ に属し，F による像が B_δ に入るものの全体であるから，これは底の次元が r，底の半径 δ/ρ の円柱状の部分集合に含まれる．

$$F^{-1}(B_\delta) \cap B_\rho \subset B_\rho \cap \{x \in \mathbf{R}^t | x_1^2 + \cdots + x_r^2 \leq (\delta/\rho)^2\}.$$

従って，

$$\begin{aligned}\frac{\mathrm{Vol}(B_\rho \cap F^{-1}(B_\delta))}{\mathrm{Vol}(B_\rho)} &\leq \frac{(\delta/\sigma)^r \rho^{t-r} C_{t-r} C_r}{\rho^t C_t} \\ &= \left(\frac{\delta}{\sigma\rho}\right)^r \frac{(\frac{t}{2})!}{(\frac{t-r}{2})!(\frac{r}{2})!}\end{aligned}$$

3.2 定理 3.1.1 の証明

$$< \left(\frac{\delta}{\sigma\rho}\right)^r 2^{t/2}$$

ここで, C_r は r 次元単位球体の体積で

$$C_r = \pi^{r/2}\frac{1}{(\frac{r}{2})!}$$

$$\left(\frac{r}{2}\right)! = \frac{r}{2}\left(\frac{r-2}{2}\right)!$$
$$\left(\frac{1}{2}\right)! = \frac{\sqrt{\pi}}{2}$$

で与えられる．〔証明終わり〕

補題 3.2.3 $S \subset \mathbf{R}^k$ を有界集合, $\mathrm{boxdim}(\bar{S}) = d$,

$$G_i : S \to \mathbf{R}^n, \quad i = 0, 1, \cdots, t$$

をリプシッツ写像, 各 $\alpha \in \mathbf{R}^t$ に対して

$$G_\alpha = G_0 + \sum_{i=1}^{t}\alpha_i G_i$$

とする. 任意の $x \in S$ に対して, $n \times t$ 行列

$$M_x = \{G_1(x), \cdots, G_t(x)\}$$

の第 r 最大特異値が $\sigma > 0$ 以上であるとする. このとき, もし $r > d$ ならば, ほとんど全ての $\alpha \in \mathbf{R}^t$ に対して

$$G_\alpha^{-1}(0) = \emptyset$$

が成り立つ.

(証明) Vol を $\mathbf{R}^t$ 上のルベーグ外測度,

$$B_\rho = \{\alpha \in \mathbf{R}^t : |\alpha| \leq \rho\}$$
$$\mathrm{Vol}_{B_\rho}(K) = \mathrm{Vol}(K \cap B_\rho)/\mathrm{Vol}(B_\rho)$$

とする．

さて，$\mathrm{Vol}(B')/\mathrm{Vol}(B_\rho) = p$ をみたす B_ρ の部分集合 B' に対して，$\alpha \in B'$ ならば，G_α がある性質 P を持つとき，

「G_α は確率 p で性質 P をもつ」

ということにする．

たとえば，G_α は α に関してアフィンで，$G_\alpha(x) = F_x(\alpha)$ とおけば，

$$\{\alpha \in B_\rho \mid |G_\alpha(x)| \leq \delta\} = F_x^{-1}(B_\delta) \cap B_\rho$$

であるが，補題 3.2.2 を適用すると，

$$\frac{\mathrm{Vol}(B_\rho \cap F_x^{-1}(B_\rho))}{\mathrm{Vol}(B_\rho)} < 2^{t/2}\left(\frac{\delta}{\sigma\rho}\right)^r$$

であるから，

「$x \in S$ ならば，たかだか確率 $2^{t/2}(\frac{\delta}{\sigma\rho})^r$ で $|G_\alpha(x)| \leq \delta$ が成立する」

といえる．

補題を証明するには，任意の $\rho > 0$ に対して，

$$\mathrm{Vol}_{B_\rho}\{\alpha \in B_\rho : G_\alpha^{-1}(0) \neq \emptyset\} = 0$$

を示せば良い．任意の $D > d$ を与えよ．$\varepsilon_0 > 0$，$C > 0$ を任意の $\varepsilon \in (0, \varepsilon_0)$ に対して，次の (1), (2) を満たすようにとる．

(1) S は ε^{-D} 個の k 次元 ε 球体 $B(x, \varepsilon) = \{y \in \mathbf{R}^k \mid |y - x| \leq \varepsilon\}$ で覆われる．

(2) 任意の $\alpha \in B_\rho$ に対して，S と k 次元 ε 球体との共通部分の G_α による像は，$\mathbf{R}^n$ のある $C\varepsilon$ 球体に含まれる：

$$G_\alpha(S \cap \{y \in \mathbf{R}^k \mid |y - x| \leq \varepsilon\}) \subset \{y \in \mathbf{R}^n \mid |y - x'| \leq C\varepsilon\}.$$

さて，条件 (2) より

$$0 \in G_\alpha(S \cap B(x, \varepsilon)) \Rightarrow 0 \in B(G_\alpha(x), C\varepsilon) \Rightarrow |G_\alpha(x)| \leq C\varepsilon$$

3.2 定理 3.1.1 の証明

であるから,

$$\{\alpha \in B_\rho : 0 \in G_\alpha(S \cap B(x,\varepsilon))\} \subset \{\alpha \in B_\rho : |G_\alpha(x)| \leq C\varepsilon\}$$

である.補題 3.2.2 より,ε によらない $C_1 > 0$ が存在して,

$$\mathrm{Vol}_{B_\rho}\{\alpha \in B_\rho : |G_\alpha(x)| \leq C\varepsilon\} \leq C_1 \varepsilon^r$$

従って,

$$\mathrm{Vol}_{B_\rho}\{\alpha \in B_\rho : 0 \in G_\alpha(S \cap B(x,\varepsilon))\} \leq C_1 \varepsilon^r$$

すなわち,S を覆う 1 個の ε 球体が $G_\alpha^{-1}(0)$ と交わる確率は $C_1 \varepsilon^r$ 以下である.従って,ε^{-D} 個の ε 球体のうち,少なくとも 1 個が $G_\alpha^{-1}(0)$ と交わる確率は,$C_1 \varepsilon^{r-D}$ 以下である.

$$\mathrm{Vol}_{B_\rho}\{\alpha \in B_\rho : G_\alpha^{-1}(0) \neq \emptyset\} \leq C_1 \varepsilon^{r-D}.$$

$r > D > d$ ならば $C_1 \varepsilon^{r-D} \to 0$ $(\varepsilon \to 0)$ であるから,

$$\mathrm{Vol}_{B_\rho}\{\alpha \in B_\rho : G_\alpha^{-1}(0) \neq \emptyset\} = 0.$$

〔証明終わり〕

補題 3.2.3 を,証明に使えるよう,次のように言い替えておく.

補題 3.2.4 (補題 3.2.3 の系) $S \subset \mathbf{R}^n$ を有界集合,$\mathrm{boxdim}(\bar{S}) = d$ とする.

$$G_i : S \to \mathbf{R}^n \quad (i = 0, 1, \cdots, t)$$

はリプシッツ写像とする.任意の $x \in S$ に対し,$n \times t$ 行列

$$M_x = \{G_1(x), \cdots, G_t(x)\}$$

の階数は r 以上であるとする.$\alpha \in \mathbf{R}^t$ に対して,$G_\alpha = G_0 + \sum_{i=1}^{t} \alpha_i G_i$ とおく.

もし,$r > d$ ならば,ほとんど全ての $\alpha \in \mathbf{R}^t$ に対して

$$G_\alpha^{-1}(0) = \emptyset$$

が成り立つ.

(証明) $\sigma > 0$ に対して,
$$S_\sigma = \{x \in S | M_x \text{の第 } r \text{ 最大特異値} > \sigma\}$$
として,S_σ に対して,補題 3.2.3 を適用する.$S = \bigcup_{\sigma>0} S_\sigma$ で,
$$G_\alpha^{-1}(0) = \bigcup_{\sigma>0}(G_\alpha^{-1}(0) \cap S_\sigma) = \emptyset$$
であるから,結論を得る.〔証明終わり〕

さて,定理 3.1.1 をふたつの部分に分けて証明しよう.

命題 3.2.1 (定理 3.1.1 の前半) $A \subset \mathbf{R}^k$ をコンパクト集合,$\text{boxdim}(A) = d$ とする.$n > 2d$ と仮定する.

このとき,ほとんど全てのリプシッツ写像 $F: \mathbf{R}^k \to \mathbf{R}^n$ は,集合 A 上で 1 対 1 である.

(証明)
$$E = \{f: \mathbf{R}^k \to \mathbf{R}^n : f \text{ is linear}\}$$
とおき,任意の $F_0 \in Lip(\mathbf{R}^k, \mathbf{R}^n)$ に対して,

「ほとんど全ての $F \in E$ に対して,$F_0 + F$ は A の上で 1 対 1 である」

を示せば良い.これを示すには,$\{F_1, \cdots, F_t\}$ を E の基底として,

「ほとんど全ての $\alpha \in \mathbf{R}^t$ に対して,$F_\alpha = F_0 + \sum_{i=1}^{t} \alpha_i F_i$ は A の上で 1 対 1 である」

を示せば良い.ここで,$t = kn = \dim E$ である.

さて,対角集合を
$$\Delta = \{(x, y) \in A \times A : x = y\}$$
で表すとき,F_α が A 上で 1 対 1 でないということは,ある $(x, y) \in A \times A - \Delta$ に対して,$F_\alpha(x) - F_\alpha(y) = 0$ が成り立つということである.従って,$G_\alpha: A \times A - \Delta \to \mathbf{R}$

を

$$G_i(x,y) = F_i(x) - F_i(y), \quad 1 \leq i \leq t$$
$$G_\alpha(x,y) = F_\alpha(x) - F_\alpha(y) = G_0(x,y) + \sum_{i=1}^{t} \alpha_i G_i(x,y)$$

で定義するとき,

$$m\{\alpha \in \mathbf{R}^t : G_\alpha(x,y) = 0 \text{ for } \exists (x,y) \in A \times A - \Delta\} = 0$$

または, 同値であるが,

$$m\{\alpha \in \mathbf{R}^t : G_\alpha^{-1} \neq \emptyset\} = 0$$

を示せば良い.

いま, $n \times t$ 行列 M_{xy} を

$$M_{xy} = [G_1(x,y), \cdots, G_t(x,y)]$$

で定める. $\{F_i\}_{i=1}^t$ は $E \cong M(k,n)$ の基底であり, $x - y \neq 0$ ならば,

$$\{F_1(x-y), \cdots, F_t(x-y)\}$$

は $\mathbf{R}^n$ を張る. $G_i(x,y) = F_i(x) - F_i(y) = F_i(x-y)$ であるから

$$\mathrm{rank} M_{xy} = n \quad \forall (x,y) \in A \times A - \Delta$$

が成り立つ.

$S = A \times A - \Delta$ とすれば, $n > 2d \geq \mathrm{boxdim}(\bar{S})$ が成り立ち, 補題 3.2.4 を適用すれば

$$m\{\alpha \in \mathbf{R}^t | G_\alpha^{-1}(0) \neq \emptyset\} = 0$$

を得る. 〔証明終わり〕

命題 3.2.2 (定理 **3.1.1** の後半) $A \subset \mathbf{R}^k$ をコンパクト集合, $\mathrm{boxdim}(A) = d$ とする. M を A に含まれるなめらかな多様体, C を M のコンパクト部分集合とする. $n > 2d$ と仮定する.

このとき,ほとんど全てのなめらかな $(C^2$ 級) 写像 $F : \mathbf{R}^k \to \mathbf{R}^n$ は,集合 C 上ではめ込みである.

(証明) $\{F_1, \cdots, F_t\}$ を $E = \{F : \mathbf{R}^k \to \mathbf{R}^n | F \text{ is linear.}\}$ の基底とする.また,$F_0 \in C^{1.1}(\mathbf{R}^k, \mathbf{R}^n)$,

$$F_\alpha = F_0 + \sum_{i=1}^{t} \alpha_i F_i$$

とする.命題を証明するには,

「ほとんど全ての $\alpha \in \mathbf{R}^t$ に対して,F_α は C の上ではめ込みである」

を示せば良い.

$$\begin{aligned} T(M) &= \{(x,v) \mid x \in M,\ v \in T_x M\}, \\ S(C) &= \{(x,v) \in T(M) \mid x \in C, |v| = 1\} \end{aligned}$$

とおく.$C \subset A$, boxdim$(A) = d$ であるから,boxdim$S(C) \leq 2d - 1$ である.
$G_\alpha : S(C) \to \mathbf{R}^n$ を

$$\begin{aligned} G_i(x,v) &= DF_i(x)v, \quad 0 \leq i \leq t \\ G_\alpha &= G_0 + \sum_{i=1}^{t} \alpha_i G_i \end{aligned}$$

で定義する.$n \times t$ 行列 M_{xv} を

$$M_{xv} = \{G_1(x,v), \cdots, G_t(x,v)\}$$

で与えるとき,$G_i(x,v) = DF_i(x)v = F_i(v)$ $(1 \leq i \leq t)$ であり,$\{F_i\}_{i=1}^{t}$ は $E \cong M(k,n)$ の基底であるから,

$$\text{rank} M_{xv} = n \quad \forall (x,v) \in S(C)$$

が成り立つ.従って,補題 3.2.4 より,

$$G_\alpha^{-1}(0) = \emptyset \quad \text{for a.e. } \alpha \in \mathbf{R}^t$$

が成り立つ．これは，

$$DF_\alpha(x) \quad \text{is one-to-one for a.e. } \alpha \in \mathbf{R}^t, \quad \forall x \in C$$

と同値である．従って，ほとんど全ての $\alpha \in \mathbf{R}^t$ にたいして，F_α ははめ込みである．〔証明終わり〕

3.3 定理 3.1.2 の 1 対 1 の証明

定理 3.1.2 の 1 対 1 に関する命題を証明する．

$U \subset \mathbf{R}^k$ を開集合，$g : U \to g(U) \subset U$ を中への C^2 級微分同相写像，$A \subset U$ をコンパクト集合とする．p 周期点の全体を

$$A_p = \{x \in A | g^p(x) = x\}$$

で表す．

命題 3.3.1（定理 3.1.2 の 1 対 1 の部分） $U \subset \mathbf{R}^k$ を開集合，$g : U \to g(U) \subset U$ を中への C^2 級微分同相写像，$A \subset U$ をコンパクト集合，$\mathrm{boxdim}(A) = d$ とする．n は $n > 2d$ を満たす整数とする．任意の $1 \leq p \leq n$ に対して，

(B1) $\mathrm{boxdim}(A_p) < p/2$,

と仮定する．

このとき，ほとんど全ての C^2 級関数 $h : U \to \mathbf{R}$ に対して，遅延座標写像

$$F(h,g)(x) = (h(x), h(g(x)), \cdots, h(g^{n-1}(x)))^T$$

は，集合 A 上で 1 対 1 である．

この命題を証明するために，定理 3.1.1 で使った補題を改良する．

補題 3.3.1（補題 3.2.4 の系） $A \subset \mathbf{R}^k$ を有界集合，

$$F_i : A \to \mathbf{R}^n \quad (i = 0, 1, \cdots, t)$$

をリプシッツ写像とする．任意の $(x,y) \in A \times A - \Delta$ に対し，$n \times t$ 行列 M_{xy} を

$$M_{xy} = \{F_1(x) - F_1(y), \cdots, F_t(x) - F_t(y)\}$$

で定義する．整数 $r \geq 0$ に対して，
$$S_r = \{(x,y) \in A \times A - \Delta | \text{rank} M_{xy} = r\}$$
とおき，$\text{lowerboxdim}(\bar{S_r}) = d_r$ とする．$\alpha \in \mathbf{R}^t$ に対して，$F_\alpha : A \to \mathbf{R}^n$ を
$$F_\alpha = F_0 + \sum_{i=1}^{t} \alpha_i F_i$$
で定義する．

もし，全ての整数 $\min\{n,t\} \geq r \geq 0$ に対して，$r > d_r$ ならば，ほとんど全ての $\alpha \in \mathbf{R}^t$ に対して，F_α は集合 A 上で 1 対 1 である．

(証明) 各 $i = 0, 1, \cdots, t$ に対して，$G_i(x,y) = F_i(x) - F_i(y)$ とおく．$n \times t$ 行列
$$M_{xy} = \{G_1(x,y), \cdots, G_t(x,y)\}$$
は集合 S_r 上で階数 r である．$r > d_r$ ならば，補題 3.2.4 より，ほとんど全ての $\alpha \in \mathbf{R}^t$ に対して
$$F_\alpha(x) \neq F_\alpha(y) \quad \forall (x,y) \in S_r$$
が成り立つ．従って，全ての整数 $r \geq 0$ に対して，$r > d_r$ ならば，ほとんど全ての $\alpha \in \mathbf{R}^t$ に対して
$$F_\alpha(x) \neq F_\alpha(y) \quad \forall (x,y) \in \cup_{r=0}^{n} S_r = A \times A - \Delta$$
が成り立つ．〔証明終わり〕

補題 3.3.2 $n, k > 0$ は整数，$y_1, \cdots, y_n \in \mathbf{R}^k$ を相異なる点，$u_1, \cdots, u_n \in \mathbf{R}$, $v_1, \cdots, v_n \in \mathbf{R}^k$ とする．

(1) たかだか $n-1$ 次の k 変数多項式 h で
$$h(y_i) = u_i, \quad 1 \leq i \leq n$$
を満たすものが存在する．

(2) たかだか n 次の k 変数多項式 h で

$$\nabla h(y_i) = v_i, \quad 1 \leq i \leq n$$

を満たすものが存在する.

(証明)

(1) 線形座標変換で, $y_1, \cdots, y_n$ の第 1 座標が互いに異なるようにする. その第 1 座標変数に関するたかだか $n-1$ 次多項式で n 個の点を補間するものをとればよい.

(2) $k=1$ の場合:たかだか $n-1$ 次多項式で n 個の点を補間するものをとり,それの不定積分をとれば良い.

一般の場合:線形座標変換で $j=1, \cdots, k$ に対して, $y_1, \cdots, y_n$ の第 j 座標が互いに異なるようにできるので,そうなっていると仮定する. $k=1$ の場合の議論より,第 j 座標変数に関するたかだか n 次多項式 h_j で $v_1, \cdots, v_n$ の第 j 座標を補間するものがとれる.

$$\nabla h_j(y_i^j) = v_i^j, \quad 1 \leq i \leq n.$$

これらの k 個の多項式の和は,たかだか n 次で求める条件を満足する.

〔証明終わり〕

命題 3.3.1 は次の命題から従う.

命題 3.3.2(単射性の定理)$U \subset \mathbf{R}^k$ を開集合, $g : U \to g(U) \subset U$ を微分同相, $A \subset U$ をコンパクト集合, $\mathrm{boxdim}(A) = d$ とする. n は $n > 2d$ を満たす整数とする.

(A1) $1 \leq q \leq p \leq n$ なる任意の整数 p, q に対して,

$$p > \mathrm{boxdim} A_p + \mathrm{boxdim} A_q,$$

が成立する,

(A2) $1 \leq q < p \leq n$ なる任意の整数 p, q に対して,

$$p - (p, q) > \mathrm{boxdim} A_p,$$

が成立する，

を仮定する．

$\{h_i\}_{i=1}^{t}$ を次数がたかだか $2n$ の k 変数多項式全体が成す線形空間の基底，$h_0 : U \to \mathbf{R}$ をなめらかな関数とする．$\alpha \in \mathbf{R}^t$ に対して，

$$h_\alpha = h_0 + \sum_{i=1}^{t} \alpha_i h_i$$

とする．

このとき，$n > 2d$ ならば，ほとんど全ての $\alpha \in \mathbf{R}^t$ に対して，遅延座標写像 $F(h_\alpha, g) : U \to \mathbf{R}^n$,

$$F(h_\alpha, g)(x) = (h_\alpha(x), \cdots, h_\alpha(g^{n-1}(x)))^T$$

は集合 A 上で 1 対 1 である．

(証明) $i = 1, \cdots, t$ に対して，

$$F_i(x) = \begin{pmatrix} h_i(g_1(x)) \\ \vdots \\ h_i(g_n(x)) \end{pmatrix}$$

とおく．定義より，

$$F(h_\alpha, g) = F_0 + \sum_{i=1}^{t} \alpha_i F_i$$

である．$(x, y) \in A \times A - \Delta$ に対して，行列 M_{xy} を

$$M_{xy} = (F_1(x) - F_1(y), \cdots, F_t(x) - F_t(y))$$

で定義する．

補題 3.3.1 を適用するために，rankM_{xy} を評価しなければならない．M_{xy} は二つの行列 J, H の積に分解できる．

M_{xy}

$$= \begin{pmatrix} h_1(x) - h_1(y) & \cdots & h_t(x) - h_t(y) \\ h_1(g(x)) - h_1(g(y)) & \cdots & h_t(g(x)) - h_t(g(y)) \\ \vdots & & \vdots \\ h_1(g^{n-1}(x)) - h_1(g^{n-1}(y)) & \cdots & h_t(g^{n-1}(x)) - h_t(g^{n-1}(y)) \end{pmatrix}$$

$$= JH$$

但し,

$$H = \begin{pmatrix} h_1(z_1) & \cdots & h_t(z_1) \\ \vdots & & \vdots \\ h_1(z_q) & \cdots & h_t(z_q) \end{pmatrix}, \quad q \leq 2n$$

$z_1, \cdots, z_q$ は相異なる点, $J = J_{xy}$ は $n \times q$ 行列で, 行ベクトルは一つの 1, 一つの -1 を除いて全て 0 からなるもの, である. この分解については, 3.4 節 で, 具体的な例も含めて, 詳しく説明する.

H の階数は q であることが次のようにしてわかる. すなわち, 補題 3.3.2 より任意の $(w_1, \cdots, w_q)^T \in \mathbf{R}^q$ に対して, たかだか $2n$ 次の k 変数多項式 h で

$$w_i = h(z_i), \quad 1 \leq i \leq q$$

を満たすものが存在する. $\{h_i\}_{i=1}^t$ は基底であるから, ある

$$(\alpha_1, \cdots, \alpha_t)^T \in \mathbf{R}^t$$

で $h = \sum_{i=1}^t \alpha_i h_i$ を満たすものが存在する. 従って,

$$(w_1, \cdots, w_q)^T = H(\alpha_1, \cdots, \alpha_t)^T.$$

$(w_1, \cdots, w_q)^T$ は任意であるから, $\mathrm{rank} H = q$ である.

$M_{xy} = JH$ の階数を調べるため, 次の三つの場合に分けて考える.

Case 1: x, y の少なくとも一方が n 以下の周期の周期軌道ではない場合

Case 1 の条件を満たす $(x, y) \in A \times A - \Delta$ の全体を S^1 とする. 後の 3.4.1 節で示すように,

$$\mathrm{rank} J_{xy} = n \quad \forall (x, y) \in S^1$$

が成り立つ.

H は階数 q であるから，

$$\mathrm{rank} M_{xy} = \mathrm{rank} J_{xy} H = \mathrm{rank} J_{xy} = n.$$

いま，S^1 の次元は

$$\mathrm{boxdim} S^1 \leq 2\mathrm{boxdim} A = 2d < n$$

であるから，補題 3.2.4 を適用して，ほとんど全ての $\alpha \in \mathbf{R}^t$ に対して，

$$F_\alpha(x) \neq F_\alpha(y) \forall (x,y) \in S^1$$

を得る．

Case 2: x,y が，n 以下の周期を持つ異なる周期軌道に属する場合

Case 2 の条件を満たす $(x,y) \in A \times A - \Delta$ の全体を S^2 とする．$(x,y) \in S^2$ に対して，p,q は

$$g^p(x) = x, \quad g^q(y) = y, \quad 1 \leq q \leq p \leq n$$

を満たす最小の数とする．

$$S^2_{pq} = \{(x,y) \in A \times A - \Delta | g^p(x) = x, \ g^q(y) = y, \ 1 \leq q \leq p \leq n\}$$

とおくと，S^2 は S^2_{pq} の有限和である．

後の 3.4.2 節で示すように，

$$\mathrm{rank} J_{xy} \geq p \quad \forall (x,y) \in S_{pq}$$

が成り立つ．

H は階数 q であるから，

$$\mathrm{rank} M_{xy} = \mathrm{rank} J_{xy} H = \mathrm{rank} J_{xy}.$$

仮定 (A1) より，

$$\mathrm{rank} J_{xy} \geq p > \mathrm{boxdim} A_p + \mathrm{boxdim} A_q.$$

3.3 定理 3.1.2 の 1 対 1 の証明

いま, S_{pq}^2 の次元は

$$\mathrm{boxdim} S_{pq}^2 = \mathrm{boxdim} A_p + \mathrm{boxdim} A_q$$

であるから, 補題 3.2.4 を適用して, ほとんど全ての $\alpha \in \mathbf{R}^t$ に対して,

$$F_\alpha(x) \neq F_\alpha(y) \quad \forall (x,y) \in S_{pq}^2$$

を得る. $S^2 = \cup S_{pq}^2$ であるから, ほとんど全ての $\alpha \in \mathbf{R}^t$ に対して,

$$F_\alpha(x) \neq F_\alpha(y) \quad \forall (x,y) \in S^2$$

を得る.

Case 3: x, y が, n 以下の周期を持つ同一の周期軌道に属する場合

Case 3 の条件を満たす $(x,y) \in A \times A - \Delta$ の全体を S^3 とする. $(x,y) \in S^3$ に対して, p, q は

$$g^p(x) = x, \quad g^q(x) = y, \quad 1 \leq q < p \leq n$$

を満たす最小の数とする.

$$S_{pq}^3 = \{(x,y) \in A \times A - \Delta | g^p(x) = x,\ g^q(x) = y\}$$

とおくと, S^3 は S_{pq}^3 の有限和である.

後の 3.4.3 節で示すように,

$$\mathrm{rank} J_{xy} \geq p - (p,q) \quad \forall (x,y) \in S_{pq}^3$$

が成り立つ.

H は階数 q であるから, 仮定 (A2) とあわせて,

$$\begin{aligned}\mathrm{rank} M_{xy} &= \mathrm{rank} J_{xy} H = \mathrm{rank} J_{xy} \\ &\geq p - (p,q) > \mathrm{boxdim} A_p,\end{aligned}$$

$$S_{pq}^3 = \bigcup_q \{(x, g^q(x)) | g^p(x) = x\}$$

であるから，S^3_{pq} の次元は

$$\mathrm{boxdim} S^3_{pq} = \mathrm{boxdim} A_p$$

である．従って，補題 3.3.1 を適用して，ほとんど全ての $\alpha \in \mathbf{R}^t$ に対して，

$$F_\alpha(x) \neq F_\alpha(y) \quad \forall (x,y) \in S^3_{pq}$$

を得る．$S^3 = \cup S^3_{pq}$ であるから，ほとんど全ての $\alpha \in \mathbf{R}^t$ に対して，

$$F_\alpha(x) \neq F_\alpha(y) \quad \forall (x,y) \in S^3$$

を得る．〔証明終わり〕

（命題 3.3.1 の証明）仮定 (B1)

$$\mathrm{boxdim}(A_p) < p/2, \quad 1 \leq \forall p \leq n$$

が成り立つとする．$1 \leq q \leq p \leq n$ に対して，

$$\mathrm{boxdim} A_p + \mathrm{boxdim} A_q < p/2 + q/2 < p$$

であるから，(A1) が成り立つ．また，$1 \leq q < p \leq n$ に対して，

$$\mathrm{boxdim} A_p < p/2 \leq p - (p,q)$$

であるから，(A2) が成り立つ．従って，命題 3.3.2 が成り立つが，これは，プレバレントの定義より，命題 3.3.1 の結論を意味する．〔証明終わり〕

3.4　JH 分解の説明

ここでは，3.3 節の命題 3.3.2 の証明で述べた行列の分解

$$M_{xy} = JH$$

について詳しく説明しよう．

3.4.1 Case 1: x, y の少なくとも一方が n 以下の周期の周期軌道ではない場合

(1) $\{g^i(x) : 0 \leq i \leq n-1\} \cap \{g^i(y) : 0 \leq i \leq n-1\} = \emptyset$.の場合

$$z_1 = x, \ z_2 = g(x), \cdots, z_n = g^{n-1}(x),$$
$$z_{n+1} = y, \ z_{n+2} = g(y), \cdots, z_{2n} = g^{n-1}(y)$$

とおく. H を $2n$ 行 t 列の行列として,

$$H = \begin{pmatrix} h_1(x) & \cdots & h_t(x) \\ h_1(g(x)) & \cdots & h_t(g(x)) \\ \vdots & & \vdots \\ h_1(g^{n-1}(x)) & \cdots & h_t(g^{n-1}(x)) \\ h_1(y) & \cdots & h_t(y) \\ h_1(g(y)) & \cdots & h_t(g(y)) \\ \vdots & & \vdots \\ h_1(g^{n-1}(y)) & \cdots & h_t(g^{n-1}(y)) \end{pmatrix},$$

また, J を n 行 $2n$ 列の行列として,

$$J = \left(\begin{array}{cccc|cccc} 1 & 0 & \cdots & 0 & -1 & 0 & \cdots & 0 \\ 0 & 1 & \cdots & 0 & 0 & -1 & \cdots & 0 \\ & & \ddots & & & & \ddots & \\ 0 & 0 & \cdots & 1 & 0 & 0 & \cdots & -1 \end{array} \right)$$
$$\underbrace{}_{n} \underbrace{}_{n}$$

にとればよい. J は三角行列であるから, rank$J = n$ となる.

(2) $g^p(x) = y \ (p \leq n-1)$ かつ,

$$x, \ g(x), \cdots, g^{p-1}(x), \ y, \ g(y), \cdots, g^{n-1}(y)$$

が相異なる場合

H を $p+n$ 行 t 列の行列として,

$$H = \begin{pmatrix} h_1(x) & \cdots & h_t(x) \\ h_1(g(x)) & \cdots & h_t(g(x)) \\ \vdots & & \vdots \\ h_1(g^{p-1}(x)) & \cdots & h_t(g^{p-1}(x)) \\ h_1(y) & \cdots & h_t(y) \\ h_1(g(y)) & \cdots & h_t(g(y)) \\ \vdots & & \vdots \\ h_1(g^{n-1}(y)) & \cdots & h_t(g^{n-1}(y)) \end{pmatrix},$$

また, J を n 行 $p+n$ 列の行列として,

$$J = \left(\begin{array}{cccc|cccc} 1 & 0 & \cdots & 0 & -1 & 0 & \cdots & 0 \\ 0 & 1 & \cdots & 0 & 0 & -1 & \cdots & 0 \\ & & \ddots & & & & \ddots & \\ 0 & 0 & \cdots & 1 & 0 & 0 & \cdots & -1 \\ \hline & & & & 1 & & & -1 \\ & & & & & \ddots & & & \ddots \\ & & & & & & 1 & & -1 \end{array} \right)$$

$$\underbrace{}_{p} \underbrace{}_{n}$$

にとればよい. J は三角行列であるから, $\mathrm{rank} J = n$ となる.

(3) $g^p(x) = y$, $g^{q'}(y) = x$ $(p \leq q' \leq n-1)$ かつ,

$$x,\ g(x), \cdots, g^{p-1}(x),\ y,\ g(y), \cdots, g^{q'-1}(y)$$

が相異なる場合

3.4 JH 分解の説明

$p + q' > n$ である. H を $p + q'$ 行 t 列の行列として,

$$H = \begin{pmatrix} h_1(x) & \cdots & h_t(x) \\ h_1(g(x)) & \cdots & h_t(g(x)) \\ \vdots & & \vdots \\ h_1(g^{p-1}(x)) & \cdots & h_t(g^{p-1}(x)) \\ h_1(y) & \cdots & h_t(y) \\ h_1(g(y)) & \cdots & h_t(g(y)) \\ \vdots & & \vdots \\ h_1(g^{q'-1}(y)) & \cdots & h_t(g^{q'-1}(y)) \end{pmatrix},$$

また, J を n 行 $p + q'$ 列の行列として,

$$J = \left(\begin{array}{cccc|cccc} 1 & 0 & \cdots & 0 & -1 & 0 & \cdots & 0 \\ 0 & 1 & \cdots & 0 & 0 & -1 & \cdots & 0 \\ & & \ddots & & & & \ddots & \\ 0 & 0 & \cdots & 1 & 0 & 0 & \cdots & -1 \\ \hline & & & & 1 & & & -1 \\ & & & & & \ddots & & \ddots \\ & & & & & & 1 & -1 \\ \hline -1 & & & & 1 & & & \\ & \ddots & & & & \ddots & & \\ & & -1 & & & & 1 & \end{array} \right)$$

$$\underbrace{}_{p} \underbrace{}_{q'}$$

にとればよい. J は行基本変形により, 上三角行列に変形できるので, $\mathrm{rank} J = n$ となる.

3.4.2 Case 2: x, y が，n 以下の周期を持つ異なる周期軌道に属する場合

p, q は

$$g^p(x) = x, \quad g^q(y) = y, \quad 1 \leq q \leq p \leq n$$

を満たす最小の数とする．H を $p+q$ 行 t 列の行列として，

$$H = \begin{pmatrix} h_1(x) & \cdots & h_t(x) \\ h_1(g(x)) & \cdots & h_t(g(x)) \\ \vdots & & \vdots \\ h_1(g^{p-1}(x)) & \cdots & h_t(g^{p-1}(x)) \\ h_1(y) & \cdots & h_t(y) \\ h_1(g(y)) & \cdots & h_t(g(y)) \\ \vdots & & \vdots \\ h_1(g^{q-1}(y)) & \cdots & h_t(g^{q-1}(y)) \end{pmatrix},$$

また，r 次単位行列を I_r で表し，J を n 行 $p+q$ 列の行列として，

$$J = \begin{pmatrix} & -I_q \\ I_p & \\ & -I_q \\ I_p & \\ & -I_q \\ \vdots & \vdots \end{pmatrix}$$

3.4 JH 分解の説明

$$= \underbrace{\begin{pmatrix} 1 & 0 & \cdots & 0 \\ 0 & 1 & \cdots & 0 \\ & & \ddots & \\ 0 & 0 & \cdots & 1 \\ \hline 1 & 0 & \cdots & 0 \\ 0 & 1 & \cdots & 0 \\ & & \ddots & \\ 0 & 0 & \cdots & 1 \end{pmatrix}}_{p} \underbrace{\left|\begin{matrix} -1 & & \\ & \ddots & \\ & & -1 \\ \hline -1 & & \\ & \ddots & \\ & & -1 \end{matrix}\right.}_{q} \Bigg)$$

にとればよい. J は行基本変形により,

$$\begin{pmatrix} I_p & \\ \hline 0 & * \end{pmatrix}$$

に変形できるので, rank$J \geq p$ となる.

例 3.4.1 $p = 3, q = 2$ の場合

$$H = \begin{pmatrix} h_1(x) & \cdots & h_t(x) \\ h_1(g(x)) & \cdots & h_t(g(x)) \\ h_1(g^2(x)) & \cdots & h_t(g^2(x)) \\ h_1(y) & \cdots & h_t(y) \\ h_1(g(y)) & \cdots & h_t(g(y)) \end{pmatrix},$$

$$J = \begin{pmatrix} 1 & 0 & 0 & -1 & 0 \\ 0 & 1 & 0 & 0 & -1 \\ 0 & 0 & 1 & -1 & 0 \\ \hline 1 & 0 & 0 & 0 & -1 \\ 0 & 1 & 0 & -1 & 0 \\ 0 & 0 & 1 & 0 & -1 \\ \\ \vdots & & & \vdots & \end{pmatrix}.$$

例 3.4.2 $p=6, q=4$ の場合

$$H = \begin{pmatrix} h_1(x) & \cdots & h_t(x) \\ h_1(g(x)) & \cdots & h_t(g(x)) \\ \vdots & & \vdots \\ h_1(g^5(x)) & \cdots & h_t(g^5(x)) \\ h_1(y) & \cdots & h_t(y) \\ h_1(g(y)) & \cdots & h_t(g(y)) \\ \vdots & & \vdots \\ h_1(g^3(y)) & \cdots & h_t(g^3(y)) \end{pmatrix},$$

3.4 JH 分解の説明

$$J = \begin{pmatrix} 1 & 0 & 0 & 0 & 0 & 0 & -1 & 0 & 0 & 0 \\ 0 & 1 & 0 & 0 & 0 & 0 & 0 & -1 & 0 & 0 \\ 0 & 0 & 1 & 0 & 0 & 0 & 0 & 0 & -1 & 0 \\ 0 & 0 & 0 & 1 & 0 & 0 & 0 & 0 & 0 & -1 \\ 0 & 0 & 0 & 0 & 1 & 0 & -1 & 0 & 0 & 0 \\ 0 & 0 & 0 & 0 & 0 & 1 & 0 & -1 & 0 & 0 \\ \hline 1 & 0 & 0 & 0 & 0 & 0 & 0 & 0 & -1 & 0 \\ 0 & 1 & 0 & 0 & 0 & 0 & 0 & 0 & 0 & -1 \\ 0 & 0 & 1 & 0 & 0 & 0 & -1 & 0 & 0 & 0 \\ 0 & 0 & 0 & 1 & 0 & 0 & 0 & -1 & 0 & 0 \\ 0 & 0 & 0 & 0 & 1 & 0 & 0 & 0 & -1 & 0 \\ 0 & 0 & 0 & 0 & 0 & 1 & 0 & 0 & 0 & -1 \\ \hline & & \vdots & & & & & \vdots & & \end{pmatrix}.$$

3.4.3 Case 3: x, y が，n 以下の周期を持つ同一の周期軌道に属する場合

p, q は

$$g^p(x) = x, \quad g^q(x) = y, \quad 1 \leq q < p \leq n$$

を満たす最小の数とする．

H を p 行 t 列の行列として，

$$H = \begin{pmatrix} h_1(x) & \cdots & h_t(x) \\ h_1(g(x)) & \cdots & h_t(g(x)) \\ \vdots & & \vdots \\ h_1(g^{p-1}(x)) & \cdots & h_t(g^{p-1}(x)) \end{pmatrix},$$

また，J を n 行 p 列の行列として，

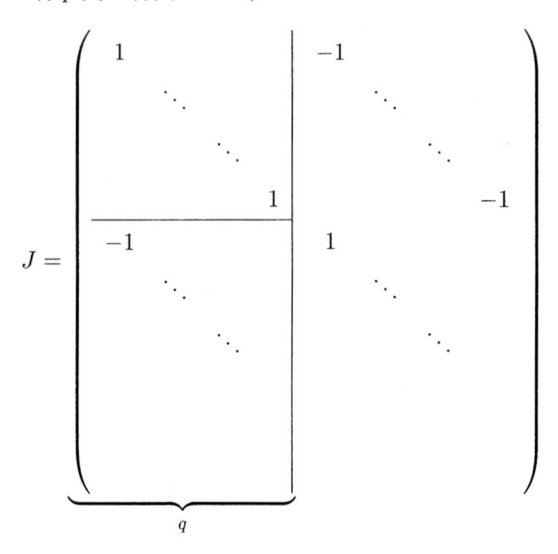

$$J = \begin{pmatrix} 1 & & & & -1 & & \\ & \ddots & & & & \ddots & \\ & & \ddots & & & & \\ & & & 1 & & & -1 \\ \hline -1 & & & & 1 & & \\ & \ddots & & & & \ddots & \\ & & \ddots & & & & \\ & & & & & & \end{pmatrix}$$

$$\underbrace{}_{q}$$

にとればよい．

p,q の最大公約数を (p,q) で表すとき，J は列基本変形により，

$$\begin{pmatrix} & I_{p-(p,q)} & & * \\ -I_q & \cdots & -I_q & \\ \hline & I_{p-(p,q)} & & \\ -I_q & \cdots & -I_q & \\ & \vdots & & \end{pmatrix}$$

3.4 JH 分解の説明

$$= \begin{pmatrix} 1 & & & & & & \\ & \ddots & & & & & \\ & & \ddots & & & & * \\ & & & \ddots & & & \\ & & & & & 1 & \\ \hline -1 & & -1 & & & & \\ & \ddots & & \ddots & & & \\ & & -1 & & -1 & & \end{pmatrix}$$

に変形できるので，rank$J \geq p - (p,q)$ となる.

例 3.4.3 $p = 6, q = 2$ の場合：すなわち，$g^6(x) = x$, $g^2(x) = y$ とする.

$$H = \begin{pmatrix} h_1(x) & \cdots & h_t(x) \\ h_1(g(x)) & \cdots & h_t(g(x)) \\ h_1(g^2(x)) & \cdots & h_t(g^2(x)) \\ h_1(g^3(x)) & \cdots & h_t(g^3(x)) \\ h_1(g^4(x)) & \cdots & h_t(g^4(x)) \\ h_1(g^5(x)) & \cdots & h_t(g^5(x)) \end{pmatrix},$$

$$J = \begin{pmatrix} 1 & 0 & -1 & 0 & 0 & 0 \\ 0 & 1 & 0 & -1 & 0 & 0 \\ 0 & 0 & 1 & 0 & -1 & 0 \\ 0 & 0 & 0 & 1 & 0 & -1 \\ -1 & 0 & 0 & 0 & 1 & 0 \\ 0 & -1 & 0 & 0 & 0 & 1 \\ \hline 1 & 0 & -1 & 0 & 0 & 0 \\ 0 & 1 & 0 & -1 & 0 & 0 \\ 0 & 0 & 1 & 0 & -1 & 0 \\ 0 & 0 & 0 & 1 & 0 & -1 \\ -1 & 0 & 0 & 0 & 1 & 0 \\ 0 & -1 & 0 & 0 & 0 & 1 \\ \hline & & \vdots & & & \end{pmatrix}.$$

これは列基本変形により，

$$\begin{pmatrix} 1 & 0 & 0 & 0 & 0 & 0 \\ 0 & 1 & 0 & 0 & 0 & 0 \\ 0 & 0 & 1 & 0 & -1 & 0 \\ 0 & 0 & 0 & 1 & 0 & -1 \\ -1 & 0 & -1 & 0 & 1 & 0 \\ 0 & -1 & 0 & -1 & 0 & 1 \\ \hline 1 & 0 & 0 & 0 & 0 & 0 \\ 0 & 1 & 0 & 0 & 0 & 0 \\ 0 & 0 & 1 & 0 & -1 & 0 \\ 0 & 0 & 0 & 1 & 0 & -1 \\ -1 & 0 & -1 & 0 & 1 & 0 \\ 0 & -1 & 0 & -1 & 0 & 1 \\ \hline \vdots & & & & & \end{pmatrix}$$

に変形できる．これより，rank$J \geq 6 - (6, 2) = 4$ がわかる．

3.5 定理 3.1.2 のはめ込みの証明

定理 3.1.2 のはめ込みに関する命題を証明する．

$U \subset \mathbf{R}^k$ を開集合，$g : U \to g(U) \subset U$ を中への C^2 級微分同相写像，$A \subset U$ をコンパクト集合とする．p 周期点の全体を

$$A_p = \{x \in A | g^p(x) = x\}$$

で表す．

命題 3.5.1（定理 3.1.2 のはめ込みの命題）$U \subset \mathbf{R}^k$ を開集合，$g : U \to g(U) \subset U$ を中への C^2 級微分同相写像，$A \subset U$ をコンパクト集合，boxdim$(A) = d$ とする．n は $n > 2d$ を満たす整数とする．任意の $1 \leq p \leq n$ に対して，

(B1) boxdim$(A_p) < p/2$,

(B2) 各周期点 $x \in A_p$ に対して，$Dg^p(x)$ は相異なる固有値をもつ，

と仮定する．

このとき，ほとんど全ての C^2 級関数 $h: U \to \mathbf{R}$ に対して，遅延座標写像

$$F(h,g)(x) = (h(x), h(g(x)), \cdots, h(g^{n-1}(x)))^T$$

は，A に含まれる多様体 M のコンパクト部分集合 C 上ではめ込みである．

この命題を証明するために，定理 3.1.1 で使った補題を改良する．

補題 3.5.1 $U \subset \mathbf{R}^k$ を開集合，$g: U \to g(U) \subset U$ を中への C^2 級微分同相写像，$A \subset U$ をコンパクト集合，boxdim$(A) = d$, n は $n > 2d$ を満たす整数とする．

$A \subset \mathbf{R}^k$ を $\mathbf{R}^k$ に埋め込まれた多様体に含まれるコンパクト部分集合，U を $\mathbf{R}^k$ における A の開近傍，

$$F_i : U \to \mathbf{R}^n \quad (i = 0, 1, \cdots, t)$$

を C^2 級写像とする．任意の $(x,v) \in S(A)$ に対し，$n \times t$ 行列 M_{xv} を

$$M_{xv} = \{DF_1(x)(v), \cdots, DF_t(x)(v)\}$$

で定義する．整数 $r \geq 0$ に対して，

$$S_r = \{(x,y) \in S(A) | \mathrm{rank} M_{xv} = r\}$$

とおき，lowerboxdim$(\bar{S}_r) = d_r$ とする．$\alpha \in \mathbf{R}^t$ に対して，

$$F_\alpha = F_0 + \sum_{i=1}^{t} \alpha_i F_i : U \to \mathbf{R}^n$$

とおく．

もし，全ての整数 $r \geq 0$ に対して，$r > d_r$ ならば，ほとんど全ての $\alpha \in \mathbf{R}^t$ に対して F_α は A の上ではめ込みである．

3.5 定理 3.1.2 のはめ込みの証明

(証明) 各 $i = 0, 1, \cdots, t$ に対して, $G_i : S(A) \to \mathbf{R}^n$ を

$$G_i(x,v) = DF_i(x)(v)$$

とおく. $n \times t$ 行列

$$M_{xv} = \{G_1(x,v), \cdots, G_t(x,v)\}$$

は集合 S_r 上で階数 r である. $r > d_r$ ならば, 補題 3.2.4 より, ほとんど全ての $\alpha \in \mathbf{R}^t$ に対して

$$G_\alpha^{-1}(0) \cap S_r = \emptyset$$

が成り立つ. 従って, 全ての整数 $r \geq 0$ に対して, $r > d_r$ ならば, $S(A) = \bigcup_{r=0}^n S_r$ であるから, ほとんど全ての $\alpha \in \mathbf{R}^t$ に対して

$$G_\alpha^{-1}(0) = \emptyset$$

が成り立つ. すなわち, 単位接ベクトルは 0 に写像されないから, F_α は, はめ込みである. 〔証明終わり〕

命題 3.5.1 は次の命題から従う.

命題 3.5.2 (はめ込みの定理) $U \subset \mathbf{R}^k$ を開集合, $g : U \to g(U) \subset U$ を微分同相, A を U に含まれる m 次元多様体のコンパクト部分集合とする. n は $n > 2m$ を満たす整数とする. 任意の $1 \leq p \leq n$ に対して, 各周期点 $x \in A_p$ において, $Dg^p(x)$ は相異なる固有値をもつ, と仮定する. また, 任意の $1 \leq p \leq n$, 任意の $1 \leq r \leq m$ に対して,

(A3)

$$\min\{n, rp\} > \mathrm{boxdim}(A_p) + r - 1$$

が成り立つとする. $\{h_i\}_{i=1}^t$ を次数がたかだか $2n$ の k 変数多項式全体が成す線形空間の基底, $h_0 : U \to \mathbf{R}$ をなめらかな関数とする. $\alpha \in \mathbf{R}^t$ に対して,

$$h_\alpha = h_0 + \sum_{i=1}^t \alpha_i h_i$$

とする.

このとき，ほとんど全ての $\alpha \in \mathbf{R}^t$ に対して，

$$F(h_\alpha, g) : U \to \mathbf{R}^n$$
$$F(h_\alpha, g)(x) = (h_\alpha(x), \cdots, h_\alpha(g^{w-1}(x)))^T$$

は集合 C 上ではめ込みである．

（証明）
$$G_i(x,v) = DF_i(x)v, \quad (x,v) \in S(C), \quad G_\alpha = G_0 + \sum_{i=1}^{t} \alpha_i G_i,$$

$$M_{xv} = \{G_1(x,v), \cdots, G_t(x,v)\}$$

とおく．補題 3.5.1 を適用するために，rankM_{xv} を評価しなければならない．$F(h,g)$ の導関数は

$$DF(h,g)(x)v = \begin{pmatrix} \nabla h(g^0(x))^T Dg^0(x)v \\ \nabla h(g^1(x))^T Dg^1(x)v \\ \cdots \\ \nabla h(g^{n-1}(x))^T Dg^{n-1}(x)v \end{pmatrix}$$

で与えられる．

M_{xv} の階数を調べるため，次の二つの場合に分けて考える．

Case 1: x が，n 以下の周期の周期点ではない場合

この条件を満たす $(x,v) \in S(A)$ の全体を S^1 とする．$(x,v) \in S(A)$ を与える．このとき，$x, g(x), \cdots, g^{n-1}(x)$ は相異なる．g は微分同相で，$v \neq 0$ であるから，

$$Dg^i(x)v \neq 0, \quad 0 \leq i \leq n.$$

rank$M_{xv} = n$ であることを示すため，任意の $(w_1, \cdots, w_n)^T \in \mathbf{R}^n$ を与える．ある $v_1, \cdots, v_n \in \mathbf{R}^k$ で

$$w_i = v_i^T Dg^{i-1}(x)v, \quad 1 \leq i \leq n$$

を満たすものが存在する．補題 3.3.2(2) より，たかだか $2n$ 次の k 変数多項式 h

3.5 定理 3.1.2 のはめ込みの証明

で
$$\nabla h(g^{i-1}(x)) = v_i, \quad 1 \leq i \leq n$$
を満たすものが存在する．$\{h_i\}_{i=1}^{t}$ は基底であるから，ある
$$(\alpha_1, \cdots, \alpha_t)^T \in \mathbf{R}^t$$
で $h = \sum_{i=1}^{t} \alpha_i h_i$ を満たすものが存在する．さて,

$$M_{xv}(\alpha_1, \cdots, \alpha_t)^T$$
$$= \begin{pmatrix} \nabla h_i(g^{j-1}(x))^T Dg^{j-1}(x)v \end{pmatrix}_{\substack{1 \leq i \leq t \\ 1 \leq j \leq n}} \begin{pmatrix} \alpha_1 \\ \vdots \\ \alpha_t \end{pmatrix}$$
$$= \begin{pmatrix} \nabla h(g^0(x))^T Dg^0(x)v \\ \nabla h(g^1(x))^T Dg^1(x)v \\ \cdots \\ \nabla h(g^{n-1}(x))^T Dg^{n-1}(x)v \end{pmatrix}$$
$$= \begin{pmatrix} v_1^T Dg^0(x)v \\ v_2^T Dg^1(x)v \\ \cdots \\ v_n^T Dg^{n-1}(x)v \end{pmatrix} = \begin{pmatrix} w_1 \\ \vdots \\ w_n \end{pmatrix}$$

従って, $\text{rank} M_{xv} = n$ が成立する．

$S_n = S^1$, $S_r = \emptyset (n > r \geq 0)$ として補題 3.5.1 を適用して, ほとんど全ての $\alpha \in \mathbf{R}^t$ に対して $F(h_\alpha, g)$ は S^1 の上ではめ込みである．

Case 2: x が, n 以下の周期の周期点である場合

この条件を満たす $(x, v) \in S(A)$ の全体を S^2 とする．$(x, v) \in S^2$ を与える．

このとき，

$$DF(h,g)(x)v = \begin{pmatrix} H_1^T w_1 \\ \vdots \\ H_p^T w_1 \\ H_1^T D_1 w_1 \\ \vdots \\ H_p^T D_1 w_1 \\ H_1^T D_1^2 w_1 \\ \vdots \end{pmatrix}$$

ただし，

$$\begin{aligned} x_i &= g^{i-1}(x) = x_{p+i} \\ H_i &= \nabla h(x_i) \\ w_i &= Dg(x_{i-1}) \cdots Dg(x_1) v \\ D_i &= Dg(x_{i-1}) \cdots Dg(x_1) Dg(x_p) \cdots Dg(x_i) \end{aligned}$$

となる．

各 D_i は同じスペクトル $\lambda_1, \cdots, \lambda_m$ をもち，仮定より，それは互いに異なる．固有値 λ_j $(1 \leq j \leq m)$ に対する，D_1 の固有ベクトルを u_j とする．

$$u_{ij} = Dg(x_{i-1}) \cdots Dg(x_1) u_j$$

は固有値 λ_j $(1 \leq j \leq m)$ に対する，D_i の固有ベクトルとなる．

従って，もし，$w_1 = \sum_{j=1}^m a_j u_{1j}$ が w_1 の固有ベクトル展開ならば，w_i の固有ベクトル展開は，同じ係数 a_j によって，

$$w_i = \sum_{j=1}^m a_j u_{ij}$$

3.5 定理 3.1.2 のはめ込みの証明

で与えられる. 従って, $DF(h,g)(x)v$ は次の n 次元ベクトルであることがわかる.

$$\begin{pmatrix} \sum a_j u_{1j}^T \\ 0 \\ \vdots \\ 0 \\ \sum a_j \lambda_j u_{1j}^T \\ 0 \\ \vdots \\ 0 \\ \sum a_j \lambda_j^2 u_{1j}^T \\ 0 \\ \vdots \\ 0 \\ \vdots \end{pmatrix} \nabla h_\alpha(x_1) + \cdots + \begin{pmatrix} 0 \\ \vdots \\ 0 \\ \sum a_j u_{pj}^T \\ 0 \\ \vdots \\ 0 \\ \sum a_j \lambda_j u_{pj}^T \\ 0 \\ \vdots \\ 0 \\ \sum a_j \lambda_j^2 u_{pj}^T \\ \vdots \end{pmatrix} \nabla h_\alpha(x_p),$$

ただし, $\sum = \sum_{s=1}^m$ である.

rank M_{xv} を知るには, α が $\mathbf{R}^t$ 全体を張るとき, この式のベクトル全体が張る空間の次元を知れば良い. いま, v の固有値展開において, 0 でない係数がちょうど r 個

$$a_{j_1}, \cdots, a_{j_r}$$

であるとする. このとき, 各 $1 \le i \le p$ に対して,

$$\sum a_{j_s} u_{ij_s}^T, \sum a_{j_s} \lambda_{j_s} u_{ij_s}^T, \cdots, \sum a_{j_s} \lambda_{j_s}^{r-1} u_{ij_s}^T$$

は 1 次独立である. ただし, ここで $\sum = \sum_{s=1}^r$ である. 補題 3.3.2 より, $\alpha \in \mathbf{R}^t$ を適当に選んで, 各 x_i 毎に独立に $\nabla h_\alpha(x_i)$ を設定できるから, 式のベクトルは $\min\{n, rp\}$ 次元の空間を張る. 従って, rank $M_{xv} = \min\{n, rp\}$ である.

仮定より,

$$\mathrm{boxdim}\{(x,v) | v \text{ の固有値展開は, 0 でない係数がちょうど } r \text{ 個}\}$$

$$= \mathrm{boxdim}(A_p) + r - 1$$

であり,仮定 (A3) より,

$$\mathrm{rank} M_{xv} = \min\{n, rp\} > \mathrm{boxdim}(A_p) + r - 1$$

となる.従って,補題 3.5.1 が適用でき,結論を得る.〔証明終わり〕

(命題 3.5.1 の証明)仮定 (B1)

$$\mathrm{boxdim}(A_p) < p/2, \quad 1 \leq \forall p \leq n$$

が成り立つとする.任意の $1 \leq p \leq n$,任意の $1 \leq r \leq m$ を与える.

$n \geq rp$ で,$1 \leq p \leq 2$ のとき,

$$\mathrm{boxdim} A_p + r - 1 < p/2 + r - 1 \leq r \leq rp = \min\{n, rp\}$$

が成り立つ.

$n \geq rp$ で,$p > 2$ のとき,

$$\begin{aligned}\mathrm{boxdim} A_p + r - 1 &< p/2 + r - 1 = rp - \left\{\frac{p}{2}(r-1) + r\left(\frac{p}{2} - 1\right) + 1\right\} \\ &< rp = \min\{n, rp\}\end{aligned}$$

が成り立つ.

$n < rp$ のとき,$n > 2m$ の条件を使って,

$$\mathrm{boxdim} A_p + r - 1 < p/2 + r - 1 = \frac{n}{2} + m - 1 < \frac{n}{2} + \frac{n}{2} - 1 < n = \min\{n, rp\}$$

が成り立つ.

いずれの場合も,(A3) が成り立つ.従って,命題 3.5.2 が成り立つが,これは,プレバレントの定義より,命題 3.5.1 の結論を意味する.〔証明終わり〕

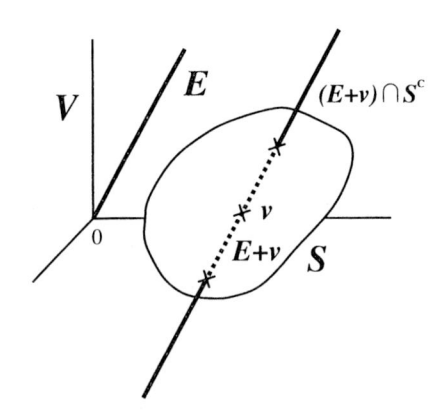

3.5 定理 3.1.2 のはめ込みの証明

図 3.1: プレバレントの意味の定性的な説明.
S がプレバレントであれば，V 内のいかなる点 v に対しても，E で定められる有限次元方向にそって空間を動くならば，ほとんど全ての点は S に属している．

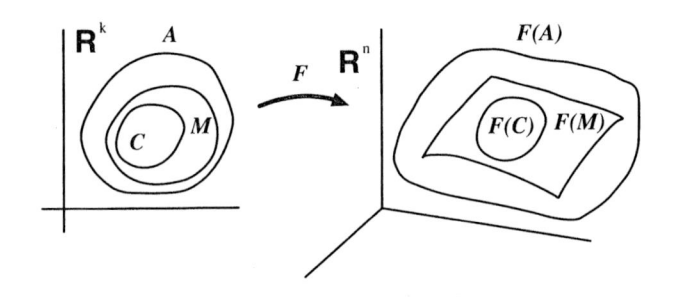

図 3.2: フラクタルホイットニー埋め込み定理
フラクタルホイットニー埋め込み定理では，アトラクタ A，A に含まれる多様体 M，M に含まれるコンパクト部分集合 C のそれぞれ $F : \mathbf{R}^k \to \mathbf{R}^n$ による像を考える．

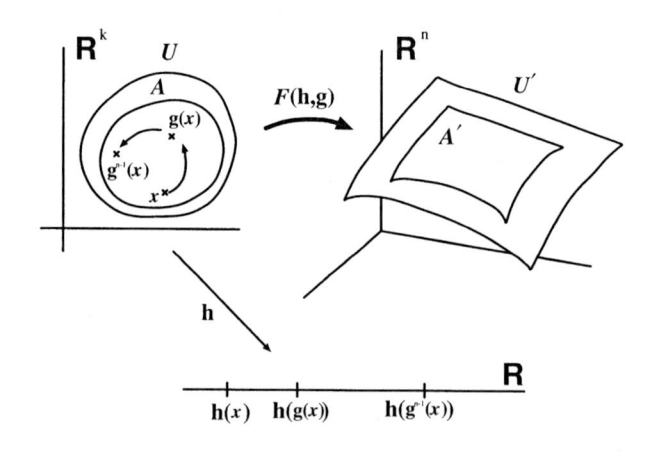

図 3.3: フラクタル時間遅れ埋め込み定理

フラクタル時間遅れ埋め込み定理では，$\mathbf{R}^k$ 内の開集合 U 上で定義される力学系 g．観測関数 $h : U \to \mathbf{R}$ とそれらの合成写像 $F(h,g)$ による，$\mathbf{R}^n$ でのアトラクタ A の像を考える．

第4章

カオス時系列解析の基礎理論

4.1 はじめに

既に述べたように,時系列解析には重要な三つのステップがある.

(1) 対象構造の理解
(2) モデリング
(3) 予測・制御

である.即ち,観測された時系列信号に基づいて,対象とするシステムの数理構造を理解することがまずはじめに行なわれるべき重要な作業となる.

我々は,

「複雑な現象の本質は,決定論的非線形力学系の作り出したカオス現象であり得る.」

という立場からの解析を行なおうとしている.つまり,これらの複雑な時系列を決定論的カオスの側面から解析するには,当然,決定論的カオスを含む非線形力学系の応答の特徴をどのように捉えていくかということを考えなければならない.即ち,決定論的非線形力学系の本来持つ特徴を定量化する非線形統計量を推定する必要がある.

決定論的カオスの特徴としてしばしばあげられるのは,アトラクタの

(1) 静的(幾何学的)な特徴としての自己相似性
(2) 動的(力学的)な特徴としての軌道不安定性(鋭敏な初期値に対する依存性)とそれに起因して生じる長期予測不能性

である．これらの特徴は，各々

(1) フラクタル次元解析 [112, 113, 317, 305, 159, 160, 161]
(2) リアプノフスペクトラム解析，[279, 82, 84, 356]，決定論的非線形予測 [204, 87, 88, 89, 220, 61, 196, 63, 351, 144]

により定量的に評価することができる．

これらの手法の中で最も早くから実データに対して適用されてきたのは，フラクタル次元解析である．フラクタル次元をより正確に推定することは，解析対象となるシステムの本来有する自由度を推定することに対応する．アトラクタの次元値は，システムを記述するために必要な自由度の下限値を与えるからである．また，あるアトラクタに対して，フラクタル次元を推定した結果が非整数値となれば，そのアトラクタを生み出した力学系はカオスダイナミクスを有していた可能性が強いと考えて良い．この場合，対象となるアトラクタの幾何学構造を特徴付ける良い指標になる．このように，アトラクタのフラクタル次元を解析するという過程は，解析対象のシステムが持つ固有の自由度を推定し，結果として，対象とする現象をより効果的に記述する上で重要な情報となる．

さて，フラクタル次元推定の基本的な手法に，ボックスカウンティング法と呼ばれる手法がある．ボックスカウンティング法は，比較的低次元のデータにおいては効力を発揮するが，非常に大きいデータ数が必要となること，高次元データの場合，実装方法にも依存するが，計算のために大量のメモリが必要となるなどの理由により，実際のデータに対して適用することはほとんど不可能とされてきた [116]．この欠点を解決したのが，Grassberger と Procaccia である．彼らは，1983年に相関積分法 [113, 112] を用いたフラクタル次元推定法を提案した．それまでのボックスカウンティング法に比べると，相関積分法を用いればフラクタル次元の一種である相関次元を比較的簡単に計算できるようになったため，これを用いた解析が1980年代に様々な不規則信号解析に用いられるようになった．

相関積分法では，まず，相関積分と呼ばれる2点間距離の累積頻度関数を計算する．次に，計算された相関積分が，対象とする集合のフラクタル次元 (相関次元) でスケーリングされると考える．このように，相関積分法では，相関積分のスケーリング指数を推定することによってフラクタル次元を求めるため，次元値を一意に決

定することは難しくまた危険でもある．スケーリング指数を抽出するという部分には常に客観性が欠如するためであり，安易な適用によっては，偽の次元値を算出してしまうことが多いからである [320, 110, 257, 301, 275, 85, 237, 323, 131, 231]．

ところで，フラクタル次元解析は力学系のアトラクタの幾何学的な構造を定量化するものであるが，アトラクタのフラクタル構造とカオスダイナミクスは必ずしも 1 対 1 には対応しないことがある．決定論的カオスの力学的特徴である軌道不安定性 は，リアプノフ指数とそのスペクトラムによって定量化される．決定論的カオスであれば，少なくとも最大リアプノフ指数は正となる．即ち，リアプノフスペクトラムとフラクタル次元は，カオスの持つ異なる特徴を，各々力学的及び幾何学的に定量評価する量であり，アトラクタの異なる側面を定量化するものである．例えば，幾何学的には自己相似構造を持ちながらも最大リアプノフ指数が正とはならない，ストレンジ・ノン・カオティックアトラクタ (strange non-chaotic attractor) [115, 273, 43] やロジスティック写像の周期倍分岐の集積点におけるファイゲンバウムアトラクタ (Feigenbaum attractor) [84] などが存在する．一方，アーノルドのキャット写像の解は，2 次元トーラスを埋めつくし，幾何学的にはストレンジではないが，最大リアプノフ指数は正となり，この意味でカオスダイナミクスを有する [84]．

カオスの軌道不安定性は，その初期値に鋭敏な依存性により生じるものであり，初期変位として与えられた微小な差が，指数関数的に拡大されていく．リアプノフ指数は，この軌道の拡大率を定量化する特徴量であり，対象データが決定論的カオスであれば，リアプノフ指数は正の値となる．従って，固定点，リミットサイクル，トーラスなどの応答との識別，また，解析対象となる不規則信号の軌道不安定性の定量化に用いることができる．また，リアプノフ指数の大きさは，解析対象のシステムが「どの程度カオス的か」ということを定量化する指標であり，このリアプノフ指数が大きければ，より強い軌道不安定性を有すると考えてよい．

更に，工学などにおいてしばしば求められる，複雑な挙動を示す現象の予測という課題にもリアプノフ指数の推定は重要である．仮にシステムがカオス的な現象であっても，非線形モデリングを用いることで，線形モデリングでは得られない高精度の予測結果を得ることができる．しかし，仮に非線形モデリン

グなどの良いモデリング手法を用いても，カオスの性質から予測には自ずと限界が存在する．このように，システムの応答がカオス応答であるとき，正のリアプノフ指数の和によって，その予測限界の尺度となるコルモゴロフ–シナイ (Kolmogorov–Sinai, 以下，KS) エントロピの上限 を推定することができる．つまり，予測の臨界時間の尺度を KS エントロピが与えるという意味においても，リアプノフ指数の推定は非常に重要となるのである．

このように，カオスダイナミクスに起因して複雑な挙動が生じていると考える実データを解析する際には，(i) 幾何学構造を定量化するフラクタル次元解析のみでなく，(ii) 力学的構造を定量化するリアプノフスペクトラム解析 (あるいは，第 5 章で解説する，軌道不安定性に起因して生じる長期予測不能性と決定論的ダイナミクスを有することによる短期予測可能性の解析) の，両面から十分に解析し，議論することが必要となることがわかるであろう．そこで，第 4 章では，これらの基礎的な特徴量を推定するための手法について詳しく述べることにする [139, 132]．

更に，これらの特徴量に加えて，アトラクタの構造，性質の時間的変化を視覚的に表現するリカレンスプロットと呼ばれる手法と時系列信号の決定論性を定量化する手法についても解説する．

4.2 フラクタル次元解析
4.2.1 アトラクタの自己相似性

カオス力学系の特徴の一つとして，アトラクタの幾何学的形状が自己相似構造 (self-similar structure) を持つことがしばしばあげられる．カオスアトラクタの自己相似構造について考えるために，自己相似構造とはどのようなものかを考えていこう．まず，次のような典型的な自己相似図形を用いて説明する．

図 4.1 は，カントール集合 (Cantor set) と呼ばれる自己相似図形である．カントール集合は，$[0,1]$ 間の線分 (図 4.1 最上段) をまず考え，その中間の $[1/3, 2/3]$ を取り除くという過程を基本として作られる．これにより，図 4.1 の 2 段目の図形が得られる．このステップを繰り返し適用することで，図 4.1 下段に示すような図形が浮かび上がる．

一方，図 4.2 は，シェルピンスキーのギャスケット (Sierpinski Gasket) と呼

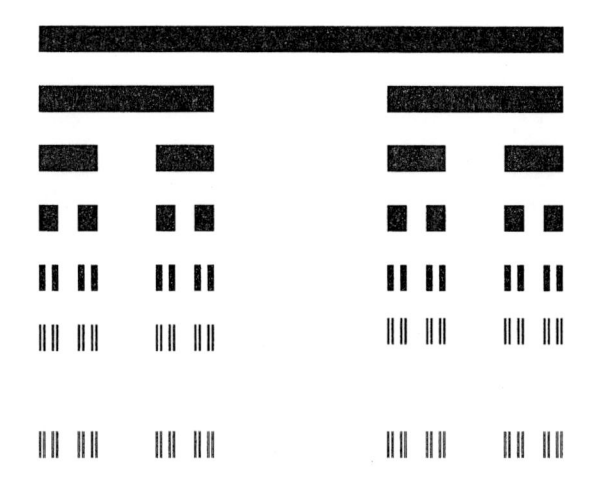

図 4.1: カントール集合.
中央部の 1/3 の部分を抜き取るという操作を繰り返すことにより得られる.

ばれる自己相似図形である.この場合,始めに一辺の長さが 1 の正三角形を考え,その中央の小さい逆正三角形を取り除くという操作が,基本ステップとなる.残った各部分も正三角形になるので,同様の操作をこれらの残りの部分に施していくと,最終的にシェルピンスキーのギャスケットを得ることができる.

今度は,これらの自己相似図形の一部を拡大してみるとどうなるだろうか.作成した過程からわかるように,元の構造と同じ構造が次々と出現することがわかる.このように,自分自身を拡大すると同じ構造が出現する特徴を,自己相似性 (self-similarity) と呼び,このような図形のことを自己相似図形と呼ぶ.

さて,このような自己相似構造がカオスアトラクタの特徴としても現れることを次の図で見ていこう.第 2 章で述べた,エノン写像 [120] (式 (2.3.7)) を使って考える.ある初期値 $x(0), y(0)$ をエノン写像に与え,これを時間発展させ,過渡状態と考えられる初期の 1000 点 ($t = 1, \ldots, 1000$) を削除して得られた $(x(t), y(t)), t = 1001, \ldots, N$ を状態空間内にプロットしたものが,図 4.3(a) である.次に,図 4.3(a) 内の点線で囲まれた部分を拡大したのが,図 4.3 (b) である.これをみると,土星の輪のような構造が 1 本,2 本,3 本の組となって現れていることがわかる.さらに,図 4.3(b) の点線で囲まれた部分を拡大してみる

図 4.2: シェルピンスキーのギャスケット．
左上の正三角形の中央部を，上下反転した小さい正三角形を抜き取ることを基本操作とする．これを繰り返すことにより下に示す図形が得られる．

と，(a)→(b) の場合と同じように，土星の輪のような構造が再び出現する．このように，図 4.1 や図 4.2 のような幾何学的な自己相似図形を用いて説明した「自己相似構造」という特徴が，カオスアトラクタにおいても存在することがわかる．

4.2.2 フラクタル次元とは

それでは，このような自己相似構造をどのように定量化すれば良いのであろうか．その答えが，非整数値を取り得るフラクタル次元である．ここでは，なぜフラクタル次元という指標が必要となるか，また，フラクタル次元はどのように定義されるのかを考える．そのために，まず，我々が普段用いている次元について考え直してみることにしよう [316]．

通常我々は，線は 1 次元，平面は 2 次元，立体は 3 次元として直観的に理解している．そこで，これらの各次元の空間内に存在する図形例として，線分，正

4.2 フラクタル次元解析

(a)

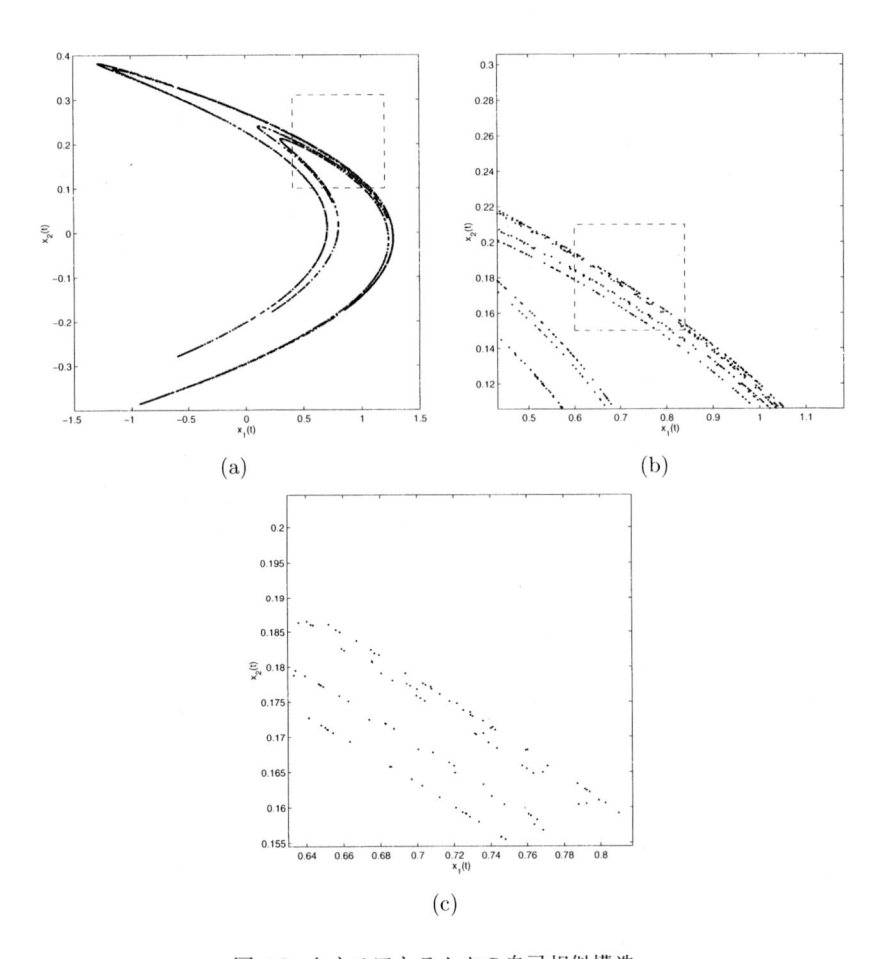

(b)

(c)

図 4.3: カオスアトラクタの自己相似構造.
(a) エノン写像のストレンジアトラクタの全体の様子. (b) (a)中の点線で囲んだ部分の拡大図, (c) (b)中の点線で囲んだ部分の拡大図.

方形，立方体を取り上げ，これらを被覆するということを考えてみよう．例えば，単位長さの線分を，その線分を 1/2 に縮小したもので被覆するとすれば，最低限必要な数は 2 個となる．一方，正方形も同様にその正方形を 1/2 に縮小したもので被覆すれば，必要な数は $4 = 2^2$ 個である．そして，立方体の場合は，$8 = 2^3$ 個となる．この時，各次元の図形を被覆するのに必要な数である 2, 4, 8 を各々縮小比 1/2 の逆数 2 の巾乗として表現したときの指数 1, 2, 3 は，これらの各図形の次元に一致していることがわかる．

表 4.1: 1次元，2次元，3次元における代表的な図形(線分，正方形，立方体)を被覆する場合に必要な小図形の数と次元との関係．

図形	縮小比	個数
線分	$\frac{1}{2}$	$2 = 2^1$
正方形	$\frac{1}{2}$	$4 = 2^2$
立方体	$\frac{1}{2}$	$8 = 2^3$
...		
一般化	$\frac{1}{\epsilon}$	$N(\epsilon) = \epsilon^D$

これらの関係をまとめたものが表 4.1 である．これによると，ある図形を $1/r$ で縮小した図形で，元の図形を被覆するために最低限必要な数を $N(r)$ とすれば，これらの $r, N(r)$ と次元との間に，

$$N(r) = r^D \tag{4.2.1}$$

という関係が成立することがわかる．逆に言えば，ある図形のフラクタル次元 D を求めるには，その図形を $1/r$ 倍した縮小図形を用意し，それを用いて元の図形を被覆するのに必要な数 $N(r)$ を実際に数えれば良いことになる．そして，$N(r)$ を数えることができたら，ある図形の次元 D は，これらの $r, N(r)$ を用いて

$$D = \frac{\log N(r)}{\log r} \tag{4.2.2}$$

で求めることができる．

さて，式 (4.2.2) を用いて，我々が慣れ親しんでいる図形 (線分，正方形，立

4.2 フラクタル次元解析

方体など) の次元を求めることができた. それでは, 自己相似構造を持つフラクタル図形に式 (4.2.2) を適用した場合にはどうなるだろうか. ここでは, フラクタル図形の例として, コッホ曲線と呼ばれる図形を考えてみよう.

図 4.4: コッホ曲線.
最上段の図形を 1/3 に縮小した図形を, 元の図形の各辺上に張り合わせる過程により, コッホ曲線が作り出される.

コッホ曲線とは, 図 4.4 に示す過程で作成される, フラクタル構造を持つ有名な図形である. まずはじめに, 線分 [0,1] を用意し, 中央部分 ([1/3,2/3]) を図のような二つの辺で置き換える (図 4.4 最上段). こうして得られる帽子のような図形を基本図形とする. これを縮尺 1/3 倍に縮小した小さい図形で, 元の図形の各辺を置き換える (図 4.4 第 2 段目). 更に, この第 2 段目の図形を 1/3 倍した図形で, 第 2 段目の図形の四つの辺を置き換える (図 4.4 第 3 段目). この操作を繰り返すことで, 自己相似構造を持つコッホ曲線が作り出される.

さて, 式 (4.2.2) による次元の定義を用いて, コッホ曲線の次元を計算しよう. コッホ曲線の場合, 上に述べたコッホ曲線の作り方から明らかであるが, 縮小

比は 1/3 とした小図形を 4 個で被覆すれば良い．つまり $r = 3$, $N(r) = 4$ である．すなわち，

$$4 = 3^{D_{\text{KOCH}}}$$

である．したがって，コッホ曲線の次元 D_{KOCH} は，

$$D_{\text{KOCH}} = \frac{\ln 4}{\ln 3} = 1.26\ldots \qquad (4.2.3)$$

となる．このように，フラクタル構造をもつ図形の次元は，我々が既に持っていた整数値をとる次元の考えを同様に適用した結果，一般化した非整数値の次元となる．現在では，このような非整数値となる次元のことを一般にフラクタル次元 (fractal dimension) と呼ぶ．このようなフラクタル次元を用いて前に述べたカントール集合 (図 4.1)，シェルピンスキーのギャスケット (図 4.2) のフラクタル次元を求めるとそれぞれ，0.63, 1.585 となる．

さて，ここで説明した被覆を用いるフラクタル次元は，厳密に自己相似性が成立する図形に対して適用されるので相似次元と呼ばれている [316]．そこで，点集合などを含む一般の図形，集合などに対してもこの考えを適用できるように，ボックスカウント次元 (box counting dimension) と呼ばれるフラクタル次元の定義についてここで述べる．

定義 4.2.1（ボックスカウント次元） $\mathbf{R}^n$ 内のコンパクト集合 S のボックスカウント次元 D_0 は，

$$D_0 = \lim_{\epsilon \to 0} \frac{\ln N(\epsilon)}{\ln \dfrac{1}{\epsilon}} \qquad (4.2.4)$$

但し，$N(\epsilon)$ は S を被覆するために必要な直径 ϵ の n 次元球，または，n 次元立方体の総数の最小値である．

図 4.5 は，エノン写像を様々なサイズの小領域で被覆した例を示している．実際に，ボックスカウント次元を計算するには，式 (4.2.4) における ϵ の大きさ，すなわち，被覆するときの ϵ 球の半径を変化させ，この変化に対する $N(\epsilon)$ の変化を両対数グラフでプロットしたときの直線部分の傾きとして求めることができる (図 4.6(a))．この定義に従って，図 4.5 のエノン写像のボックスカウント次元を計測した結果が，図 4.6 (b) である．直線部分の傾きは，ほぼ 1.27 となる．

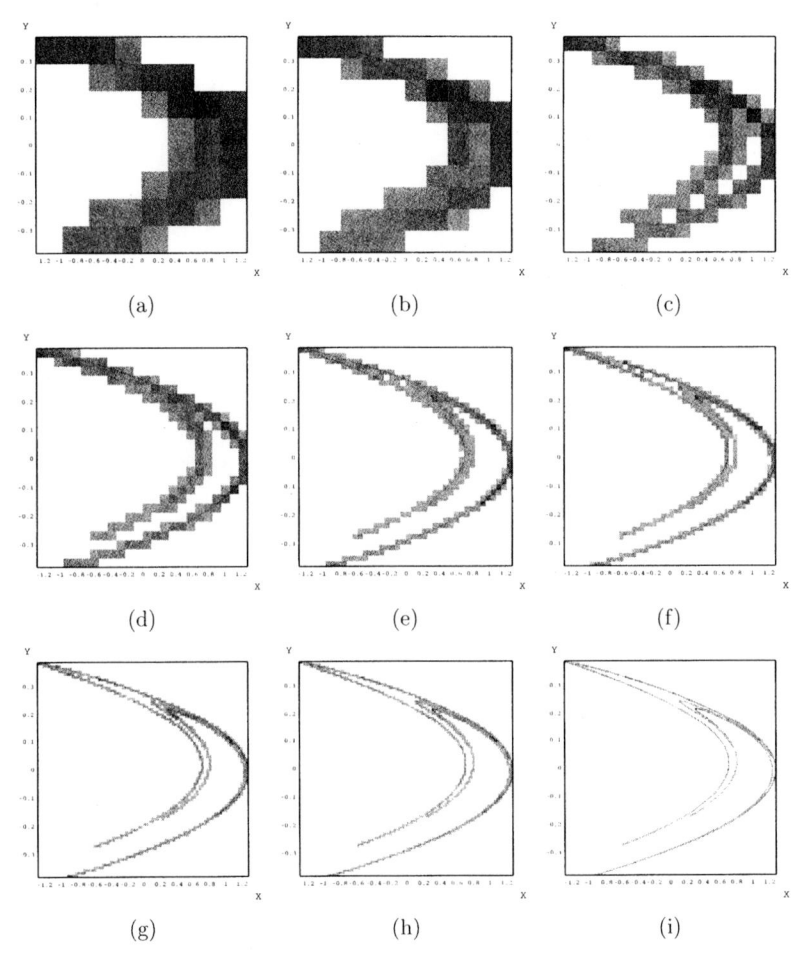

図 4.5: いろいろなサイズのボックスによるエノン写像の被覆.
(a)8×8, (b)10×10, (c)15×15, (d)24×24, (e)40×40, (f)50×50, (g)80×80, (h)100×100, (i)200×200 に空間を等分割したときに, エノン写像 (10000 点) を被覆するボックスを塗りつぶした様子. 各ボックスの濃淡は, そのボックス内に含まれるエノン写像上の点の個数を表わす(ボックスカウント次元を測る上でこれらの濃淡は関係ない). 実際に, 被覆に必要な個数は, (a)31, (b)42, (c)71, (d)127, (e)243, (f)318, (g)555, (h)729, (i)1586個である. このように, 様々なサイズのボックスを用いて被覆すると, 被覆に必要なボックスの数が異なる. 実際に次元を測定するためには, ボックスのサイズを変化させたときに被覆に必要なボックスの数を数えていく. 図 4.6 (b) にここで用いたエノン写像を例にしたボックスカウント次元の計測結果を示している.

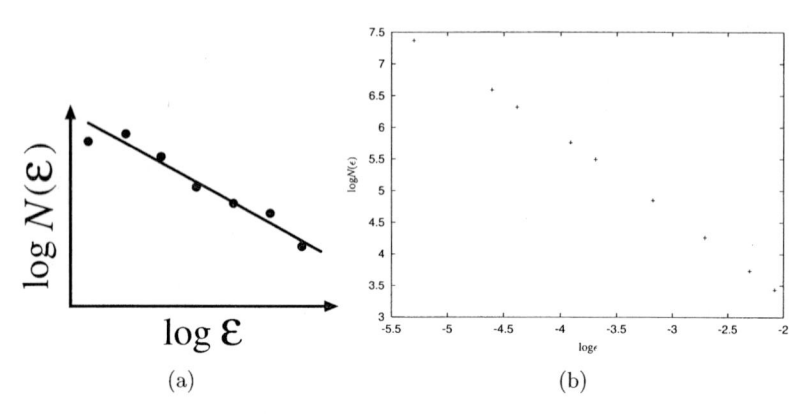

図 4.6: ボックスカウント次元の定義と実例.
(a) 式 (4.2.4) により求められる ϵ と $N(\epsilon)$ の関係と (b) 図 4.5 において実際にエノン写像を被覆することで算出した ϵ と $N(\epsilon)$ の関係.

4.2.3 相関積分と相関次元

フラクタル次元の推定法の基本手法は，ボックスカウンティング法であるが，ボックスカウンティング法では非常に大きいデータ数が必要であり，また，実装方法にも依るが，状態空間の次元が大きくなるにつれ，空間を分割するために必要なメモリが急増する．このような理由により，実際のデータ解析の場面で適用されることはほとんど無かった [116].

この欠点を解決したのが相関積分法 [113, 112] を提案した P. Grassberger と I. Procaccia である．相関積分法は，提案者二人の頭文字をとって，GP 法あるいは，GP アルゴリズム (Grassberger-Procaccia algorithm) と呼ばれることが多い．ボックスカウンティング法と比べると，GP 法を用いることで，フラクタル次元の一種である相関次元を比較的簡単に計算できるようになったため，これを用いた解析が 1980 年代の後半にかけて大流行した．例えば，脳波信号 [155, 75, 31, 30, 197, 213, 133] などは，その典型例である．これは同時に信憑性の低い解析結果の集積を導いた分野の一例ともなっていることに注意する．

さて，GP 法では，相関積分 (correlation integral) と呼ばれる量を計算することにより，フラクタル次元の一つの尺度である相関次元 (correlation dimension) を求めることになる [113, 112]. 元の力学系，あるいは，再構成されたアトラク

タ上の点を $\boldsymbol{v}(i) \in \mathbf{R}^m$ とすると，相関積分は次のように定義される．

定義 4.2.2（相関積分）

$$C^m(r) = \lim_{N \to \infty} \frac{1}{N^2} \sum_{\substack{i,j=1 \\ i \neq j}}^{N} I(r - |\boldsymbol{v}(i) - \boldsymbol{v}(j)|) \tag{4.2.5}$$

但し，$I(t)$ はヘビサイドの関数で，

$$I(t) = \begin{cases} 1 & (t \geq 0) \\ 0 & (t < 0) \end{cases} \tag{4.2.6}$$

である．

さて，ここでは，相関積分のアルゴリズムを定性的に考えてみよう（図 4.7）．まず初めに，m 次元空間において存在するアトラクタ上の一点 $\boldsymbol{v}(i)(i = 1, 2, \cdots, N)$ がある．次に，$\boldsymbol{v}(i)$ を中心とする半径 r の m 次元超球を考え，$\boldsymbol{v}(i)$ を除いた残りの $(N-1)$ 個の点 $\boldsymbol{v}(j)(j = 1, 2, \ldots, N)$（但し，$i \neq j$）が，この $\boldsymbol{v}(i)$ を中心とする球内に入るかどうかをカウントする．この計算を全ての $\boldsymbol{v}(i)$ を中心にして繰り返すことにより，式 (4.2.5) に示した相関積分が得られるわけである．

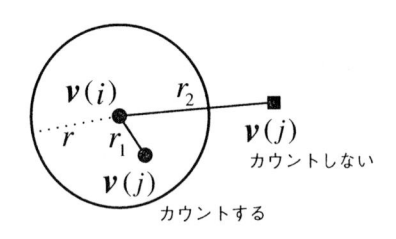

図 4.7: 相関積分の意味．
$\boldsymbol{v}(i)$ を中心とする半径 r の超球内に $\boldsymbol{v}(j)$ が入れば $(r_1 < r)$ カウントするが，入らない $\boldsymbol{v}(j)$ $(r_2 > r)$ はカウントされない．

なお，式 (4.2.5) における距離 $|\boldsymbol{v}(i) - \boldsymbol{v}(j)|$ については，通常式 (4.2.7) のようなユークリッド距離を用いる．即ち，$\boldsymbol{p} = (p_1, p_2, \ldots, p_m), \boldsymbol{q} = (q_1, q_2, \ldots, q_m)$

を任意の m 次元ベクトルとして，

$$|\boldsymbol{p}-\boldsymbol{q}| = \left\{\sum_{i=1}^{m}(p_i-q_i)^2\right\}^{\frac{1}{2}} \qquad (4.2.7)$$

である．しかし，計算時間短縮のために，式 (4.2.8) のような絶対値距離，

$$|\boldsymbol{p}-\boldsymbol{q}| = \sum_{i=1}^{m}|p_i-q_i| \qquad (4.2.8)$$

あるいは，式 (4.2.9) のような最大値距離，

$$|\boldsymbol{p}-\boldsymbol{q}| = \max\{|p_i-q_i|, 1\leq i\leq m\} \qquad (4.2.9)$$

などを用いることもある．数値計算により相関積分を求める際に，最も時間を要するのは，この2点間距離を計算する部分である．従って，式 (4.2.8) 等を用いることには十分な利点がある．また，計算機内においては，実数は通常 ±(仮数)×2^e (e は整数) の形で記憶されている．そこで，距離 $|\boldsymbol{v}(i)-\boldsymbol{v}(j)|$ のビット表現とこれに対するシフト，マスク演算を用いることにより高速化を図ることもできる [113, 244]．この他にも，近傍のみを探索して式 (4.2.5) の積和を求めるなどにより，高速化する手法などがある [321, 108, 354]．

さて，このようにして計算された相関積分が，r の適当な領域で式 (4.2.10) のようにスケーリングされるとする．

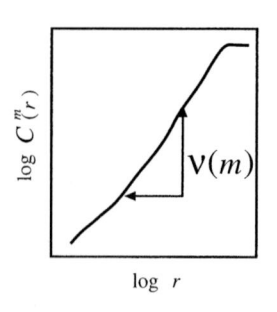

図 4.8: 相関積分 $C^m(r)$ と相関指数 $\nu(m)$ の関係．

$$C^m(r) \propto r^{\nu(m)} \tag{4.2.10}$$

この時,式(4.2.10)のスケーリング指数 $\nu(m)$ を相関指数 (correlation exponent) という.式 (4.2.10) の両辺の対数をとると,

$$\log C^m(r) \propto \nu(m) \log r \tag{4.2.11}$$

となる.

アトラクタをあるスケール範囲 $r_1 \leq r \leq r_2$ で観測したとき,式 (4.2.10) が成立すれば,この範囲で自己相似性が成り立っていると考えて良い.つまり,相関指数 $\nu(m)$ は,横軸に $\log r$, 縦軸に $\log C^m(r)$ をとってプロットしたグラフにおける,適当な r の範囲内での直線部分の傾きで与えられることになる (図 4.8).

ところで,式 (4.2.5) の定義は,以下のように一般化できる.アトラクタの存在する空間 $\mathbf{R}^m$ を一辺 r の超立方体に分割したとき, i 番目の箱に入る確率を p_i とすると, q 次の相関積分を

$$C_q^m(r) = \sum_i p_i^q \tag{4.2.12}$$

により定義することができる.先の相関積分の場合と同様に,上述のスケーリング則を一般化すると以下のようになる.

$$C_q^m(r) \propto r^{\nu_q(m)} \tag{4.2.13}$$

このとき, $\nu_q(m)$ を q 次の相関指数という [113, 109]. q 次の一般化次元と q 次の相関指数には,

$$D_q = \frac{1}{q-1} \nu_q(m) \tag{4.2.14}$$

という関係がある.

$q = 0$ のとき容量次元 (capacity dimension), $q = 1$ のとき情報次元 (information dimension), そして, $q = 2$ のときが相関次元となる.この意味において,式 (4.2.5) で定義される相関積分を 2 次の相関積分と呼ぶ.また,この一般化次元 D_q の大域的スペクトラム $f(\alpha)$ を用いて,マルチフラクタル構造を特徴づける

ことができる [109, 234, 151].

さて，実験データを解析の対象とした場合，真の相関次元は未知である．よって，再構成状態空間の次元 m を上げながら，相関指数 $\nu(m)$ を計算する．実際のアトラクタの次元よりも再構成状態空間の次元 m が小さければ，アトラクタは再構成状態空間をほぼ埋め尽くすと考えて良いから，$\nu(m)$ は m にほぼ等しくなる．m の増加に伴ない，$\nu(m)$ が飽和してゆき，漸近していく値 D_2 が相関次元 (correlation dimension) となる (図 4.9)[206].

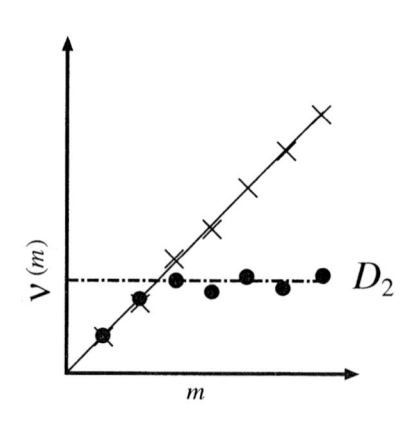

図 4.9: 相関指数 $\nu(m)$ の埋め込み次元 m に対する依存性．低次元カオスダイナミクス有するデータ (●) では，m を増加させていくと相関指数 $\nu(m)$ が，アトラクタの相関次元 D_2 に収束することが期待される．これに対し，ランダムなデータ (×) では，理論的には $\nu(m) = m$ となる．十分な数のデータがあるときは，$m > D_2$ で収束すると考えてよい [76,77].

ここで述べた相関積分は，フラクタル次元 (相関次元) 推定以外にも多様に拡張されているのがその特徴の一つである．例えば，第 2 章で述べたアトラクタの再構成において時間遅れ値を推定するための指標に用いたり [201, 182]，時系列信号が少数自由度非線形性に起因して複雑な振動を示すのか，それとも確率的な要素によるのかを判定するための指標として用いる [249] などである．

4.2.4 GP法の適用例

それでは，具体的な相関積分の計算結果についてみていこう．図 4.10 – 図 4.13 のいずれの場合にも，得られた相関積分 ($\log r$ 対 $\log C^m(r)$) の結果から，局所的な傾きを求め，$\log r$ 対 傾きのグラフをプロットしている．

(1) 図 4.10 は，ローレンツ方程式から得られるストレンジアトラクタに対して，相関積分を計算し，相関次元を推定した結果である．ローレンツ方程式の全変数がわかっている場合 (図 4.10(a)) と，第 1 変数 $x(t)$ を用いて m 次元再構成状態空間に変換した場合 (図 4.10(b)-(d)) に，各々相関積分法を適用した結果を示している．

図 4.10 (a) を見ると，ほぼ 2 次元程度に収束しているが，クリアーなスケーリング領域を見ることはできていない．図 4.10 (b)-(d) を見ると，m をあげるにつれて，2 次元を少し越える値へ徐々に収束していくことが読み取れる．また，(b) から (d) となるにつれて，計算に用いたデータ数が増加しているため平坦領域も増大する．いずれにしても，たかだか数千個程度のデータ数では，客観的に直線部分を決定することは非常に難しいことがわかるであろう．

(2) 図 4.11 は，エノン写像から得られるストレンジアトラクタ に対して，相関積分を計算し，相関次元を推定した結果である．エノン写像の全変数がわかっている場合 (図 4.11(a)) と，第 1 変数 $x(t)$ を用いて m 次元再構成状態空間に変換した場合 (図 4.11 (b)-(d)) に，各々相関積分法を適用した結果を示している．

図 4.10 で示したローレンツ方程式の場合よりも，全体的に収束の度合いが良いことが言えるだろう．エノン写像の場合，フラクタル次元は約 1.2 程度であるが，いずれの結果を見ても，ほぼ 1.2 次元程度に収束していることがわかる．また，1 変数のデータから求めた場合でも，比較的広いスケーリング領域が観測できている．特に，データ数を $N = 8192$ とした場合には，小さい値のスケーリング領域においても，安定した収束傾向を示している．

(3) 図 4.12 (a) は，第 2 章で再構成例として用いた NH_3 レーザの発振データに対する相関積分法の適用結果である．再構成状態空間の次元は，

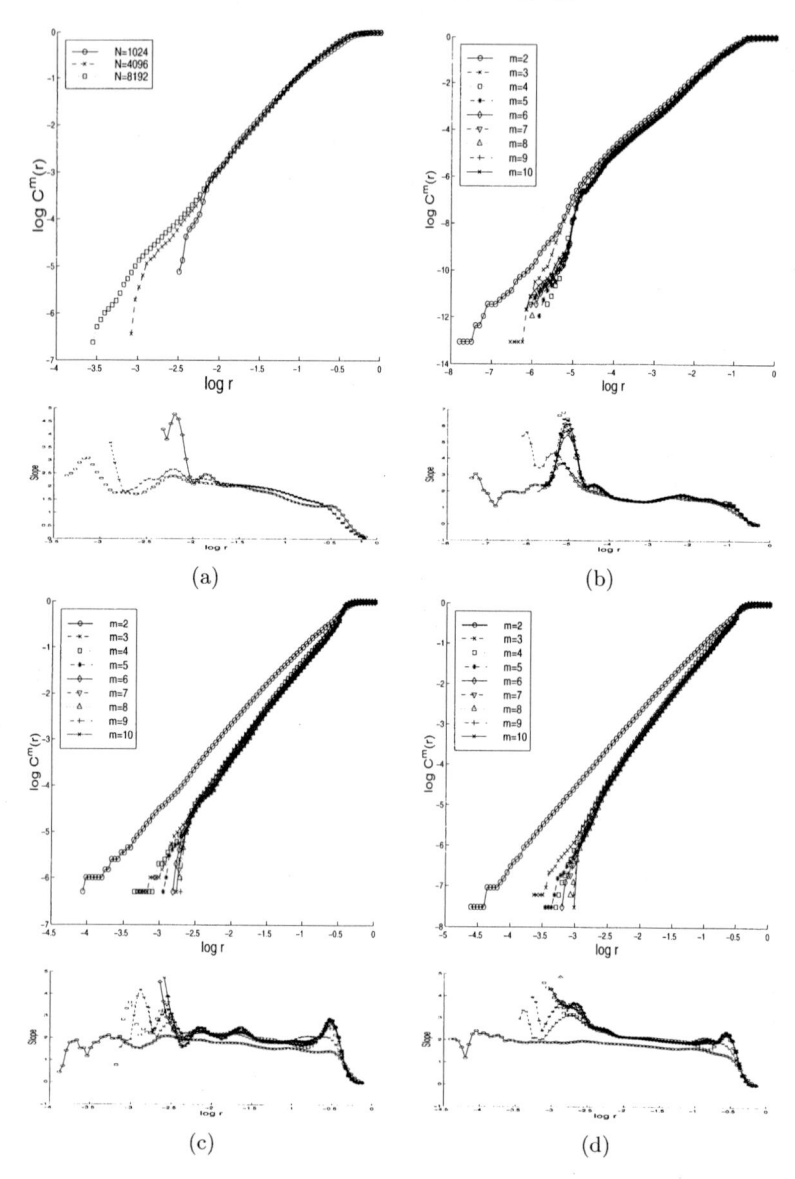

図 4.10: ローレンツ方程式に対する GP 法の適用結果. (a) は, 全変数がわかっている場合に (3次元状態空間で) 推定した結果. (b),(c),(d) は, 1変数 $x(t)$ のみがわかっているとした場合に, m 次元再構成状態空間に変換して, 相関積分を計算した結果. (b) $N = 1024$, (c) $N = 2048$, (d) $N = 8192$ の場合である.

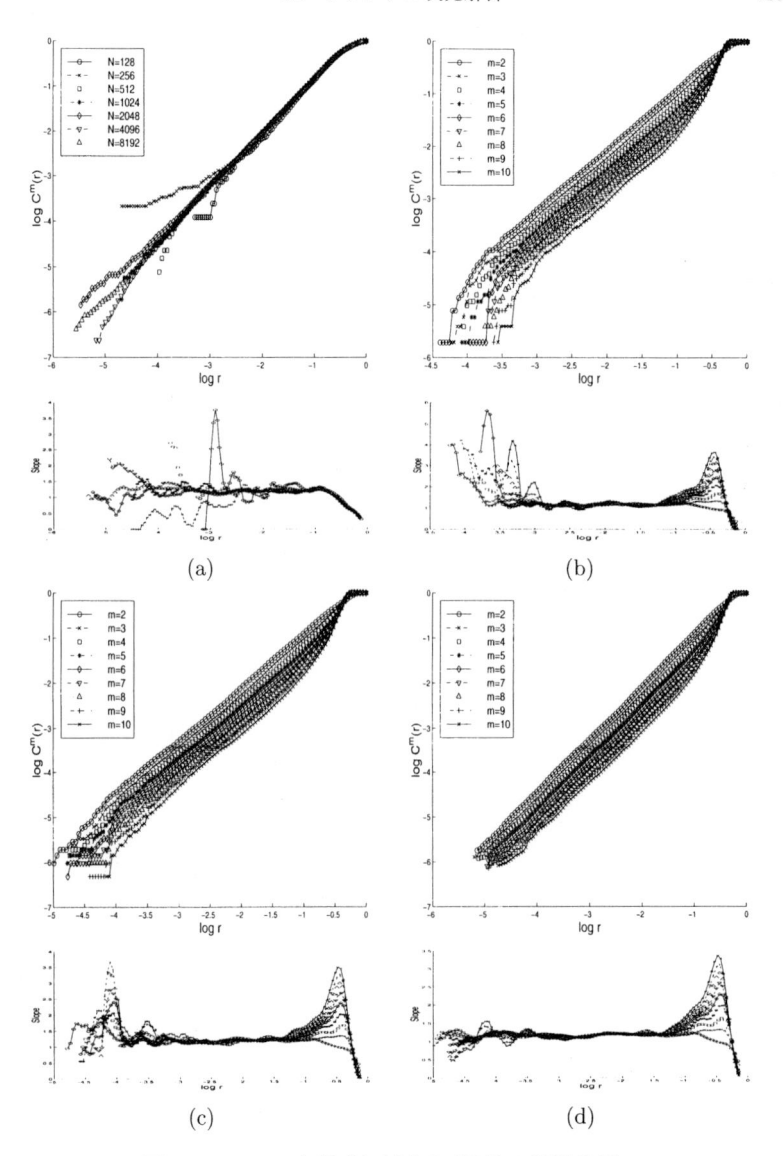

図 4.11: エノン方程式に対する GP 法の適用結果.
(a) は, 全変数がわかっている場合に (2 次元状態空間で) 推定した結果. (b),(c),(d) は, 1 変数 $x(t)$ のみがわかっているとした場合に, m 次元再構成状態空間に変換して, 相関積分を計算した結果. (b) $N = 1024$, (c) $N = 2048$, (d) $N = 8192$ の場合である.

$m = 2, \ldots, 10$, 時間遅れ値は, $\tau = 2$ としている. この図を見ると, 総データ数はたかだか 1000 点であるにも関わらず, 局所的な傾きの大きさが, $m \geq 3$ で約 2～2.2 程度に収束しており, 非常に性質の良いデータであることがわかる.

(4) 図 4.12 (b) は, 第 2 章で紹介した, 太陽黒点の年平均データに対する, 相関積分法の適用結果である. この図では, 再構成状態空間の次元を $m = 2$ から $m = 10$ とした場合であるが, 時間遅れ値の大きさは, 再構成状態空間の次元に応じて, $(m, \tau) =$(2,12), (3,6), (4,4), (5,3), (6,2), (7,2), (8,1), (9,1), (10,1) としている. これをみると, 相関積分は次元を大きくするにつれて $m = 10$ での傾向に収束するように見える. 相関積分の結果から求めた局所的な傾きの $\log r$ に対する変化においても, 同様な収束傾向をみることができる. しかし, スケーリングされていると明確に主張できるような平坦領域は見受けられず, この結果のみからは, 太陽黒点のデータの次元をはっきりとした値として求めるのは困難であることがわかる. 実際, 対象としたデータ数はたかだか $N = 287$ 点であり, このようなデータ数の少なさからもクリアーな結果を望むことは難しいことが理解できる.

(5) 図 4.12 (c) は, 第 2 章で紹介した, 日本語母音「あ」のデータに対する, 相関積分法の適用結果である. 既に, 第 2 章でも見たように, このデータは, シルニコフ型のカオスを連想させるアトラクタ構造を持っており, アトラクタの次元としては, 比較的低い値を取ることが推察できる.

さて, このデータ自体は非常に高いサンプリングレートで測定されているために, 実際には, 相関積分を適用する前に, 4分の1にレートを落とす前処理を適用した [143, 320]. こうしてサブサンプルされた総数 $N = 4096$ のデータに対して, 高次相関係数の収束状況を見ながら, 各状態次元において時間遅れ値を $(m, \tau) =$(2,16), (3,8), (4,5), (5,4), (6,3), (7,2), (8,2), (9,2), (10,1) により変化させ, 相関積分を計算している. 実際に, 図 4.12 (c) を見ると, 再構成状態空間の次元を大きくするにつれ, $-1.5 \leq \log r \leq -0.5$ の領域で約 2 次元程度の値に収束している. この結果は, 上で述べたような, アトラクタ構造の視覚による定性的解析とも一致する.

4.2 フラクタル次元解析

(a)

(b)

(c)

(d)

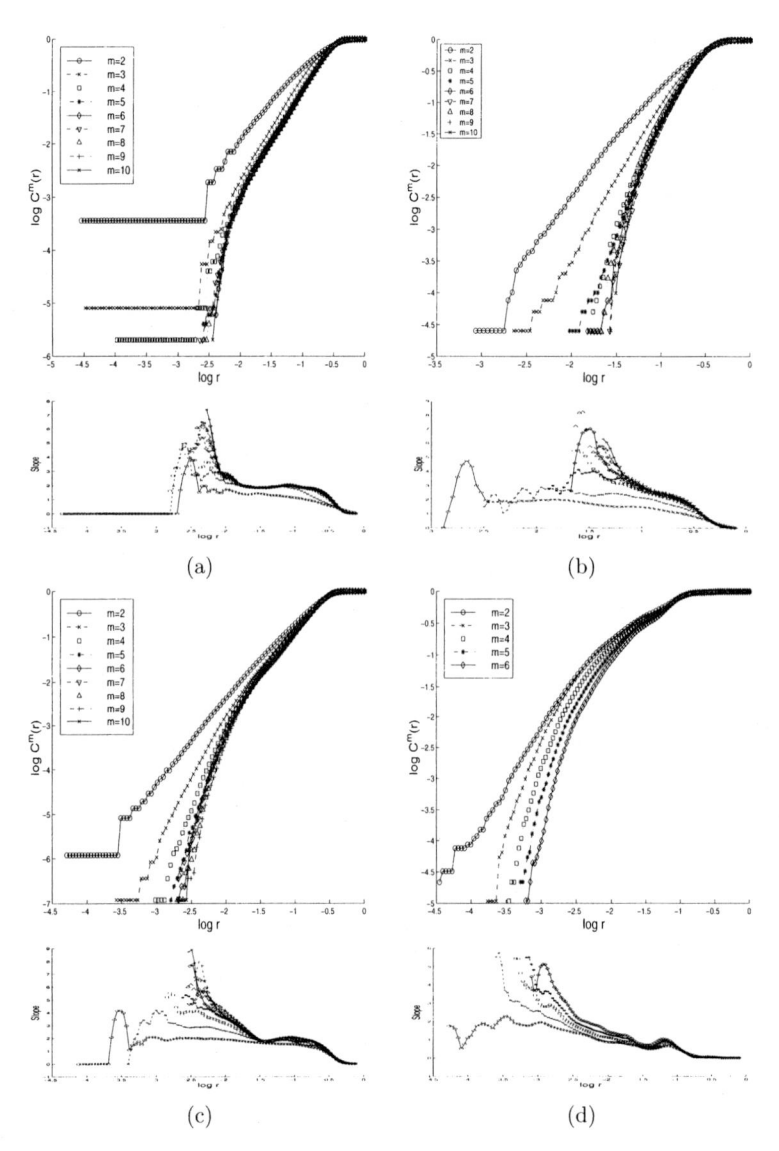

図 4.12: 実データに対する GP 法の適用結果.
(a) NH$_3$ レーザ発振のデータ A.dat, (b) 太陽黒点年平均データ, (c) 日本語母音「あ」のデータ, (d) ニューヨーク麻疹患者数の変動データ. データ数は, 各々, (a) $N = 1000$, (b)$N = 287$, (c)$N = 4096$, (d)$N = 432$.

142 第4章 カオス時系列解析の基礎理論

(6) 図 4.12 (d) は，ニューヨーク麻疹患者数の変動データを対象とした結果である．第 2 章でも述べたように，このデータは，文献 [312, 311] において，非線形予測法を用いた同定法により解析されている．その結果，麻疹患者数データはカオス的挙動を示すことが報告されている．さて，図 4.12 (d) を見ると，太陽黒点の場合と同様に，$m = 10$ での傾向に収束しては行くものの，明らかなスケーリング領域が存在しないことがわかる．このデータの場合もデータ総数が $N = 432$ と少なく，相関積分を計算して十分に信頼できるような次元値を推定することは難しい．このようなデータ数が少ない場合の解析のための一つの手法が，非線形予測を用いた同定法になる．これについては，第 5 章で詳しく説明している．

(7) 図 4.13 は，コバルト γ 線放射の時間間隔データに対する，相関積分法の適用結果である．このコバルトデータは，データ総数 $N = 21437$ として存在するが，相関積分を適用する上での必要なデータ数等を考察するために，(b) $N = 16384$，(c) $N = 2048$，(d) $N = 512$ のデータを各々切り出して，相関積分を適用した結果も合わせて示している．再構成状態空間の次元は，これまでと同様に，$m = 2$ から $m = 10$ としている．コバルトデータはランダムであり，空間を埋め尽くすと考えて良いので，再構成状態空間の次元を大きくするにつれて推定される次元値は，理論的に大きくなり，$D(m) \sim m$ になると考えて良い．しかし，実際にはデータ長が有限であるため，やや m を下回る値となってしまう．全データを用いた場合が，図 4.13 (a) である．これを見ると，m を大きくするにつれて，各 m において，$D(m) = m$ となることはわかる．しかし，$m = 10$ で $D(m) \sim 8$ をやや越える程度にしかなっておらず，また，低い $m (\sim 2$ 程度$)$ に比べて，状態空間の次元が上昇するにつれスケーリング領域も小さくなっていくことがわかる．図 4.13 (b),(c),(d) は各々，データ数を小さくした場合であるが，収束傾向がさらに悪化し，$N = 512$ では，$m = 10$ において，$D(m) = 7$ 程度までにしかなっていない．

これらの結果からもわかるように，相関積分を用いた次元推定では，非常に多くのデータを必要とすることに，注意すべきである．そこで，次節では，このような相関積分を用いた次元推定における問題点について

4.2 フラクタル次元解析

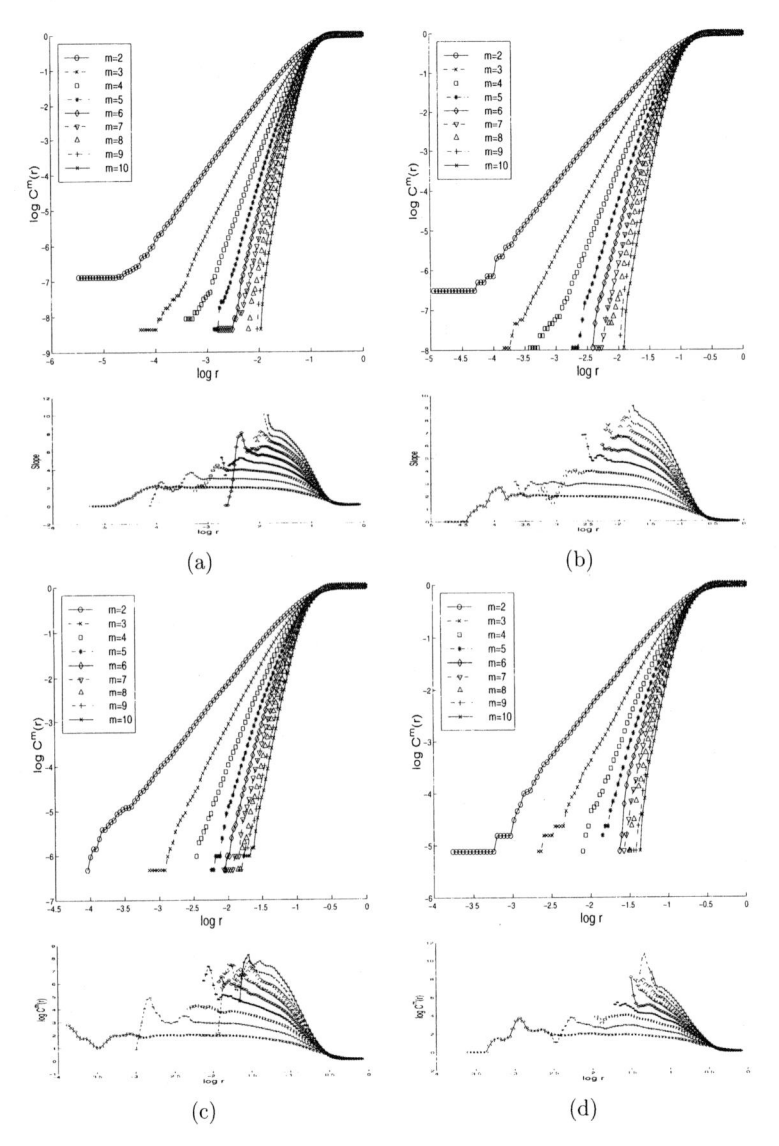

図 4.13: コバルトデータに対する GP 法適用結果.
コバルトデータを m 次元再構成状態空間に変換して, 相関積分を計算した結果. (a) $N = 21437$, (b) $N = 16384$, (c) $N = 2048$, (d) $N = 512$ とした場合.

考えていこう．

4.2.5 GP 法適用における注意点

GP 法は，従来用いられてきたボックスカウンティング法 [116] などに比べると，計算時間の短縮，良好な収束性などの長所を有するため，数多くの場面で実データの非線形性解析に用いられてきた．

相関積分は計算自体が単純で容易にもっともらしい次元を得ることができる．しかし，スケーリング領域，計算に必要な総データ数などの決定法について解決すべき問題点が数多く残されている．また，データ数の不足やデータ測定時の帯域制限に起因して，偽の相関次元が推定されるということも指摘されている [320, 231]．GP 手法があまりにも安易に適用されたため，数多くの偽の結果が山積するという側面も有するのである [265, 133]．ここでは，相関次元解析の問題点について考えよう．

相関積分はデータの総数 $N \to \infty$ の極限として定義してあるように，N は多ければ多いほどよい．もちろんこれは，アトラクタ全体を覆う必要があるからであり，例えば，サンプリングレートを上昇させるだけで，データ数を単に増加させても無意味である．更に，推定する次元の値が大きくなるに従って，N の値も大きくする必要があることにも注意しなければならない．このような信頼できる次元推定に必要なデータ数の基準について，D. Ruelle は次のように明快に指摘している．

まず，$\log r$ 対 $\log C^m(r)$ のグラフをプロットした時に，式 (4.2.10) のようにスケーリングされていると言えるためには，直線部分が十分広い領域で存在する必要がある (図 4.8)．今，このスケーリング領域が横軸の $\log r$ 軸において，少なくとも 1 ディケード以上は必要と考える．この条件から，アトラクタのデータ数 N と推定される相関次元 D_2 について，次式の関係が示される [275, 85]．

$$D_2 \leq 2\log_{10} N \qquad (4.2.15)$$

図 4.14 のように，スケーリングされていると見なし得る範囲を $r_1 \leq r \leq r_2$ とすると，直線部分の傾きは，

$$\frac{\log_{10} C^m(r_2) - \log_{10} C^m(r_1)}{\log_{10} r_2 - \log_{10} r_1} \qquad (4.2.16)$$

である. r_1, r_2 における相関積分の値は,

$$C^m(r_1) \geq \frac{1}{N^2} \qquad (4.2.17)$$

$$C^m(r_2) \leq \frac{N(N-1)}{N^2} < 1 \qquad (4.2.18)$$

したがって,

$$\log_{10} C^m(r_2) - \log_{10} C^m(r_1) \leq \log_{10} N^2 \qquad (4.2.19)$$

である. 直線部分は1ディケード以上であるから,

$$r_2 \geq 10 r_1 \qquad (4.2.20)$$

より,

$$\log_{10} r_2 - \log_{10} r_1 \geq \log_{10} 10 = 1 \qquad (4.2.21)$$

よって,

$$slope = \frac{\log_{10} C^m(r_2) - \log_{10} C^m(r_1)}{\log_{10} r_2 - \log_{10} r_1} \leq \frac{\log_{10} N^2}{1} = 2\log_{10} N \qquad (4.2.22)$$

となり, 式 (4.2.15) を得る. 逆に, 直線部分の傾きを算出して, 相関次元の値が D_c であると結論づけるためには, 少なく見積もっても,

$$N \geq 10^{\frac{D_c}{2}} \qquad (4.2.23)$$

のデータ数が必要であるということになる.

例えば, データ数が1000個の場合信頼できる相関次元の値は, 6以下でなければならない. また, 推定すべきアトラクタの相関次元が8程度であるとすれば, 少なくとも 10^4 個のデータ数が必要となる. D. Ruelle は, 相関次元の推定値が $2\log_{10} N$ よりも十分低くない限り信用すべきでないと指摘している [275, 85]. 実際, この条件すら満たしていない次元解析の結果も多い [133].

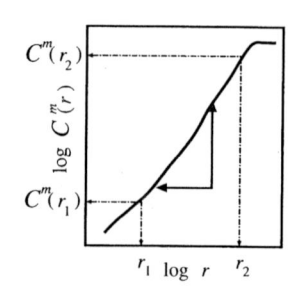

図 4.14: スケーリングされる時の条件.
大きい距離 r_2 でも, 小さい距離 r_1 でも同じスケーリング則が成り立たてば, $r_1 < r < r_2$ で次元推定する意味が存在する.

同様の議論を L. Smith も行なっている [301]. アトラクタの次元 k とデータ数 N について, 信頼すべきは $N = 42^k$ としている. $k = 3$ で $N = 74088$, $k = 5$ では $N \simeq 1.3 \times 10^8$ である. 但し, Smith の基準に関しては, GP 法の提案者の一人 P. Grassberger は悲観的過ぎるという意見を述べている [114]. また, J. Theiler はこの問題に関して, 許容誤差を ρ としたとき, 推定に必要なデータ数を $N = (4\rho)^{-k}$ としている [322].

ここで重要なことは, 直線部分の決定には注意深い, 即ち, 決して主観的ではない態度が必要ということである. この範囲の決定次第では, 推定する次元の値にかなりの差が生じる可能性があるためである. 主観的な評価を避けるためにも, $\log r$ 対 $\log C^m(r)$ の結果に対して, 例えば, 数値微分等によって, 局所的な傾きを求め収束程度を検討する手法を用いるのが良い. これにより, スケーリング領域の決定と相関指数 $\nu(m)$ の m の増加に伴う収束性を同時に検討すべきである.

ところで, 有限長の時系列信号を相手にする場合, サンプリングレートが高すぎるなどの理由により, サンプリングされた各点間の相関が高い時系列に対して相関積分を適用すると, 推定される次元値が低く見積もられる場合がある [320]. そのような場合, 式 (4.2.5) の代わりに,

4.2 フラクタル次元解析

$$C^m(r) = \lim_{N\to\infty} \frac{1}{N^2} \sum_{\substack{i,j=1 \\ |i-j|>w}}^{N} I(r - |\boldsymbol{v}(i) - \boldsymbol{v}(j)|) \qquad (4.2.24)$$

としても良い [321]．本来の相関積分の定義は，式 (4.2.5) にあるように，全ての i,j の組に関して，2 点間距離の累積頻度分布を求めるものであるが，式 (4.2.24) では，ある点 i を中心に考えるときは，その前後 w 時間分の点はカウント対象としないことにより，上記の問題に対応するものである．

4.2.6 その他の次元推定法

相関積分を用いた手法は，最も基本的なアプローチと言えるが，ここで，相関積分を用いた次元推定における問題をまとめてみよう [159]．

(1) 式 (4.2.5) の 2 点間距離は，全部で $_N C_2$ 個の組合せがあるが，これらの距離は互いに独立とはならない．というのも，任意の 2 点間距離は単に，ある第 3 番目の点からの二つの距離の和にすぎないからである．．

(2) 相関積分は，2 点間距離に対する累積和をとったものであり，統計的に相関を含む情報である．実際，r が大きくなると，2 点間距離は相関の高いものとなる．

(3) 直線部分の傾き (スケーリング領域) はアトラクタの次元ではなく，アトラクタを大きなスケールで観測した時の情報を表している．更に，スケーリング領域の決定が主観的になりがちな上，この決定の仕方次第では，推定値に大きな差が出てしまう．実際，多くの相関次元解析の報告は両対数プロットに勝手に直線を引いてしまっている．

(4) 直線の当てはめに関する誤差評価は計算できるが，相関次元を推定すること自体に関しては誤差の評価ができない．

このような GP 法による次元解析の問題点を解決するために，いくつかの改良手法が提案されている [81, 198, 289]．相関積分からの相関次元を推定法として，F. Takens [317]，R. L. Smith [304, 305]，J. Theiler [329] など推定手法がある．

これらの中でも，Judd により提案された手法 (以下，J 法) [159, 160, 161] は，Takens, Smith らの推定法を一般化した手法で，測定されたデータ数が少

ない場合でも，有効に次元を推定できるなどの長所を有している．

J法は，2点間距離の分布を対象とし，最尤推定を用いることで，上記の欠点((2)–(4))を克服した次元解析手法である [159, 160, 161]．この手法は，比較的少ないデータ数でも相関次元の推定ができる点及び推定値の誤差評価が可能であるという点で優れている．文献 [102] では，従来法としての GP 法と J 法に関する議論がなされている．

但し，上記の問題点 (1) は，相関積分に限らず，2点間の相互距離を計算する場合にはつきものである．つまり，2点間距離の真の分布とは異なる分布を推定してしまうのであるが，J法では，これをシステマティックに補正を施すことにより解決している．

それでは，J法の具体的なアルゴリズムについて説明しよう．J法では，まず始めに，アトラクタの構造についてある仮定を導入する．それは，アトラクタの構造は，自己相似構造をもつフラクタル集合と滑らかな多様体の直積であるとする [159, 160, 161]．このような仮定は正しいのであろうか．実は，多くのカオス力学系のストレンジアトラクタに対して，この仮定は成立すると考えて良い．図 4.15 に示すように，ストレンジアトラクタは，ある方向には多様体で，これと直交する方向に関しては，カントール構造のようなフラクタル構造を有するのである．

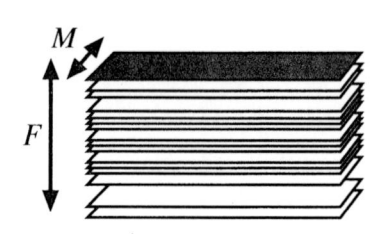

図 4.15: 一般的なストレンジアトラクタの構造の一例．
カントール構造(フラクタル構造) を持つ集合 (図では F) と多様体 (図では M) との直積になる．パイを焼いたときに，表面のややざらざらした面が多様体，縦に切ったときに見える中の構造がカントール集合となるとイメージすれば良い．

アトラクタがこのような構造を有する時，アトラクタ上の2点間距離の頻度分布は，以下の形で表されることが証明されている [159, 160, 161]．

4.2 フラクタル次元解析

$$P(r) \approx r^{d_S+d_t}(a_0 + a_1 r + \cdots + a_t r^{d_t}) \quad \text{for} \quad r < r_0, \tag{4.2.25}$$

以下では，$r_0(>0)$ をカットオフ値と呼ぶ．また，d_S と d_t は，各々，自己相似集合 F の相関次元，多様体 M の位相次元である．従って，アトラクタの相関次元 D_2 は，d_S と d_t の和である．

上のようなアトラクタの構造に対する仮定と 2 点間距離の頻度分布の形から，実際に相関次元は，以下のように計算する．まず，アトラクタ上の 2 点間の距離を計算し，その頻度分布を求める．ここで，第 i 番目の箱を $B_i = [r_{i+1}, r_i), i > 0$ とする．但し，$r_i = \lambda^i r_0, \lambda < 1$ であり，B_i に入る点の数を b_i とする．式(4.2.25) より，B_i に入る 2 点間距離は，

$$\begin{aligned} p(b_i) &= P(r_i) - P(r_{i+1}) \\ &= r_i^d(a_0 + a_1 r_i + \cdots + a_t r_i^t) \\ &\quad - r_{i+1}^d(a_0 + a_1 r_{i+1} + \cdots + a_t r_{i+1}^t), \end{aligned} \tag{4.2.26}$$

となるので，

$$p_i = p(b_i) = r_i^d(q_0 + q_1 r_i + \cdots + q_t r_i^t) \tag{4.2.27}$$

となる．但し，

$$q_i = (1 - \lambda^{d+i})a_i \tag{4.2.28}$$

である．

ここで，b_i は，p_i で与えられる多項分布をするので，d_S, d_t 及び q_i を決定するために，最尤推定により求める．即ち，

$$L(\alpha, t, q_i) = \sum_{i=1}^{\infty} b_i \log p_i, \tag{4.2.29}$$

但し，

$$\sum_{i=1}^{\infty} p_i = 1 \tag{4.2.30}$$

である．

アトラクタのスケーリングも同時に検討することが望ましいのは，GP 法と同様である．従って，カットオフ値 r_0 を b_i が最大となる値から，徐々に小さ

い値にまで変化させることにより，次元値を推定する．こうして，相関次元値は，r_0 を変化させることにより推定される．

この手法は，比較的少ないデータ数でも相関次元の推定ができる，推定値の誤差評価が可能であるという点で，非常に優れている．実データを解析対象とする場合，数万個のデータを測定して次元解析を行なうこと自体かなり無理がある．たとえば，定常性などの面で制約を受けてしまうからである．このように，比較的短い時系列データに対しても相関次元の推定ができるということは重要である．

4.2.7 J 法の計算例

それでは，J 法を用いた場合の相関次元の計算結果についてみていこう．図 4.16 – 図 4.19 内の各グラフでは，最上段に，式 (4.2.27) に基づく 2 点間距離の頻度分布を，中下段は，式 (4.2.29) を用いたフィッティングによる次元推定結果を示している．多項式の次数 t を 1 次とした結果が中段，2 次とした結果が下段に表示されている．

(1) 図 4.16 は，ローレンツ方程式の全変数が分かっている場合と，第 1 変数 $x(t)$ のみが得られている場合について，状態空間内でのアトラクタに J 法を適用した結果である．

これらの結果を，既に得られた GP 法の結果と比較してみると，全般的に，次元値が約 2 次元をやや上回った値で収束しており，ローレンツアトラクタの次元を正しく推定できていることがわかる．特に，図 4.16 (a) では安定した収束結果が得られている．

(2) 図 4.17 は，エノン写像の全変数および第 1 変数 $x(t)$ を用いた場合の，J 法の適用結果である．上のローレンツ方程式の場合と同様に，次元値が本来のエノン写像 (パラメータは，$a = 1.4, b = 0.3$) の次元である 1.2 に収束していることが観察できる．

(3) 図 4.18 (a) は，第 2 章で紹介した，NH_3 レーザの発振強度データに対する，J 法の適用結果である．再構成状態空間の次元を $m = 2 \sim 10$ としている．既にアトラクタの形状などを観察したことでわかっているが，このデータは約 2 次元をやや上回る値次元値を持つ構造が推察できる．

4.2 フラクタル次元解析

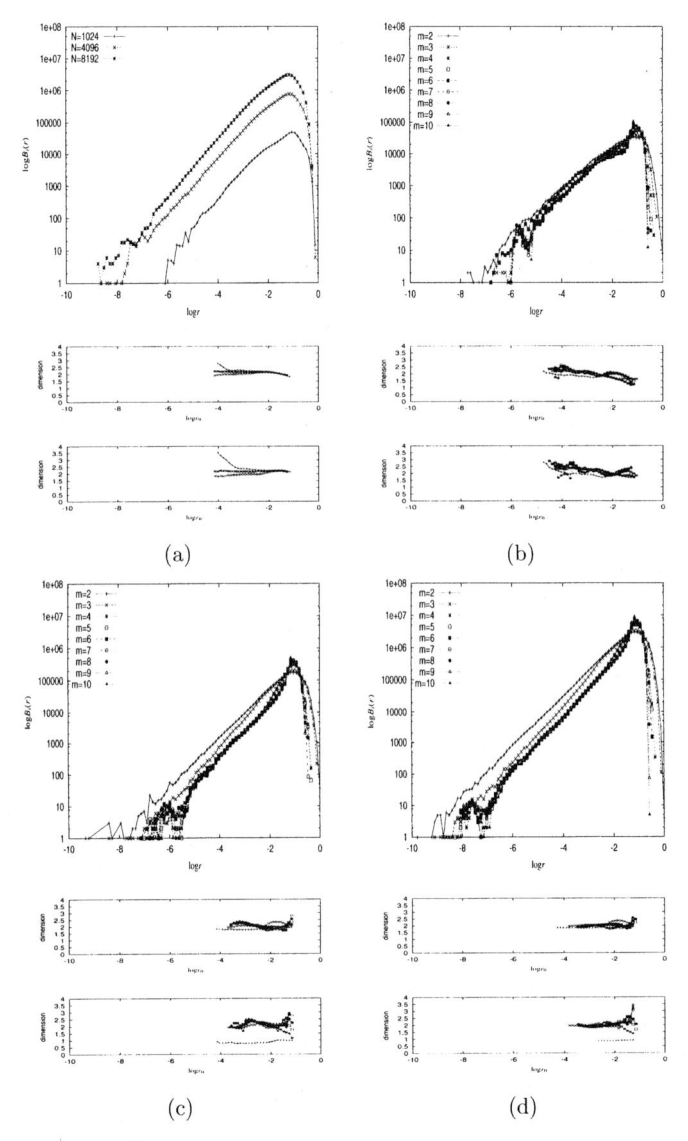

(a) (b)

(c) (d)

図 4.16: ローレンツ方程式に対する J 法の適用結果. (a) は, 全変数がわかっている場合に (3次元状態空間で) 推定した結果. (b),(c),(d) は, 1 変数 $x(t)$ のみがわかっているとした場合に, m 次元再構成状態空間に変換して, 相関積分を計算した結果. (b) $N = 1024$, (c) $N = 2048$, (d) $N = 8192$ の場合である.

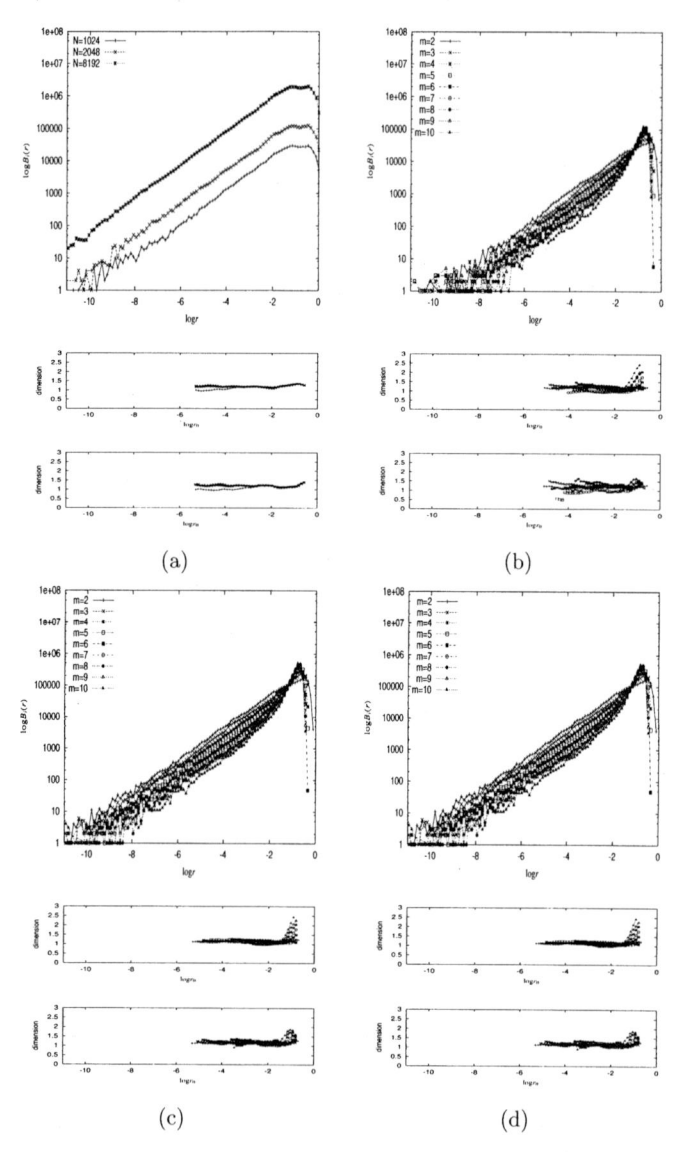

図 4.17: エノン方程式に対する J 法の適用結果.
(a) は, 全変数がわかっている場合に (2次元状態空間で) 推定した結果. (b),(c),(d) は, 1変数 $x(t)$ のみがわかっているとした場合に, m 次元再構成状態空間に変換して, 相関積分を計算した結果. (b) $N = 1024$, (c) $N = 2048$, (d) $N = 8192$ の場合である.

4.2 フラクタル次元解析　　153

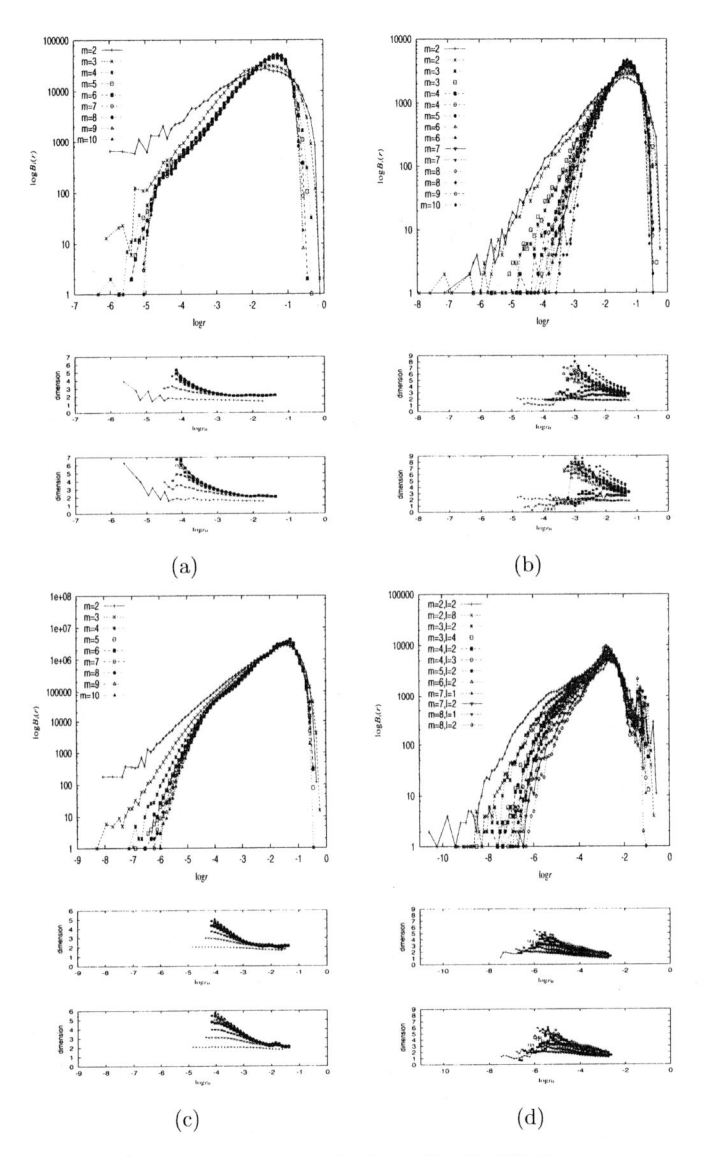

図 4.18: 実データに対する J 法の適用結果.
(a) NH_3 レーザ発振のデータ A.dat, (b) 太陽黒点年平均データ, (c) 日本語母音「あ」のデータ, (d) ニューヨーク麻疹患者数の変動データ. データ数は, 各々, (a) $N = 1000$, (b)$N = 287$, (c)$N = 4096$, (d)$N = 432$.

実際，図 4.18 (a) を見ると，$m = 2$ の場合には，推定される次元値が，どのようなスケーリング値においても 2 次元であるのに対し，$m \geq 3$ では，約 2.2 次元程度に収束していることがわかる．

(4) 図 4.18 (b) は，太陽黒点の年平均データに対して J 法を適用した結果である．図 4.12 (b) と同様に，この結果からは，明確な収束を観察することはできない．既に述べたように，太陽黒点データの場合，特にデータ数が 300 点弱しか存在しないので，このようなデータ数の少なさが，推定精度に大きな影響を与えていることになる．

(5) 図 4.18 (c) は，日本語母音「あ」のデータに対する，J 法の適用結果である [143]．この結果をみると，スケーリングが中程度の領域 ($-3 < \log r_0 < -1$) で，2.1–2.3 次元程度に収束していることがわかる．しかしながら，カットオフ値 r_0 を小さくすると，ノイズの影響により次元推定値は上昇することがわかる．

(6) 図 4.18 (d) は，ニューヨーク麻疹患者数の変動データに対する J 法の適用結果である．第 5 章でも述べるように，このデータはカオス的挙動を示すものであるという結果が既に報告されている [312, 311]．

さて，図 4.18 (d) を見ると，いずれの場合も，$-4 < \log r_0 < -2$ において，次元推定値は 1–3 次元に収まっている．しかしながら，図 4.18 (a),(c) での場合とは異なり，明確な平坦領域を観察することはできない．この結果からは，このアトラクタのフラクタル構造の存在を示唆することは難しいことがわかる．

(7) 図 4.19 は，コバルト γ 線放射の時間間隔データに対する，J 法を適用した結果である．既に述べているように，コバルトデータは，ランダムであるため，理論的には，$D \sim m$ となると考えて良い．図 4.13 と同様に，データ数の変化に対する推定結果の傾向を見るために，(a) $N = 21437$，(b) $N = 16384$，(c) $N = 8192$，(d) $N = 512$ とした場合の結果を示している．また，図 4.19 (a) では，$N = 21437$ のデータがあるので，$m = 2, \ldots, 20$ とした結果を示した．

さて，図 4.19 を見ると，データ数に因らず，m の上昇に伴って，推定次元値が上昇することがわかる．しかしながら，必ずしも $D \sim m$ とは

4.2 フラクタル次元解析

(a)

(b)

(c)

(d)

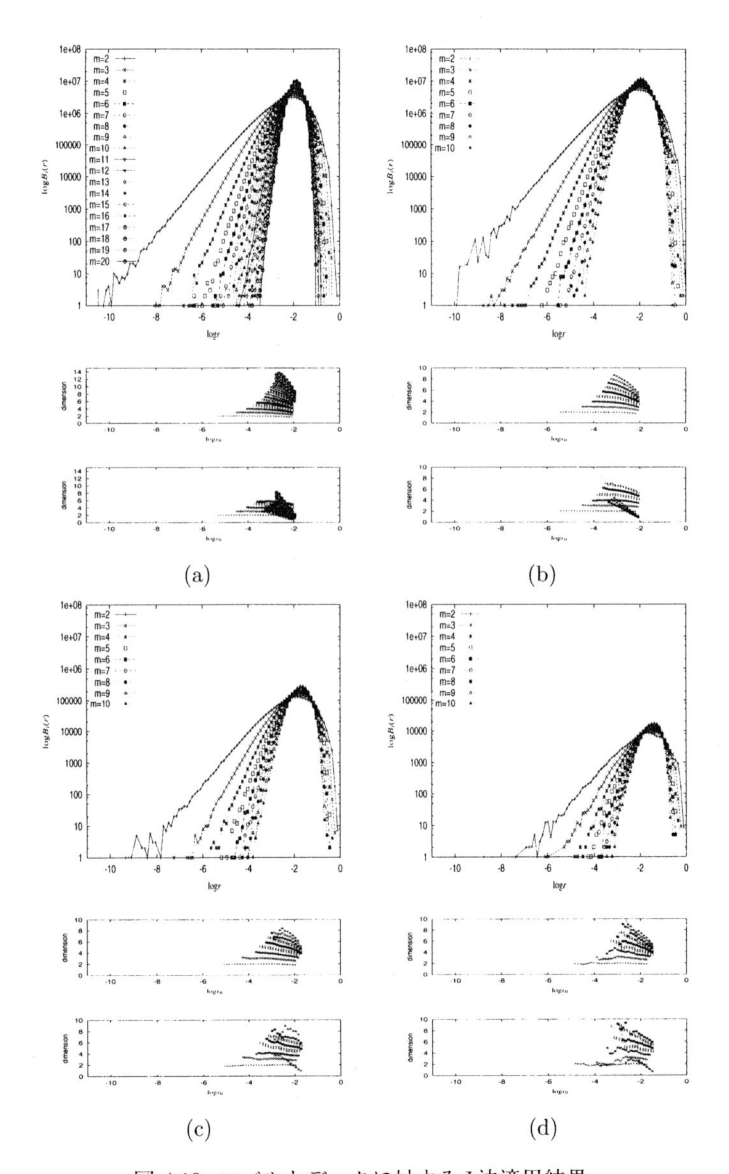

図 4.19: コバルトデータに対する J 法適用結果.
コバルトデータを m 次元再構成状態空間に変換して，相関積分を計算した結果．(a) $N = 21437$, (b) $N = 16384$, (c) $N = 2048$, (d) $N = 512$ とした場合．

ならず，この関係をやや下回る値が次元値として推定されている．この傾向は，N が小さくなるにつれて強くなっていることもわかる．この結果からもわかるように，フラクタル次元を推定するためには，非常に多くのデータ数を必要とするのである．

4.3 リアプノフスペクトラム解析

相関積分の安易な適用によって，偽の相関次元が推定される可能性もあることがわかった．既に述べたように，カオスの特徴には，軌道不安定性，長期予測不能性，自己相似性がある．これらの特徴は，各々，リアプノフスペクトラム，KSエントロピ，フラクタル次元で評価することができる．

これらの特徴量の中でも，リアプノフスペクトラムとフラクタル次元は，カオスの持つ異なる特徴を，各々力学的及び幾何学的に定量化する量であり，これらの特徴は互いに独立したものである．既に述べたように，幾何学的には自己相似構造を持ちながらも，最大リアプノフ指数が正とならない，"strange non-chaotic attractor" や "Feigenbaum attractor" も存在する．一方，Arnold's cap map の解は，2次元トーラスを埋めつくし，幾何学的には "non-strange" であるが最大リアプノフ指数は正となる．

相関次元解析のみによる議論には限界が存在するということを考えると，カオスダイナミクスに起因して複雑な挙動が生じていると考えられる実データを解析する際には，幾何学的な次元解析による評価のみでなく，力学的なリアプノフスペクトラムを推定する等，様々な側面から十分な解析を行い，議論することが必要であることをこれらの例は示している．

ここでは，実験・測定などにより得られた時系列データに対して，カオス力学系の軌道不安定性を評価するリアプノフスペクトラムを推定する手法について述べる．

4.3.1 カオス力学系の軌道不安定性

カオス力学系の特徴の一つに，初期値に対する鋭敏な依存性 (sensitive dependence on initial conditions) がある．これは，ある力学系に，ある初期値を与えた時，その初期値にわずかな誤差を含む第2の初期値を与えると，これらの2通

りの初期値に対する解の挙動が，全く異なるものとなるというものである．具体的な例を示そう．

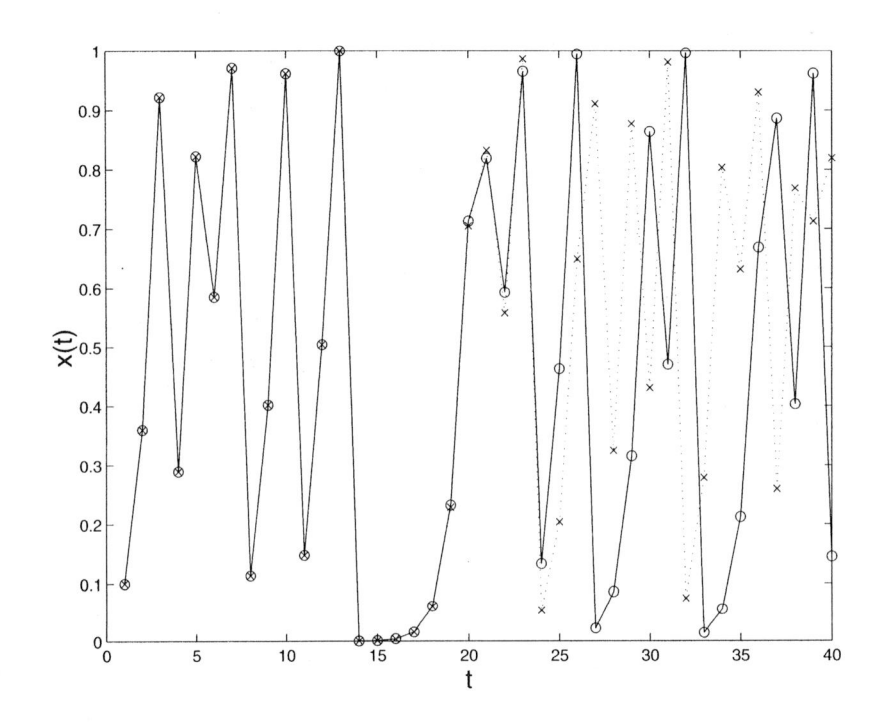

図 4.20: ロジスティック写像に異なる初期値を与えた場合の時系列の変化.
ロジスティック写像$(a = 4)$ は，1 回写像することで，1 ビットの情報が失われる
(p.161 参照). 初期変位として与えた誤差 (10^{-8}) の情報量は，$\log_2(10^8) \sim 27$
[bits] なので，25-30 回の写像後に差が出現することがわかる.

図 4.20 は，ロジスティック写像に初期値として，$x(0) = 0.1$ と $x'(0) = x(0)+\epsilon = 0.1 + 10^{-8}$ を与えた各場合の，時間変化の様子を示している．この図からわかるように，約 25 ステップ付近からその差が徐々に見え始め，それより後では，決定論的な法則にしたがって運動しているにも関わらず，全く異なる挙動を示している．このような性質を軌道不安定性 (orbital instability) と呼ぶ．

一般的には，図 4.21 のように，軌道不安定性はリアプノフ指数 (Lyapunov exponents) λ により定量化することができる．ある時刻において，その差が ϵ_0

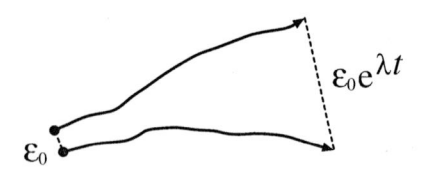

図 4.21: 軌道不安定性とリアプノフ指数 λ の関係.

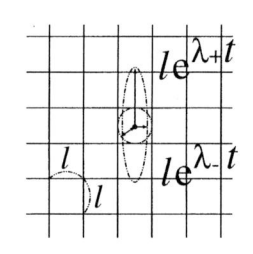

図 4.22: リアプノフ指数と予測可能性の関係.

であったとき，時刻 t 後には，その差は，$\epsilon_0 e^{\lambda t}$ に伸びる．この伸びを測るのがリアプノフ指数 λ である．仮に $\lambda < 0$ であれば，伸びではなく縮みになり，この場合の応答は軌道不安定ではないことになる．一般的には，k 次元のカオス力学系には，伸びる方向 (不安定多様体) と縮む方向 (安定多様体) があるが，正のリアプノフ指数は不安定多様体に，負のリアプノフ指数は安定多様体に対応する．

このように，リアプノフ指数は，カオスの特徴の一つである軌道不安定性を定量化するための指標であるが，このリアプノフ指数を用いると，予測の限界を定量的に表すこともできる．

例えば，状態空間を一辺が l のセルに分割したとし，そのセル 1 個分に相当する点の分布を初期値としてある力学系に与えたとしよう．上で述べたように，カオス力学系には，伸びる方向と縮む方向があるので，それらを各々正のリアプノフ指数 λ_+ と負のリアプノフ指数 λ_- で表すことにする．また，アトラクタのサイズを L としよう．

任意の時刻に与えられた初期値の差は，この場合セルのサイズと考えて良い

ので，この l がどのように伸びていくかを考えれば良い．仮に，力学系を用いて時間発展を続け，時刻 T_C 後にアトラクタの大きさと同じサイズにまで，この初期変位が伸びていったとすると，

$$le^{\lambda_+ T_C} = L \qquad (4.3.1)$$

となる．

このように，カオス力学系であれば軌道不安定性を有するので，初期変位がアトラクタサイズにまで拡大されると，あとは，アトラクタ上のどこに存在するかということをアトラクタの不変密度等を用いて統計的に記述できるだけである．そこで，このアトラクタのサイズにまで伸びる時間 T_C を予測臨界時間と考えて良いだろう．つまり，以下のようになる．

$$T_C = \frac{1}{\lambda_+} \log\left(\frac{L}{l}\right) \qquad (4.3.2)$$

このように，予測臨界時間は，力学系のリアプノフ指数との関係から求められる．式 (4.3.2) を見ればわかるように，λ_+ が大きければ，即ち軌道不安定性が大きければ予測可能な時間は短くなる．逆に，λ_+ が小さくなれば，予測可能な時間が長くなる．また，この例では，伸びる方向が 1 方向だけの場合を考えたが，一般に m 個の方向に不安定な場合，すなわち $\lambda_m > 0 (m > 1)$ なる場合は，これらの正のリアプノフ指数の和 $\lambda_1 + \lambda_2 + \cdots + \lambda_m$ を考えれば良い．

4.3.2　1 次元力学系のリアプノフ指数

さて，この初期値に対する鋭敏な依存性をどのように定量化すれば良いのだろうか．簡単に考えるため，ここでは，まず，次のような 1 次元写像を考える．

$$x(t+1) = f(x(t)) \qquad (4.3.3)$$

この f の関数形を横軸に $x(t)$，縦軸に $x(t+1)$ をとって表そう．例えば，図 4.23 のようになったとする．

このとき，この 1 次元力学系 $x(t+1) = f(x(t))$ に対して，2 種類の初期変位として，$\Delta x_1(0)$ と $\Delta x_2(0)$ を与えた場合を考える．$\Delta x_1(0)$ は，1 ステップ後に

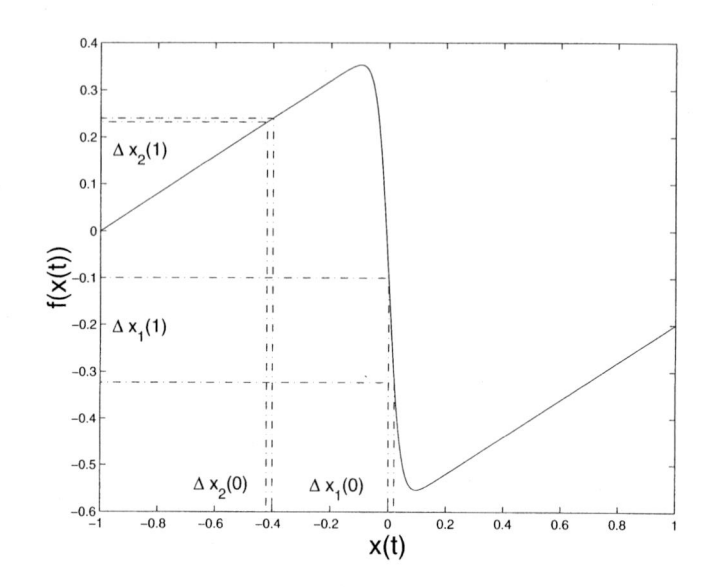

図 4.23: 1次元力学系の写像関数の例.

初期変位として，$\Delta x_1(0)$ が与えられると伸ばされ，$\Delta x_2(0)$ が与えられると縮む．なお，この図での写像 f の関数形は，第 2 章の再構成例で示した，カオスニューロン (式 (2.3.9)) を例として用いた．

$\Delta x_1(1) = f(\Delta x_1(0))$ となるが，図 4.23 を見ると，

$$\Delta x_1(1) = f(\Delta x_1(0)) > \Delta x_1(0)$$

である．つまり，初期変位 $\Delta x_1(0)$ は 1 回写像 f を施すことで伸ばされたことになる．一方，$\Delta x_2(0)$ は，1 ステップ後に $\Delta x_2(1) = f(\Delta x_2(0))$ となるが，

$$\Delta x_2(1) = f(\Delta x_2(0)) < \Delta x_2(0)$$

となる．初期変位 $\Delta x_2(0)$ は 1 回の写像で縮んだことになる．

このような伸びるか縮むかの差は，写像関数 f の各位置における写像の傾き (微分係数値) により決まることがわかるだろうか．図 4.23 を見ると明らかなように，写像関数の傾きが 1 より大きいかどうかで伸びるか縮むかが決定される．すなわち，$|f'(x(t))| > 1$ であれば，微小変位は伸ばされ，$|f'(x(t))| < 1$ であれ

ば，微小変位は縮められる．次々と写像されていくことで作り出される $x(t)$ の値に応じて，微小変位は伸びることもあれば，縮むこともある．従って，ある写像が，微小変位を伸ばすのかあるいは縮めるのかを，大域的に測るためには，各時刻における伸びの大きさに対応する

$$|f'(x(t))|$$

の N 回積の N 乗根

$$\prod_{i}^{N} |f'(x(t))|^{1/N} \tag{4.3.4}$$

が 1 より大きいかどうかを求めれば良いことになる．式 (4.3.4) の対数をとれば，その正負により軌道不安定性を議論できることになる．そこで，式 (4.3.4) の対数をとり，1 次元力学系のリアプノフ指数を定義する．

定義 4.3.1（1 次元離散力学系のリアプノフ指数）

$$\lambda = \lim_{N \to \infty} \frac{1}{N} \sum_{t=1}^{N} \log |f'(x(t))| \tag{4.3.5}$$

式 (4.3.5) でリアプノフ指数を定義したときに，$\lambda > 0$ であれば，カオス応答を示していたことになる．また，式 (4.3.5) では，対数の底を 2 とした場合には，リアプノフ指数の単位はビットになることにも注意しよう．

さて，この定義に従って，1 次元離散力学系のリアプノフ指数を計算してみよう．例えば，式 (2.3.4)，式 (2.3.5) のテント写像，ベルヌーイシフト写像であるが，これらの写像の傾きは常に 2 である．即ち，これらの写像のリアプノフ指数は log 2，即ち 1 ビットとなる．これらの写像においては，写像が施される度に，初期値として与えた情報が，ビット空間を 1 ビットシフトすることで失われていく．この失われる情報の大きさがリアプノフ指数に対応している．

次に，ロジスティック写像のリアプノフ指数をコンピュータシミュレーションにより数値計算した結果を図 4.24 に示そう．図 4.24 では，式 (2.3.1) のパラメータ a を変化させたときの状態値 $x(t)$ とリアプノフ指数の変化を示している．このようなパラメータの変化に対する状態値の変化を表わす図を分岐図 (bifurcation diagram) と呼ぶ．これを見るとわかるように，カオス応答を示す

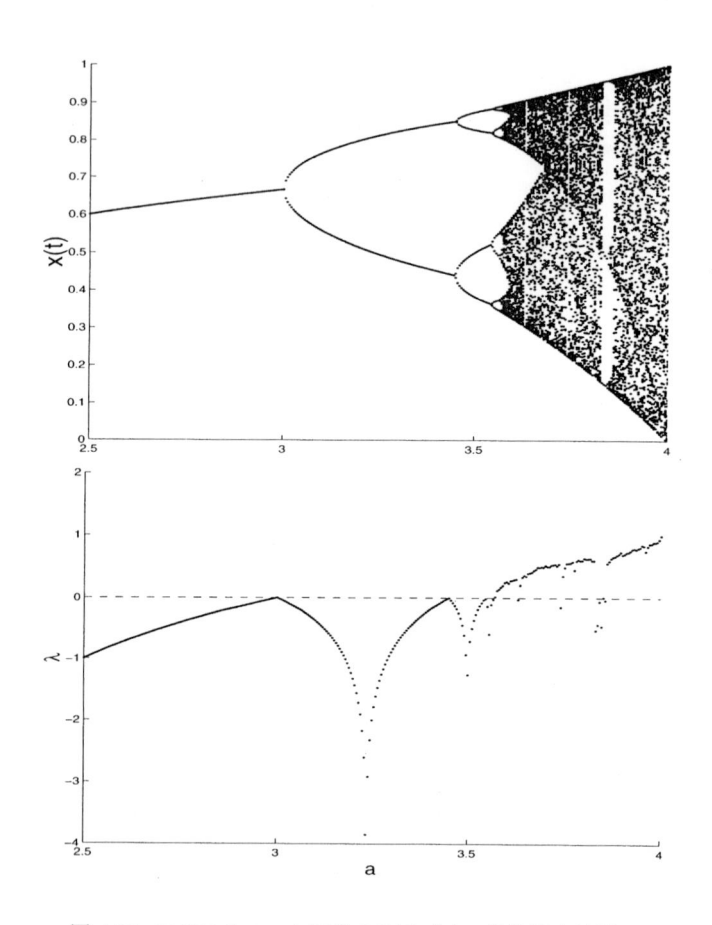

図 4.24: ロジスティック写像のリアプノフ指数推定結果.
パラメータ a を変化させた場合のリアプノフ指数の変化の様子. 上の図は, パラメータ a を変化させたときの分岐図である. 各 a の値に対して, 初期値からの過渡部分を除いた $t = 1, \ldots, 500$ の 500 点分の $x(t)$ をプロットしている. 例えば, $a < 3$ では, 1 本の曲線しか存在しないが, これは, この領域の a では, 応答が固定点 (1 点) となることを表わす. $a = 3$ を越えると二本の曲線が観測されるが, この領域の a では, 応答が周期応答 (2 周期) となることを表わす. 黒い点の分布が濃くなっている領域がカオス応答に対応する. 一方, 下の図はパラメータ a の変化に対応したリアプノフ指数 λ を示している. $\lambda > 0$ となる領域がカオス応答に対応する.

パラメータ値では $\lambda > 0$ となっている. 分岐図中において, 状態値で黒く塗り潰されたパラメータ値である.

また, リアプノフ指数は, $a = 4$ において 1 ビットとなっている. $a = 4$ としたときのロジスティック写像は, 式 (2.3.3) によりテント写像などに変換できることを思いだそう. このような数値実験からも, リアプノフ指数と情報量の関係を理解することができるであろう.

4.3.3 多次元力学系のリアプノフ指数——リアプノフスペクトラム——

前節では, 1 次元の力学系を考えたが, ここでは, 多次元力学系について考えていこう. 一般的なカオスを生み出す力学系では, 初期変位が伸ばされる方向 (不安定多様体) と縮められる方向 (安定多様体) が存在する. たとえば, 3 次元力学系に初期値として微小球を与えたとする (図 4.25) と, 最初は球であったものが, 1 回写像されることによって, 例えば, 縦方向には引き延ばされ, 横方向には押し潰される結果, 楕円体となる. このとき, 各方向に対する指数的拡大 (縮小) 率, $\lambda_1, \lambda_2, \lambda_3$ を考えることができる. このときの各方向の伸び (縮み) 率 $\lambda_1, \lambda_2, \lambda_3$ をリアプノフ指数, これらの組 $\{\lambda_1, \lambda_2, \lambda_3\}$ をリアプノフスペクトラム (Lyapunov spectrum) と呼ぶ.

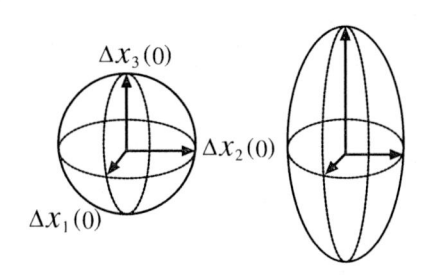

図 4.25: 3 次元力学系に与えた初期微小球の発展.

それでは, 多次元系においてリアプノフスペクトラムを求めるためのアルゴリズムについて考えていこう. 一般化するために, k 次元の離散力学系

$$\boldsymbol{x}(t+1) = \boldsymbol{f}(\boldsymbol{x}(t)) \quad (4.3.6)$$

を再び考える．但し，$x(t)$ は，$\mathbf{R}^k$ での離散時間 t における状態，f は k 次元非線形写像である．ここでは，表記を簡単にするためにパラメータベクトル μ は省略した．

まず，$x(t)$ における微小変位を $\Delta x(t)$ とすると，

$$x(t+1) + \Delta x(t+1) = f(x(t) + \Delta x(t)) \tag{4.3.7}$$

となる．テーラ展開して線形近似することにより，$x(t)$ における微小変位 $\Delta x(t)$ に関する写像を得る．

$$\Delta x(t+1) = J_t \Delta x(t) \tag{4.3.8}$$

ここで，J_t は，点 $x(t)$ における f のヤコビ行列である．f の第 i 成分を f_i，$x(t)$ の第 j 成分を x_j とすれば，ヤコビ行列は，

$$J_t = \begin{bmatrix} \dfrac{\partial f_1}{\partial x_1} & \dfrac{\partial f_1}{\partial x_2} & \cdots & \dfrac{\partial f_1}{\partial x_k} \\ \dfrac{\partial f_2}{\partial x_1} & \vdots & \ddots & \vdots \\ \vdots & \vdots & \ddots & \vdots \\ \dfrac{\partial f_k}{\partial x_1} & \dfrac{\partial f_k}{\partial x_2} & \cdots & \dfrac{\partial f_k}{\partial x_k} \end{bmatrix} \tag{4.3.9}$$

であり，J_t は時変な線形写像となる．例えば，式 (2.3.7) のエノン写像のヤコビ行列は，

$$\begin{bmatrix} -2ax(t) & 1 \\ b & 0 \end{bmatrix}$$

となる．

さて，初期変位として $\Delta x(0)$ を与え，これを J_t によって N 回写像したとすると，

$$\Delta x(N) = J_{N-1} J_{N-2} \cdots J_0 \Delta x(0) \tag{4.3.10}$$

となる．ここで，式 (4.3.10) に現れるヤコビ行列の N 回積の行列を $M(x(0), N)$ と表そう．すなわち，

$$M(x(0), N) = \prod_{t=0}^{N-1} J_t \tag{4.3.11}$$

更に, 行列 $M(x(0), N)$ から次の正定値行列

$$\Gamma(x(0), N) = [\{M(x(0), N)\}^\dagger \{M(x(0), N)\}]^{1/2N} \tag{4.3.12}$$

を定義する.

各時刻における J_t は各時刻における状態値 $x(t)$ に依存する. 従って, 初期値 $x(0)$ が異なれば, J_t の積系列, 従って $M(x(0), N)$ も異なるものとなる. つまり, $M(x(0), N)$ は初期値 $x(0)$ に依存する. しかし, 式 (4.3.12) における $N \to \infty$ の極限が存在し, ほとんどすべての初期値に対してこの行列の固有値は同じ値に収束することが Oseledec により, 多重エルゴード定理 (multiplicative ergodic theorem) として証明されている [238, 158]. 行列 $\Gamma(x(0), N)$ は, 正定値行列なので, その固有値は正の実数となる. そこで, この固有値を $\sigma_i(N)$ とおくと, リアプノフスペクトラムは, 以下のように定義される.

定義 4.3.2 (リアプノフスペクトラム)

$$\lambda_i = \lim_{N \to \infty} \frac{1}{N} \log \sigma_i(N) \tag{4.3.13}$$

但し, $\sigma_i(N)$ は, 行列 $\Gamma(x(0), N)$ の固有値である.

力学系が実際にわかっている場合, リアプノフ指数の推定は比較的簡単ではあるが, それでも, 式 (4.3.12) の定義通りに計算することは容易ではない. これは, 初期変位として与えたベクトル $\Delta x(0)$ がカオスアトラクタに埋め込まれたサドルにおける不安定多様体方向に押し潰されるため, 数値計算上は安定方向の (即ち, 負の) リアプノフ指数の評価が困難となるためである. つまり, 式 (4.3.12) の定義は数値計算には向いていないのである.

そこで, 実際の数値計算では, 各イタレーション毎に $\Delta x(t)$ が伸びた (縮んだ) 結果を正規直交化することにより, この問題を避けるようにする [297, 38, 39]. 直交化の手法として考えられるのは, QR 分解と特異値分解 (主成分分析, KL 変換) であるが, 今は, 離散時間の力学系を考えているので, ここでは QR 分解について述べることにする [104]. なお, 直交化法の具体的なアルゴリズムとして, ハウスホルダ変換 (Householder transformation) とグラム–シュミット法 (Gram–Schmidt orthogonalization procedure) があるが [251], 数値計算では前者の方が精度が良いとされている [84]. 文献 [345] では, リアプノフ指数推定の

ための効率的な QR 分解のアルゴリズムについての議論がある．

例えば，式 (4.3.6) の力学系が明らかな場合は，各時刻 t においてヤコビ行列 $\boldsymbol{J}_t$ が計算できる．この時，まず，行列 $\boldsymbol{J}_0$ は

$$\boldsymbol{J}_0 = \boldsymbol{Q}_1 \boldsymbol{R}_1 \tag{4.3.14}$$

のように分解できる．但し，$\boldsymbol{Q}_1$ は直交行列，$\boldsymbol{R}_1$ は上三角行列である．

次に，$\boldsymbol{J}_1\boldsymbol{Q}_1$ は，以下のように分解される．

$$\boldsymbol{J}_1\boldsymbol{Q}_1 = \boldsymbol{Q}_2 \boldsymbol{R}_2 \tag{4.3.15}$$

一般に，

$$\boldsymbol{J}_t\boldsymbol{Q}_t = \boldsymbol{Q}_{t+1} \boldsymbol{R}_{t+1} \tag{4.3.16}$$

となる．行列 $\boldsymbol{J}_t$ の N 回積行列 $\boldsymbol{M}(\boldsymbol{x}(0), N)$ は，

$$\boldsymbol{M}(\boldsymbol{x}(0), N) = \boldsymbol{J}_{N-1}\boldsymbol{J}_{N-2}\cdots\boldsymbol{J}_0$$

のように，N 個の行列の積である．従って，

$$\begin{aligned}\{\boldsymbol{M}(\boldsymbol{x}(0), N)\}^\dagger\{\boldsymbol{M}(\boldsymbol{x}(0), N)\} &= \boldsymbol{J}_0^\dagger \boldsymbol{J}_1^\dagger \cdots \boldsymbol{J}_{N-1}^\dagger \boldsymbol{J}_{N-1} \cdots \boldsymbol{J}_1 \boldsymbol{J}_0 \\ &= \boldsymbol{Q}_{2N}\boldsymbol{R}_{2N}\boldsymbol{R}_{2N-1}\cdots\boldsymbol{R}_2\boldsymbol{R}_1 = \boldsymbol{Q}_{2N}\prod_{k=1}^{2N}\boldsymbol{R}_k\end{aligned} \tag{4.3.17}$$

と分解される．但し，$k \geq N$ に対して，$\boldsymbol{J}_{2N-(k+1)}^\dagger \boldsymbol{Q}_k = \boldsymbol{Q}_{k+1}\boldsymbol{R}_{k+1}$ とする．

この時，式 (4.3.17) より，$i = 1, 2, \ldots, m$ に対するリアプノフ指数 λ_i は以下のように計算される．

$$\lambda_i = \lim_{N\to\infty} \lambda_i(N) = \lim_{N\to\infty} \frac{1}{2N}\sum_{k=1}^{2N}\log|\boldsymbol{R}_k^{ii}| \tag{4.3.18}$$

但し，$\boldsymbol{R}_k^{ii}$ は，行列 $\boldsymbol{R}_k$ の第 i 対角要素である [84, 82]．

こうして計算された最大リアプノフ指数 λ_1 が少なくとも正であれば，式 (4.3.6) の力学系 $\boldsymbol{f}$ は，カオスの特徴の一つである軌道不安定性を持つことが言えるのである．また，ここでは，リアプノフ指数を式 (4.3.18) に示したように時間平

均に基づいて定義したが，本来の定義に戻って空間平均をとり，不変測度を推定することで効率的な推定を行なう手法も提案されている [101]．更に，最近では，上述の正規直交化を行なわずに推定する手法も議論されている [262, 261]．

さて，微分方程式の場合も同様の計算でリアプノフ指数を算出することができる．但し，微分方程式の場合，微小変位ベクトルも元のダイナミクスに従って積分する必要がある [297]．微分方程式

$$\frac{d\boldsymbol{x}}{dt} = \boldsymbol{f}(\boldsymbol{x}(t)) \qquad (4.3.19)$$

が与えられたとき，式 (4.3.6) から，微小変化分に関する写像を導いたのと同様に，微小変化分に関する微分方程式，

$$\Delta\dot{\boldsymbol{x}}(t) = \boldsymbol{J}_t \Delta\boldsymbol{x}(t) \qquad (4.3.20)$$

を得る．但し，$\boldsymbol{J}_t$ は，式 (4.3.19) により求めた時刻 t での状態 $\boldsymbol{x}(t)$ でのヤコビ行列である．例えば，式 (2.3.11) のローレンツ方程式の場合，

$$\boldsymbol{J}_t = \begin{pmatrix} -\sigma & \sigma & 0 \\ r-1 & -1 & -x(t) \\ y(t) & x(t) & -b \end{pmatrix} \qquad (4.3.21)$$

となる．

こうして得られるヤコビ行列に従う発展方程式を解くことで，微小変位ベクトルの発展を計算する．時刻 T 後には，$\Delta\boldsymbol{x}(t+T)$ となっているので，この $\Delta\boldsymbol{x}(t+T)$ を正規直交化すれば，時刻 T における接ベクトルを張ると考えることができる．これを再び上の発展方程式に従って発展させていく．こうして T 毎の伸びを測ることにより，リアプノフ指数を計算することができる．

それでは，実際に非線形力学系のリアプノフ指数を推定した結果を示そう．図 4.26 は，エノン写像，池田写像，ローレンツ方程式のリアプノフ指数を求めた結果である．各場合について，上で述べた手法に基づいて計算している．図 4.26 は，任意の初期値を与え，同じアトラクタに漸近する場合について，データ数を変えた場合の各リアプノフ指数 $\lambda_i (i=1,\ldots,k)$ の変化の様子を示している．データ数を増加させるにつれて，収束していくことがわかる．

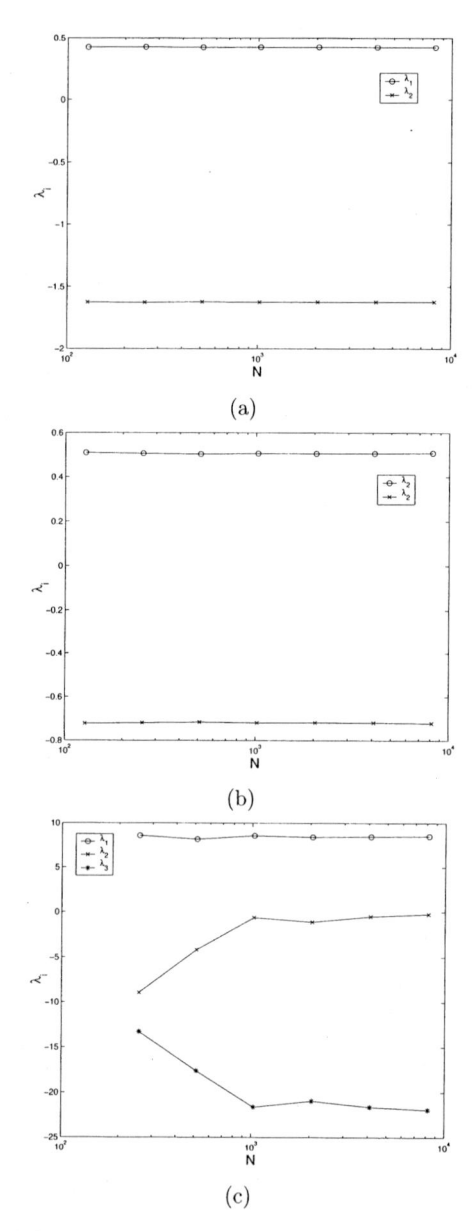

図 4.26: 非線形力学系の数理モデルに対するリアプノフスペクトラムの推定結果. (a) エノン写像, (b) 池田写像, (c) ローレンツ方程式について, リアプノフスペクトラムのデータ数に対する変化をプロット.

4.3.4 力学系のリアプノフ次元

リアプノフ指数からフラクタル次元の一つであるリアプノフ次元 (Lyapunov dimension) を推定することもできる．リアプノフ次元は以下のように定義される [174, 99]．

$$D_L = j + \frac{\sum_{i=1}^{j} \lambda_i}{|\lambda_{j+1}|} \quad (4.3.22)$$

ここで，j は降順に並べ変えられた各リアプノフ指数 λ_i の和が正であるような最大の整数を表す [174]．リアプノフ指数の和が正あれば，リアプノフ次元は状態空間の次元と定義する．

正のリアプノフ指数は伸びを表し，負のリアプノフ指数は縮みを表す．従って，式 (4.3.22) で定義されるリアプノフ次元は，伸びも縮みも無くなるなる部分空間の次元である．

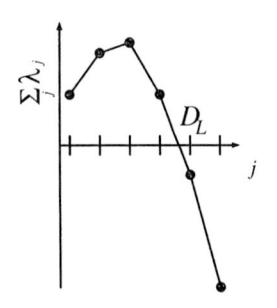

図 4.27: リアプノフ次元の意味．

また，森によっても，ダイナミクスに関する次元の定義がなされている．m^0, m^+ を 0 と正のリアプノフ指数の数，$\overline{\lambda_+}, \overline{\lambda_-}$ を正と負のリアプノフ指数の平均値とすると，

$$D_M = m^0 + m^+ \left(1 + \frac{\overline{\lambda_+}}{\overline{\lambda_-}} \right) \quad (4.3.23)$$

となる [228]．

更に，カオスのもう一つの特徴である予測不能性を定量化する，コルモゴロフ–シナイ (Kolmogorov–Sinai) エントロピ (KS エントロピ) の上限は，正のリ

アプノフ指数の和として評価できる [84, 245].

KS エントロピは，予測の臨界時間を与えるという意味においても重要である．今，アトラクタの存在する空間を一辺 l の超立方体で分割する．これは，ある力学系に対する初期条件を精度 l で与えることに相当する．既に述べたように，一般的に高次元の場合は，正のリアプノフ指数の和を K とする．つまり，

$$K_e = \sum_{i=1}^{k_p} \lambda_i \tag{4.3.24}$$

としよう．但し，$k_p = \max\{i|\lambda_i > 0\}$ である．このとき，時刻 T における K 次元面積素の伸びは，

$$le^{KT} \tag{4.3.25}$$

となる．今，時刻 T_c において，軌道不安定性に起因する初期値の誤差が，アトラクタのサイズ L にまで伸びたとすると，

$$L = le^{KT_c} \tag{4.3.26}$$

従って，

$$T_c = \frac{1}{K} \log \frac{L}{l} \tag{4.3.27}$$

となる．

臨界時間 T_c になると，初期値の差として与えられた微小変位は，アトラクタのサイズ L にまで拡大される．従って，T_c を越えると，アトラクタ上の確率密度の情報を用いた統計的な予測ができるのみである．

このように，KS エントロピは，仮に良い非線形モデリングを用いたとしても，その予測の臨界時間を与えるという意味で，その予測可能性限界を定量化する重要な指標となる．また，式 (4.3.27) からもわかるように，ある時刻における状態の精度 l を向上しても，その対数でしか増加しない．これに対し，KS エントロピが大きければ，その逆数で臨界時間は減少する．このような結果より，カオス応答を示す場合には，短時間でしか予測ができないことになる．

4.3.5 時系列信号からのリアプノフスペクトラム推定法

式 (4.3.6) の力学系が不明な場合は，ヤコビ行列を測定した時系列信号から推定する必要がある．時系列信号が与えられた時にリアプノフ指数を推定する手法が幾つか提案されている [358, 356, 279, 82, 280]．これらは大きく分けると，軌道をトレースしながら微小変化の伸び (縮み) を定量化する手法 [356, 280, 117] とヤコビ行列を推定することにより全リアプノフ指数を求める手法 [279, 82, 214] とに分けられる．これらの両手法は独立ではなく，その関係は文献 [36] などで議論されている．ここでは，これらのリアプノフスペクトラムの推定手法について解説していくことにする [233]．

4.3.5.1 ヤコビ行列を再構成アトラクタから推定する手法

定式化された力学系では，式 (4.3.9) のヤコビ行列 J_t を直接計算することができ，これによりリアプノフスペクトラムを計算することができる．しかし，実験や計測などにより得られた時系列信号では，元の力学系そのものが未知であり，この J_t も直接知ることはできない．

リアプノフスペクトラムは，式 (4.3.8) に示すように微小なベクトルを摂動として与えたときの各方向の変化率を定量化したものである．実験データでは，微小変位ベクトルを与えることはできないが，再構成状態空間内のアトラクタ上のある一点に注目すれば，その近傍には他の点が存在する．そこで，この点とその近傍点を選び出して，式 (4.3.8) に与えた微小変位ベクトルと見なし，これらの点が次のステップにおいて，どれだけ変化したかを評価することでヤコビ行列を推定し，リアプノフスペクトラムを求めることができる．本節では，ヤコビ行列を再構成アトラクタから推定する手法について，その推定アルゴリズムを具体的に考えよう．

式 (2.2.8) により再構成されたアトラクタの軌道上の 1 点を $v(t)$ (時刻 t に対応) とする．この点を中心として，微小半径 ϵ の m 次元空間内の超球 (以下，ϵ 球とする) を考え，これに入るアトラクタ上の他の点 $v(k_i)$ を M 個 ($i = 1, 2, \cdots, M$) 選び出す．このとき，$v(t)$ から見た ϵ 球内の M 個の点 $v(k_i)$ に対する変位ベクトル $y_i \in \mathbf{R}^m$ は，

$$y_i = v(k_i) - v(t), \tag{4.3.28}$$

となり，これが式 (4.3.8) の微小変位ベクトル $\Delta x(t)$ の代わりとなる．

次に，時間が s だけ経過した後を考えると，ϵ 球の中心 $v(t)$ は $v(t+s)$ に，ϵ 球内の各点 $v(k_i)$ は $v(k_i+s)$ に，各々変化する．従って，時間 $t+s$ での変位ベクトル $z_i \in \mathbf{R}^m$ は，

$$z_i = v(k_i+s) - v(t+s), \tag{4.3.29}$$

となる (図 4.28)．

対象とする系には決定論的ダイナミクスが存在し，式 (4.3.28)，(4.3.29) の変位ベクトル y_i，z_i が十分小さい，即ち，十分小さい半径をとれると仮定する．

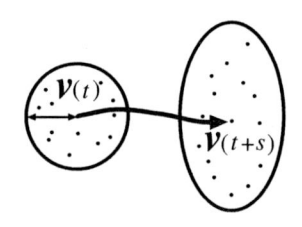

図 4.28: ϵ 球の時間発展．

今，ϵ 球の半径と時間 s が十分に小さいとすると，式 (4.3.28)，式 (4.3.29) の y_i と z_i の関係は線形近似可能であり，ある行列 $G(t)$ を用いて，

$$z_i = G(t)y_i \tag{4.3.30}$$

と近似的に表わすことができる．この式 (4.3.30) の $G(t)$ は，まさに，式 (4.3.8) のヤコビ行列の近似と考えることができる．ここで，式 (4.3.30) の $G(t)$ の決定方法の一つとして，次式で表わされる距離，

$$S_d = \sum_{i=1}^{M} |z_i - G(t)y_i|^2 \tag{4.3.31}$$

を最小にするように，即ち，最小二乗法により $G(t)$ を決定する [279]．

今，$G(t)$ の第 kl 成分を g_{kl} とすると，式 (4.3.31) の距離 S_d の各 g_{kl} についての極小条件，

$$\frac{\partial S_d}{\partial g_{kl}} = 0 \tag{4.3.32}$$

より,

$$G(t)W = C \tag{4.3.33}$$

$$w_{kl} = \frac{1}{M}\sum_{i=1}^{M} y_{ik}y_{il} \tag{4.3.34}$$

$$c_{kl} = \frac{1}{M}\sum_{i=1}^{M} z_{ik}y_{il} \tag{4.3.35}$$

を得る.但し, y_{ik}, z_{ik} は,各々,ベクトル y_i, z_i の第 k 成分を表わす. W, C は $m \times m$ の行列で,いわゆる分散・共分散行列である. $M \geq m$ で縮退がなければ,式 (4.3.34)-(4.3.35) より $G(t)$ を一意に決定することができる.

実データに対してリアプノフスペクトラムを求めるには,上で述べたアルゴリズムにより求めた $G(t)$ を $\tilde{J}_t$ として用いて,式 (4.3.14)-(4.3.18) に示した手法に従って計算すればよい.

なお,ここで示したアルゴリズムは,ヤコビ行列を求める時に1次のオーダで近似しているが,より高次の項を用いるヤコビ行列の推定ももちろん可能である [42, 4, 48]. ただし,その場合には,局所非線形写像を正確に推定するために,より多くのデータ数などが高精度の推定に必要となることに注意する.また,ヤコビ行列の推定に関する議論として文献 [72] がある.

4.3.5.2 直接軌道の伸びを計算する手法

前項で説明した手法は,ヤコビ行列を推定することで,リアプノフ指数を求める手法であるが,より直接的な手法として,軌道間の伸びを計測し,そこからリアプノフ指数を推定する手法がある.その基本的考え方は,例えば,Wolf らにより 1985 年に示されている [356, 280, 117] (図 4.29).

図 4.29 において,基準軌道 (図 4.29 での太い実線の軌道 AD) 上のある一点 A (時刻 t_0) を対象と考え,アトラクタ上より A の近傍を探索し,それを A' とする.これらの点における (すなわち時刻 t_0 における) 微小変位の大きさは,ベクトル $\overrightarrow{AA'}$ の長さ ($L(t_0)$) である. A, A' は時刻 t_1 には,各々 B, B' になるので,初期微小変位は, $L'(t_1)$ へと発展することになる.直観的に言えば,ベクトル $\overrightarrow{AA'}$ は最も不安定な方向に向かって伸びていくので,時刻 t_1 における伸びの比 $\dfrac{L'(t_1)}{L'(t_0)}$ から,最大リアプノフ指数 λ_1 を求めることができる. $t_1 - t_0$ が大きすぎると,初期微小変位はどんどん伸びて行き,最後には $L'(t_1)$ がアトラ

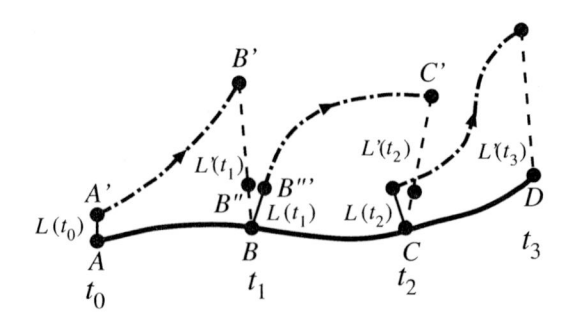

図 4.29: 線素の場合の Wolf 法の考え方.

直接，線素 ($\overrightarrow{AA'}$) の発展により，軌道間の差を直接計測し，最大リアプノフ指数を推定する．

クタのサイズにまで発展してしまうことに問題がある．そこで，ある適当な時刻 t_1 において，$L'(t_1)$ を正規化し，t_1 における新たな微小変位 $\overrightarrow{BB''}$ を与えなければならない．

しかし，ここで問題が生じる．一般には B'' はアトラクタ上に存在しないので，$\overrightarrow{BB''}$ を正規化したベクトルが，次のステップ $(t_2 - t_1)$ での実際にどの程度発展したかを知ることができないのである．そこで，$\overrightarrow{BB''}$ と $\overrightarrow{BB'''}$ とのなす角 θ が十分小さいような点 B''' をアトラクタ上より探索し，これを B' の代わりに用いることにすれば良い．

続いて，$\overrightarrow{BB'''}$ から $\overrightarrow{CC'}$ への変位の比を同様にして求める．これらの操作を次々と繰り返し，以下の量を計算することで，最大リアプノフ指数を推定することができる．

$$\lambda_1 = \frac{1}{t_M - t_0} \sum_{k=1}^{M} \log_2 \frac{L'(t_k)}{L(t_{k-1})} \qquad (4.3.36)$$

さて，図4.29では，線素の伸びの平均を考えることで，最大リアプノフ指数を求めたが，微小面積片 (面素) を与えた場合，どうなるだろうか．面素は2次元であるので，この場合，リアプノフ指数の和 $\lambda_1 + \lambda_2$ に対応する．すなわち，面素 S の発展を考えることにより $\lambda_1 + \lambda_2$ を求めることができる．図 4.29 と同

様に考えると,

$$\lambda_1 + \lambda_2 = \frac{1}{t_M - t_0} \sum_{k=1}^{M} \log_2 \frac{S'(t_k)}{S(t_{k-1})} \qquad (4.3.37)$$

となる (図 4.30).

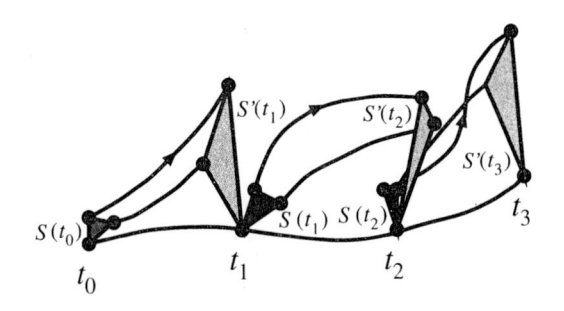

図 4.30: 面積素の場合の Wolf 法の考え方.
面積素の拡大率を求めることにより, リアプノフ指数の和 $\lambda_1 + \lambda_2$ を推定する.

基本的には, 上記のような手法で直接的に伸び(縮み)を推定することができる. しかしながら, この手法には, いくつかの弱点がある. 適切な再構成状態空間の次元 m を決めることができれば, この手法は非常に良い推定値を与えてくれるのだが, m の値の設定が良くないとうまく機能しないことがある. 特に, m が小さい時には, 選択した近傍が結果的に誤った近傍 (false neighbor) となり得るので失敗してしまうことがある.

そこで, この手法を基盤とした改善法がいくつか提案されているが [280], この中でも Kantz により提案されている手法は単純ながらも非常に良く推定できる手法であろう [167]. それは下記のように示される (図 4.31).

$$S(\tau) = \frac{1}{N} \sum_{t=1}^{N} \log \left(\sum_{k_i=1}^{M} \boldsymbol{d}(\boldsymbol{v}(t), \boldsymbol{v}(k_i); \tau) \right) \qquad (4.3.38)$$

但し, $\boldsymbol{d}(\boldsymbol{v}(t), \boldsymbol{v}(k_i); \tau)$ は, $\boldsymbol{v}_t$ とその ϵ 近傍 $\boldsymbol{v}_{k_i}$ の τ 時間後の距離,

$$\boldsymbol{d}(\boldsymbol{v})(t), \boldsymbol{v}(k_i); \tau)) = |y(t+\tau) - y(k_i+\tau)| \qquad (4.3.39)$$

である.

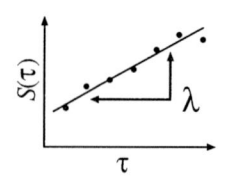

図 4.31: Kantz によるリアプノフ指数推定手法.
式 (4.3.38) を計算した結果, リアプノフ指数は τ 対 $S(\tau)$ の変化の傾きから推定される.

4.3.5.3　その他のリアプノフ指数推定アルゴリズム

リアプノフ指数は, ダイナミクスを定量化する指標であるので, ダイナミクスが推定できる手法を基盤にすれば, そのリアプノフ指数推定も可能である. 代表的な手法として, 動径基底関数を用いた手法 [247, 233] と多層型ニューラルネットワークによるバックプロパゲーション学習を用いた手法を考えることができる [8]. これらの手法を用いたリアプノフ指数の推定については, 第 5 章における非線形モデリングで説明することにしよう.

4.3.6　リアプノフスペクトラム解析における注意

力学系の構造が既知の場合, リアプノフ指数を計算することは比較的簡単であり, 4.3.3 項で述べた手法を用いて, 精度良く計算することができる. 但し, 時系列信号のみが与えられた場合, 信頼できる結果を得るためには GP 法よりも多くのデータ数が必要となる [85] ことには注意を払うべきである.

一変数の時系列信号から m 次元状態空間に再構成したアトラクタに対して上述の手法を用いると m 個のリアプノフ指数が出現する. 元の力学系の次元を k とすれば, $(m-k)$ 個のリアプノフ指数は再構成の過程で生じたアーチファクトである. これらのスプリアスなリアプノフ指数を同定するために, 時間反転時系列を用いる [247], あるいは, 特異値分解を用いる [309], 再構成で用いられる時間遅れ座標系への変換によりヤコビ行列がどのように推定されるかを議論し再構成状態空間で出現するリアプノフ指数を公式化する [286, 287] などの研究がある.

観測時にフィルタがかかることは良くあることであるが, リアプノフ指数の

4.3 リアプノフスペクトラム解析

推定に関して，フィルタリングとの関連が議論されている [225, 224]．フィルタリングされた場合のアトラクタの再構成に関しては，第 2 章の 2.2.5 項を見てほしい．

また，リアプノフスペクトラム解析の安易な適用も正のスプリアスなリアプノフ指数の出現を導くことが示されている [147]．たとえば，全くランダムなダイナミクスしか持ち得ないデータを対象とした場合でも，「決定論的非線形ダイナミクスの存在」を仮定し，ヤコビ行列推定法によりリアプノフスペクトラムを推定すると，正のリアプノフ指数が推定されてしまう．

図 4.32 はコバルトデータのリアプノフスペクトラム解析の結果である．決定論的非線形ダイナミクスがその背景に存在する，即ち，コバルトデータはカオスであるという仮定の下に，コバルトデータに対して上述のリアプノフスペクトラム解析を適用しているので，ヤコビ行列を推定する際の近傍数は，局所線形性を仮定し，それが保たれる数に設定している．これらの結果を見ると，いずれの場合も，最大リアプノフ指数は，正の値として推定されている．この解析結果だけを見れば，解析対象データが軌道不安定性を有していると考えるのは不自然ではない．

図 4.32(b) は，コバルトデータに対して推定した，最大リアプノフ指数のデータ数に対する依存性である．これを見ると，データ数が多くなってもリアプノフ指数は正として推定されている．

次に，図 4.32 (c) はリアプノフ次元の計算結果である．リアプノフ次元の計算に用いるリアプノフ指数は，図 4.32 (a) に示した結果を用いる．これをみると，どのデータ数を用いた場合でも，リアプノフ次元は再構成状態空間の次元が，$m = 5$ 付近までは，次元値と共に増加する．その後は，徐々に飽和傾向を示す．リアプノフ指数の和が正となった場合には，リアプノフ次元は状態空間の次元値と定義されるので，この結果は，少なくとも，$m = 5$ 次元程度までは，リアプノフ指数の和 $\lambda_1 + \lambda_2 + \cdots + \lambda_m$ が正となっていることを示すのみである．

一方，図 4.32 (d) は，推定されたリアプノフ指数の収束性の様子を示している．これより，推定されたリアプノフ指数は，十分に収束していることがわかる．なお，図 4.32 (d) は，最大データ数の場合 ($m = 3$) のものであるが，その他の場合も，ほぼ同様の傾向である．

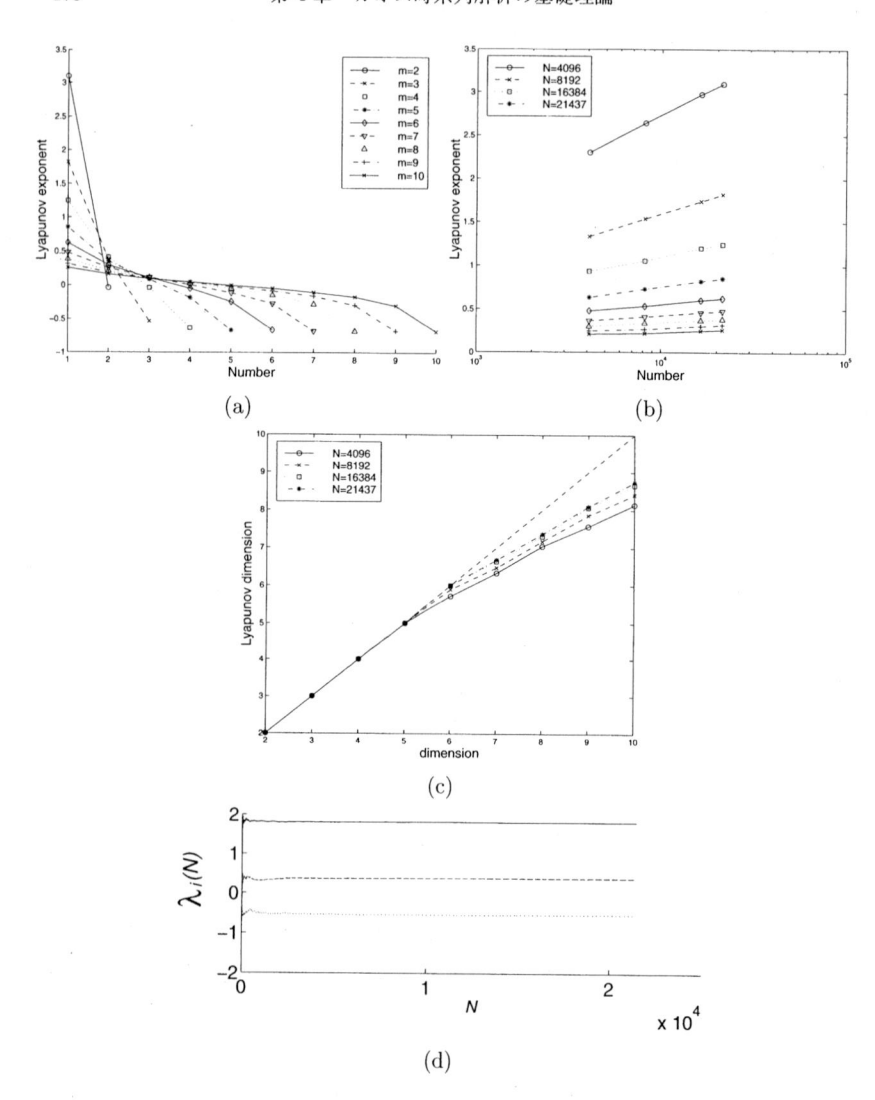

図 4.32: コバルトデータに対するリアプノフスペクトラム解析適用の結果.
(a) リアプノフスペクトラムの推定結果. 横軸は, リアプノフ指数の番号, 縦軸はリアプノフ指数の大きさを表す. $N = 21437$. (b) 最大リアプノフ指数のデータ数依存性. 横軸は, データ長, 縦軸は最大リアプノフ指数を表す. (c) リアプノフ次元推定結果. (d) リアプノフ指数の収束性. $N = 21437$, $m = 3$の場合.
[T.Ikeguchi & K.Aihara : *International Journal of Bifurcation and Chaos*, 7, 6, 1267–1282, 1997 より抜粋.]

以上をまとめると，コバルトの γ 線放射の時間間隔のようなデータに対して，決定論的力学系の存在を前提として，リアプノフスペクトラム解析を適用した場合，決定論的カオスに対して得られる結果と類似の結果が得られることが明らかにされた．即ち，推定されたリアプノフ指数は正の値をとり，その収束性が十分確認できるということである．この意味において，単に正のリアプノフ指数が検出できたことのみで，解析対象データを決定論的カオスと推測することは危険である．次節においては，このような誤った同定を防ぐための一手法として，サロゲート法を用いた場合の解析結果についても述べている．

4.3.7 局所対大域プロットによるリアプノフ指数の計算例

さて，上で述べたような誤ったリアプノフスペクトラムの推定を防ぐための一手法として，局所対大域プロットと呼ばれる手法を紹介しよう [147, 145, 149]．

非線形力学系に対してリアプノフ指数を推定するときに，しばしば用いられる手法は，局所線形近似法 (ヤコビ行列推定法) である．この手法を使う理由は，「非線形なデータに対して，非線形モデリングを用いればより良い推定精度が得られる」という考えに基づいている．実際，非線形モデリングの手法として，局所的 (線形) モデリングを用いることで，精度良くモデル化することが可能となり，その結果リアプノフ指数推定もうまくいく．逆に，非線形なデータに対して，線形なモデリングを用いてしまうと，推定精度は極度に低下するということになる．この場合の線形なモデリングとは，大域的 (線形) モデリングを考えれば良い．

通常は，解析対象となるデータに対して，局所線形近似局所線形近似法のみでヤコビ行列を推定し，リアプノフスペクトラムを推定していく．しかし，これだけではなく，大域的線形手法をも用いてリアプノフスペクトラムを推定することで，どのような特性を示すかを見ることが重要となる．そして，これらの局所的モデリングと大域的モデリングで得られた結果を比較すれば，局所モデリングで推定されたリアプノフ指数が正しいものであったかどうかを考えることができるだろう．

実際には，局所線形モデリングにおいてヤコビ行列を推定する場合に，近傍の数を徐々に増加させ，各近傍値において推定されるリアプノフ指数が，近傍の

変化に対して，どのように変化するかを見るために求めるのが局所対大域モデリングの手法である [147, 145, 149, 71]．この手法により得られる近傍対推定リアプノフ指数の関係をプロットした図を局所対大域プロット (local versus global plot) と呼ぶ (図 4.33) [147, 145, 149]．

	線形性	非線形性
局所的モデリング	○	○
大域的モデリング	○	×

(a)

(b)

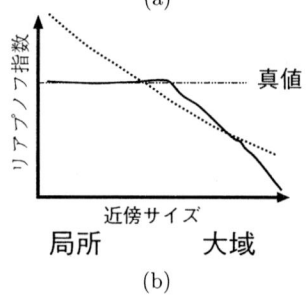

図 4.33: 局所対大域プロットによるリアプノフ指数の推定．
(a) 局所対大域プロットの考え方と (b) 局所対大域プロットで推定されるリアプノフ指数の典型的な変化の様子．(b) において実線は，局所モデリングを用いた場合に，リアプノフ指数が平坦領域に収束する様子を示している．これに対し，ランダムなデータのように収束しない場合は，点線のように，局所モデリングを用いた場合には正の値が，そして，近傍サイズを増加させた結果，大域的モデリングとなった場合には負の値として推定される．

それでは，実際に，局所対大域プロットを用いたリアプノフ指数の推定結果を示そう．図 4.34 は，非線形力学系のモデルに対して，時系列信号しか観測できないとした場合に，リアプノフ指数を局所対大域プロットを用いて推定した場合である．実際の時系列解析では，既に説明してきたように 1 変数のみが観測できるという状況がしばしばであるが，ここでは，再構成状態空間への変換によるスプリアスなリアプノフ指数の出現についての議論を省くために，全変数が観測できた場合について局所対大域プロットを適用した場合についてのみ示している．

図 4.34 (a) は，ロジスティック写像についての結果である．これを見ると，近傍点が少ない領域で平坦部分が出現しており，この値がロジスティック写像のリアプノフ指数に一致していることがわかる．図 4.34 (a) では，データ数を変化させた場合について示しているが，近傍数が小さい領域で，どのデータ数でもほぼ同じ値 (約 0.69) に収束しており，この手法の有効性を確認することができる．

図 4.34(b) は，エノン写像に対する結果である．エノン写像は 2 次元写像なので，リアプノフ指数も二つあるが，ここでは最大リアプノフ指数 λ_1 のみを示している．この場合も図 4.34(a) のときと同様な傾向を示しており，$\lambda_1 \sim 0.42$ となっている．

図 4.34 (c) は，対象を池田写像とした場合である．ここでは，二つのリアプノフ指数両者についてプロットした結果を示している．まず，正のリアプノフ指数 λ_1 については，図 4.34(a),(b) の場合と同様に，近傍が小さい領域，即ち，局所線形領域において，平坦部分が出現し，この値が最大リアプノフ指数となることがわかる．一方，負のリアプノフ指数 λ_2 は，λ_1 に比べて変動があるが，ほぼ負のリアプノフ指数に一致していることがわかる．負のリアプノフ指数は，元来推定自体が困難であるため，正のリアプノフ指数に比べてやや収束が遅い結果となっている．

図 4.35 は，池田写像にノイズを加えた場合の結果である．図 4.35 左列 ((a)-(c)) は，観測ノイズを加えた場合，図 4.35 右列 ((d)-(f)) は，ダイナミカルノイズを加えた場合とした．いずれの場合も，ノイズ源として計算機上でのガウス乱数を用いたが，観測ノイズは SN 比で，ダイナミカルノイズは分散値でその大きさを示している．

図 4.35 (a)-(c) を見ると，ノイズの大きさが相対的に増加するにつれて，ノイズが無い場合に観測された平坦領域が減少していく．この傾向は，図 4.36 (e) のコバルトデータと類似の傾向である．但し，SN 比が約 20[dB] 程度までであれば，近傍数が中位の領域で平坦領域を観測できており，正のリアプノフ指数の存在を確認できる．

一方，図 4.35 (d)-(f) の場合も，ダイナミカルノイズの分散が大きくなるにつれて，平坦領域が減少していく傾向を示すのは観測ノイズの場合の傾向と同様

(a) ロジスティック写像

(b) エノン写像

(c) 池田写像

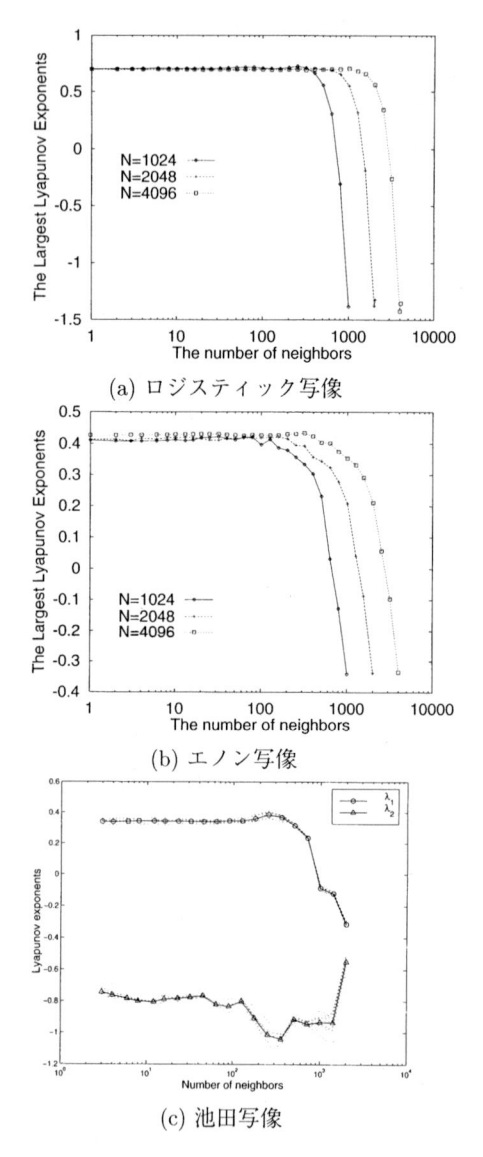

図 4.34: 非線形力学系に対する局所対大域プロット．それぞれ，(a) ロジスティック写像，(b) エノン写像，(c) 池田写像に対する結果を示している．丸印に実線が λ_1，三角に実線は λ_2 である．点線は初期値を一様に与えることで算出した信頼区間である．[T.Ikeguchi & K.Aihara : *International Journal of Bifurcation and Chaos*, 7, 6, 1267–1282, 1997 より抜粋．]

である．池田写像にダイナミカルノイズを重畳した場合，図 4.35 から，$\sigma \sim 0.1$ 程度が限界であることが読み取れる．このようなダイナミカルノイズの分散値の限界は，解析対象のシステムに依存すると考えられ，観測ノイズの場合と同様な推定限界の議論は困難である．

図 4.36 には，実データに対して局所対大域プロットを適用した結果を示している．それぞれ，(a) ニューヨークの麻疹患者数，(b) ニューヨークの水疱瘡患者数，(c) 対ドル円相場の変動，(d) ヤリイカ巨大軸索のカオス応答，(e) コバルト γ 線放射の時間間隔である．図 4.36(a),(b) では，再構成状態空間を $m=6$ とした場合について，$\lambda_1 \sim \lambda_6$ の変化を示している．図 4.36 (a) の麻疹のデータの場合，λ_1 が近傍の小さい領域でやや収束傾向を示しているが，これらのデータは，データ数が非常に少ないため，平坦領域の検出が困難となっている．

図 4.36(c) は対ドル円相場のデータに対する局所対大域プロットの結果である [319]．但し，図 4.36(c) は最大リアプノフ指数に関しての結果であるこの図をみると，このデータの場合，再構成状態空間を大きくしても，はっきりとした平坦領域は明らかに見受けられず，典型的な決定論的非線形力学系とは異なる傾向を示す．一方，図 4.36 (d) は，ヤリイカ巨大軸索の正弦波刺激に対する応答のデータに対する結果である．この図も，再構成状態空間を変化させた場合の各状態空間における，最大リアプノフ指数 λ_1 の変化である．$m=2,3$ では，平坦領域が見られないのに対し，$m \geq 4$ では，近傍の小さい領域で収束していることがわかる．このデータの場合，$m<4$ では埋め込みとはなっておらず，そのため，小さい次元の再構成状態空間では，平坦領域が検出できなかったと考えられる．

図 4.36 (e) は，コバルト γ 線放射の時間間隔のデータである．前節でも述べたように，コバルトデータのようなランダムなデータに対して，決定論的非線形ダイナミクスの存在を仮定して，ヤコビ行列を推定すると正のリアプノフ指数が推定される [147]．そこで，このコバルトデータに対して局所対大域プロットを求めると，図 4.36 (e) のように，平坦な領域は出現しないことがわかる．このように，局所対大域プロットを用いれば上記のような誤った同定を防ぐのに役立つ．

(a) 40[dB]

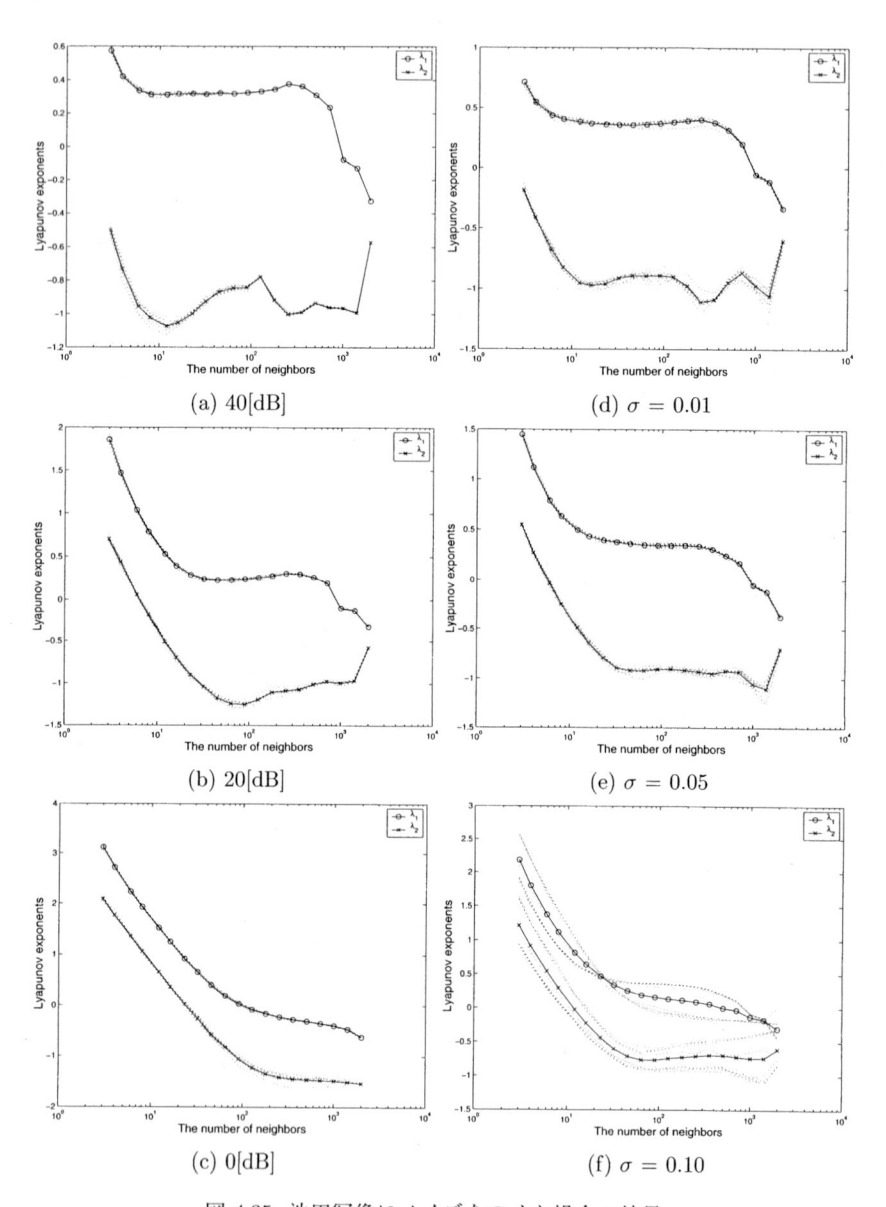

(d) $\sigma = 0.01$

(b) 20[dB]

(e) $\sigma = 0.05$

(c) 0[dB]

(f) $\sigma = 0.10$

図 4.35: 池田写像にノイズをのせた場合の結果. 観測ノイズの大きさは SN 比で (左列), ダイナミカルノイズの大きさは加えた乱数の振幅 σ で (右列) 示している.

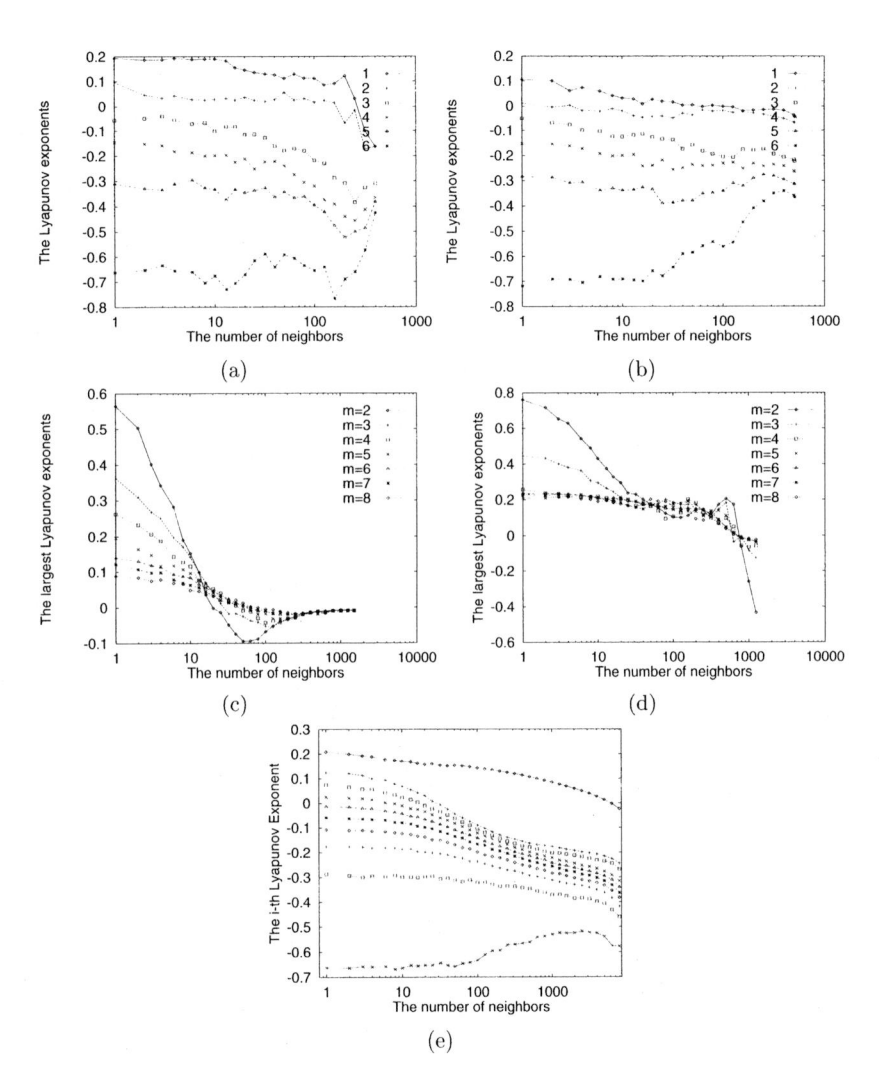

図 4.36: 実データに対する局所対大域プロットの結果.
(a) ニューヨークの麻疹患者数, (b) ニューヨークの水疱瘡患者数, (c) 対ドル円相場の変動, (d) ヤリイカ巨大軸索のカオス応答, (e) コバルト γ 線放射の時間間隔. (a)–(d) は再構成状態空間の次元は 6, (e) の再構成状態空間の次元は 10.

4.4 決定論性の検定法

時系列信号が決定論的であるかどうかを定量的に評価する手法が，幾つか提案されている [171, 173, 348, 40]．決定論性を検定する手法には，これら以外にも，第 5 章で説明する非線形予測を用いる手法等もある [59, 361]．

これらの中でも，Wayland によって提案されている文献 [348] の手法は，文献 [171, 173] の決定論性の検定手法を簡略化した手法で，実際に適用しやすいことが特徴である．

再構成されたアトラクタの任意の点 $v(t)$ において，ユークリッド距離に基づく M 個の近傍点を $v(1), \ldots, v(k_i), \ldots, v(k_M)$ とする．これらの点の時刻 T 後の像を $w(1), \ldots, w(k_i), \ldots, w(k_M)$ とする．即ち，v と w の間には，$w(t) = v(t+T)$ という関係がある．これらのベクトル間の推移ベクトルを求めると，

$$V(k_i) = w(k_i) - v(k_i) = v(k_i + T) - v(k_i) \qquad (4.4.1)$$

となる．

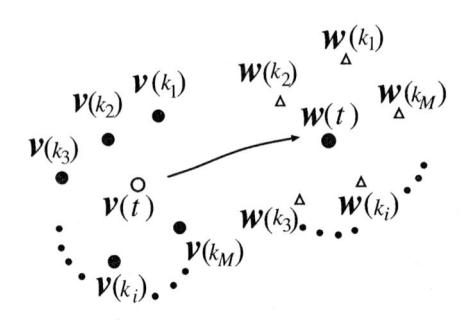

図 4.37: 状態空間内での点の推移．
決定論的力学系の場合，ベクトル $v(t)$ とその近傍 $v(k_i)$，そして，T 時刻後の変移であるベクトル $v(t + T)$ とその近傍 $w(k_i) = v(k_i + T)$ は図のような関係にある．

このとき，

$$\langle V \rangle = \frac{1}{M+1} \sum_{j=0}^{M} V(k_j) \qquad (4.4.2)$$

として，点 $v(t)$ における推移誤差 $e_{trans}(t)$ を式 (4.4.3) で定義する．但し，式

(4.4.2) において，$\boldsymbol{V}(k_0) = \boldsymbol{v}(t)$ としている．

$$e_{trans}(t) = \frac{1}{M+1} \sum_{j=0}^{M} \frac{\|\boldsymbol{V}(k_j) - \langle \boldsymbol{V} \rangle\|^2}{\|\langle \boldsymbol{V} \rangle\|^2} \qquad (4.4.3)$$

これを，無作為に選択した N 個の $\boldsymbol{v}(t')$ ($t' = j_1, j_2, \cdots, j_N$) について計算し，各 $e_{trans}(t')$ の中央値 M_k を求め，これを A 回行なうことで，中央値の平均値を求める．最終的にこの値を，対象とした時系列の推移誤差 E_{trans} とする [348]．即ち，

$$E_{trans} = \frac{1}{A} \sum_{k=0}^{A} M_k(e_{trans}(t')) \qquad (4.4.4)$$

である．但し，M_k は，k 回目 ($1 \leq k \leq A$) の試行の中央値を表わす．

この手法により，時系列信号の有する決定性を推定することができる．決定論的力学系からのデータとランダムなデータに対して，Wayland テストを適用すると，決定論的なデータにおいては，推移誤差 E_{trans} はほぼ 0 であるのに対し，ランダムなデータは 1 付近となり，差が生じることになる．

また，この推移誤差を用いることで，アトラクタの再構成において，元の位相空間内での決定論性と再構成状態空間とのアトラクタの決定論性を比較することができ，再構成空間の良し悪しを定量的に評価することができる．図 4.38 は，ローレンツ方程式とレスラー方程式に対して推定した決定論性検定の結果を示している．再構成アトラクタの定性的構造の様子は，第 2 章，図 2.13, 2.15 を参照してほしい．

さて，これらの図から，ローレンツ方程式，レスラー方程式のどちらに適用した場合においても，第 2 章，2.4.2 項において求めた時間遅れ値 τ を用いて再構成したアトラクタの決定論性は，元の位相空間 (x, y, z) より求まる決定論性の評価値に近づいていくことがわかる．

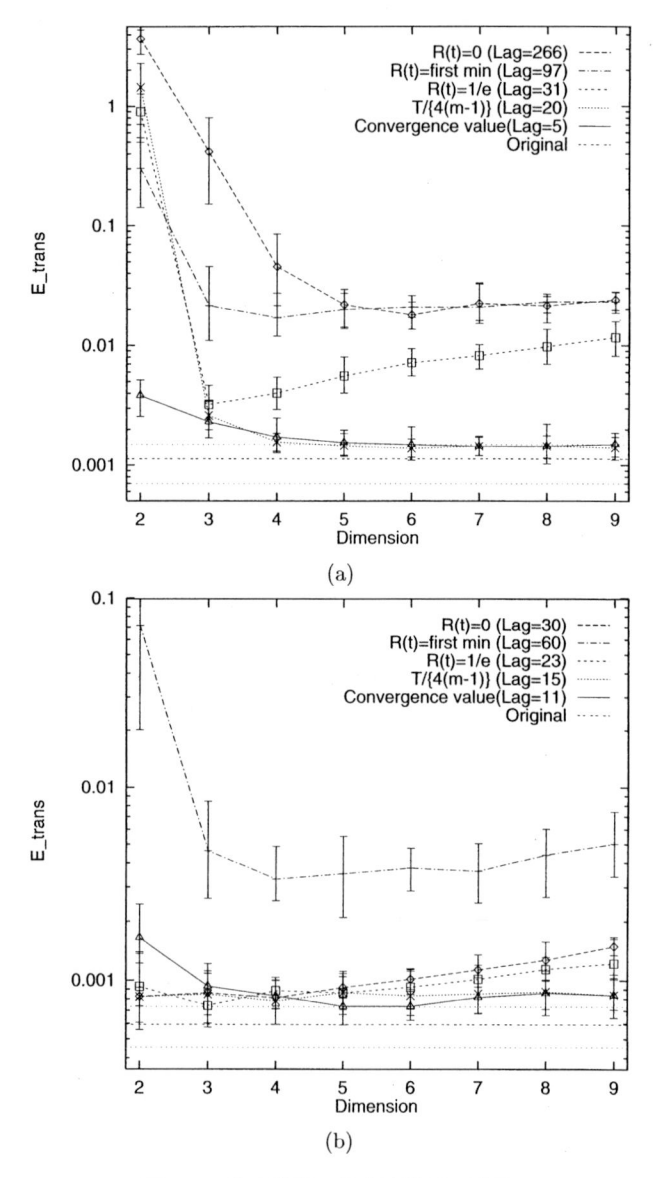

図 4.38: 決定論性の検定法適用の結果.
(a) ローレンツ方程式と (b) レスラー方程式の場合. 各図において一点鎖線は, 全変数がわかっている場合の E_{trans} である. また, それに平行な点線は, 95%信頼区間である.

4.5 リカレンスプロット

ここまで考えてきたのは,決定論的非線形力学系の特徴である,(1) アトラクタの自己相似性,(2) 軌道不安定性,(3) 決定論性を定量化する解析手法であった.この節では,アトラクタの構造を視覚化するツールとして,リカレンスプロット (recurrence plot) [83, 185] と呼ばれる手法を紹介しよう.リカレンスプロットとは,アトラクタ上の各点間の相関関係を視覚化するものであり,時系列信号のもつ非定常性の検出にも優れているとされている.

リカレンスプロットを作るためには,まず,一辺の長さがアトラクタ上の点の総数 N となるような2次元画像を用意する.次に,アトラクタ上の2点間距離

$$D(i,j) = |v(i) - v(j)| \qquad (4.5.1)$$

を計算する.この $D(i,j)$ に基づいて作成される $N \times N$ 画素の画像がリカレンスプロットである.リカレンスプロットの基本的な描画法には,

(1) 適当な閾値 θ を定め,2点間距離が $D(i,j) < \theta$ となるときに,第 (i,j) 画素を描画する.
(2) $D(i,j)$ に基づいて $v(i)$ に関する M 個の近傍点 $v(j)$ (但し,$j \neq i$) のインデックス j の集合を求め,第 (i,j) 画素を描画する.

の2種類がある (図 4.39).但し,(1) の描画法では,$D(i,j) = D(j,i)$ となり冗長性が高いため,2点間距離の定義を

$$D_K(i,j) = |v(i) - v(i+j)| \qquad (4.5.2)$$

とする方法もある [185, 10].

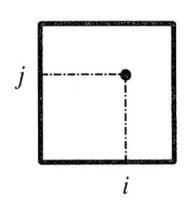

図 4.39: リカレンスプロットの作成.

式 (4.5.1) の2点間距離 $D(i,j)$ が,上記の条件 (1), (2) 等を満たすとき,第 (i,j) 画素を描画する.

図 4.40 は，数理モデルに対して求めたリカレンスプロットの例を示している．図 4.40(a) はエノン写像，図 4.40(b) は池田写像，図 4.40(c) は変形ベルヌーイ写像，図 4.40(d) はローレンツ方程式，図 4.40(e) はレスラー方程式，図 4.40(f) はラングフォード方程式を用いた例である．また，図 4.41 に実データのリカレンスプロットを示している．図 4.41(a) は NH_3 レーザ発振のデータ，図 4.41(b) は太陽黒点年平均データ，図 4.41(c) は日本語母音「あ」のデータ，図 4.41(d) は日本語母音「あ」のデータの時間スケールを拡大した場合，図 4.41(e) はニューヨーク麻疹患者数の変動データ，図 4.41(f) はコバルトの γ 線放射の時間間隔を用いた例である．図 4.40, 図 4.41 では適当な閾値 θ を定め，2 点間距離 $D(i,j)$ がその閾値よりも小さい場合に画素 (i,j) をプロットし，白黒のドットパターンで表現する第 1 の技法を用いた．

図 4.40 を見ると，一様なパターンとなるのは，図 4.40 (a),(b) のヘノン写像，池田写像の場合である．これに対し，非定常カオスと呼ばれる数理モデルとして，変形ベルヌーイ写像のリカレンスプロットが図 4.40 (c) である．これを見ると，明らかに 2 点間距離の多様性が偏在していることが視覚化されている．また，図 4.40 (f) は，ラングフォード方程式のトーラスアトラクタのリカレンスプロットを描いているが，他のカオス的応答を示す場合とは異なり，パターンの規則的な様相が知覚できる．

また，図 4.41 の実データのリカレンスプロットにおいて，視覚的にプロットの様相が一様なものは，日本語母音「あ」のデータ (図 4.41 (d))，ニューヨーク麻疹患者数の変動データ (図 4.41 (e))，コバルトの γ 線放射の時間間隔のデータ (図 4.41 (f)) といえるだろう．一方，NH_3 レーザ発振のデータと太陽黒点年平均データについては，定量的な判断はできないが，定常性を有すると言うには観測時間が短く，プロットの様相が一様にはなっていないことが推察される．

このようにリカレンスプロットを用いると時系列信号の性質を視覚化し，定性的に時系列信号の性質の特徴を捉えることができる．既に述べたように，このパターンには 2 点間距離の分布情報が内在しており，これらのパターンを定量的に解析できることも望ましい．そこで，このようなリカレンスプロットのパターンを画像処理で用いられるテクスチャ解析の技法を用いて特徴付け，定量化する試み [153] や KS エントロピを推定する手法 [153, 92] が提案されてい

る．得られたリカレンスプロット中のパターンのシンプルさに基づいて，時系列信号からのアトラクタ再構成問題における埋め込み次元と時間遅れ値の推定を行なう手法 [10] や，決定論性の検定を行なう手法も提案されている [170]．

さて，リカレンスプロットは本来白黒のドットパターンを画像化したものであるが，これは，時系列信号に内在する性質の時間的変化をパターンの変化で表現するものである．そこで，このパターンの変化を見易くするために，疑似カラー表現を用いることも可能である [153, 60]．例えば，式 (4.5.1) 等で定義される 2 点間距離を

$$D_{\mathrm{K}}(i,j) = \frac{D(i,j) - D_m}{D_M - D_m} \qquad (4.5.3)$$

により正規化する．但し，D_M, D_m は各々 $D(i,j)$ の最大値，最小値である [153]．この後，b ビットにて量子化し，各階調に疑似カラーを割り当てることで，リカレンスプロットのパターンを知覚しやすくできる．これらのリカレンスプロットを，疑似カラーを用いて描いた結果は口絵に示している．口絵 3, 4 では，下対角に通常スケールでの 256 階調の RGB カラーを，上対角に対数スケールでの 256 階調の RGB カラーを用いて表現した．

疑似カラーを割り当てる際に，通常のスケールだけではなく，対数スケールで表現することも効果的である [60]．リカレンスプロットは，本来アトラクタ上の 2 点間距離をドット表現の情報として用いるが，この 2 点間距離はアトラクタのフラクタル構造を定量化するフラクタル次元を推定する際に計算されることに注意しよう．アトラクタのフラクタル次元は，最終的には，これらの 2 点間距離の指数スケーリング則により推定されるので，これらの値を対数スケールで表示することにより，通常のスケーリングとは異なり，よりアトラクタの構造認知に近い情報を知覚できる可能性がある．

なお，これらのリカレンスプロットを実際に表示する上で考慮しておく点がある．疑似カラーの表現方法はコンピュータのディスプレイ上の画素で表現されるが，ディスプレイの解像度は，一般的にたかだか 1000×1000 画素程度である．例えば，10000 点を有するデータのリカレンスプロットを解像度 1000 × 1000 程度の画面上で描画しなければならない場合，一つの方法として，例えば，10 ステップ毎にサブサンプルしたデータのリカレンスプロットを描くことが考えられる．その際，このようなサブサンプルを施すことで，計算量の多い 2 点間距

離分布を簡便に素早く把握できる一方で，時間的に近接する2点間距離の詳細な情報を失う危険があることには常に注意する必要がある．

さて，リカレンスプロットは，時系列信号に隠された定常性・非定常性の検出の解析手法に用いることができ [185]，神経系データの解析などに応用されている [166, 91]．現在では，システムに対する緩やかに変化する入力の検出なども可能であるという議論もなされている [60]．そこで，リカレンスプロットを用いたシステムに対する緩やかな入力の検出の例として，テント写像，ロジスティック写像，ローレンツ方程式，レスラー方程式を取り上げ，各方程式のパラメータを，外力によって時間と共に変動させた場合の振る舞いをリカレンスプロットを用いて表現してみよう [60, 359]．

パラメータが時間と共に変動する力学系 [60] として，以下の例を用いた．

(1) 時変テント写像

$$x(t+1) = \begin{cases} \frac{a}{2}(2x(t)+\gamma) & 0 \leq x(t) \leq \frac{1-\gamma}{2} \\ \frac{a}{2}(-2x(t)+2-\gamma) & \frac{1-\gamma}{2} < x(t) \leq \frac{2-\gamma}{2} \\ \frac{a}{2}(2x(t)+\gamma-2) & \frac{2-\gamma}{2} < x(t) \leq 1 \end{cases} \quad (4.5.4)$$

式 (4.5.4) において，$\gamma = 0$ とすると本来のテント写像 (式 (2.3.4)) となる．この場合も $a = 2$ とすると数値計算上丸め誤差により正しく計算できない．ここでは，$a = 2 - 10^{-13}$ としている．

(2) 時変ロジスティック写像

$$x(t+1) = (3+\gamma)x(t)(1-x(t)) \quad (4.5.5)$$

(3) 時変ローレンツ方程式

$$\begin{cases} \frac{dx}{dt} = (6+12\gamma)(-x+y) \\ \frac{dy}{dt} = -xz+rx-y \\ \frac{dz}{dt} = xy-bz \end{cases} \quad (4.5.6)$$

ここで，$b = \frac{8}{3}, r = 28$ である．

(4) 時変レスラー方程式

4.5 リカレンスプロット

(a)

(b)

(c)

(d)

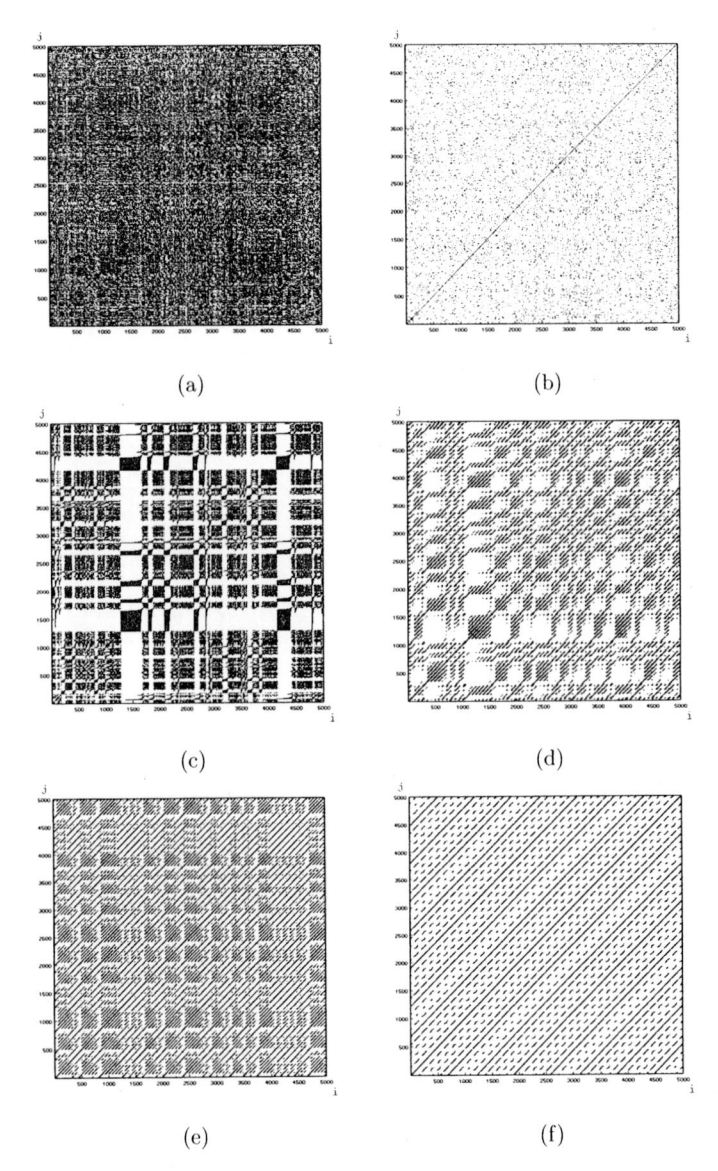

(e)

(f)

図 4.40: 数理モデルに対するリカレンスプロットの例.
(a) エノン写像, $\theta = 0.01D_M$, (b) 池田写像, $\theta = 0.01D_M$, (c) 変形ベルヌーイ写像, $\theta = 0.01D_M$, (d) ローレンツ方程式, $\theta = 0.1D_M$, (e) レスラー方程式, $\theta = 0.1D_M$, (f) ラングフォード方程式, $\theta = 0.1D_M$.

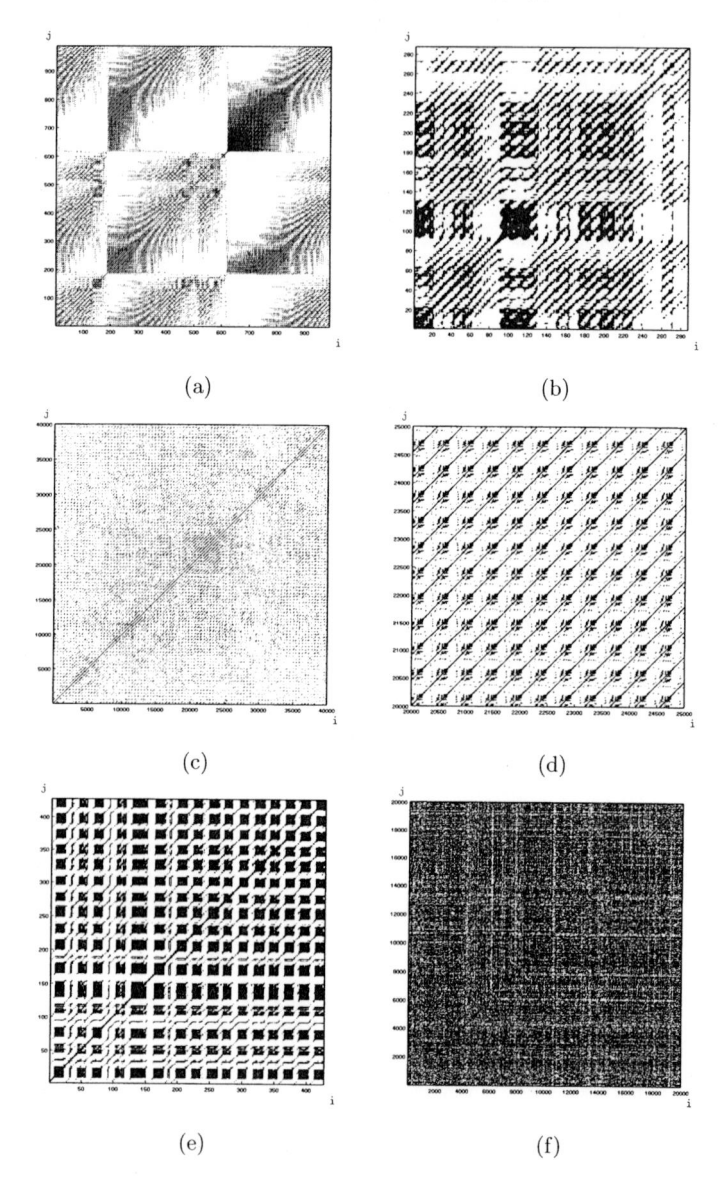

図 4.41: 実データに対するリカレンスプロットの例.
(a) NH_3 レーザ発振データ $\theta = 0.05D_M$, (b) 太陽黒点年平均, $\theta = 0.25D_M$, (c) 日本語母音「あ」, $\theta = 0.01D_M$, (d) 日本語母音「あ」(拡大, $t = 20000, \ldots, 25000$), $\theta = 0.05D_M$, (e) ニューヨーク麻疹患者数の変動, $\theta = 0.05D_M$, (f) コバルトの γ 線放射の時間間隔, $\theta = 0.05D_M$.

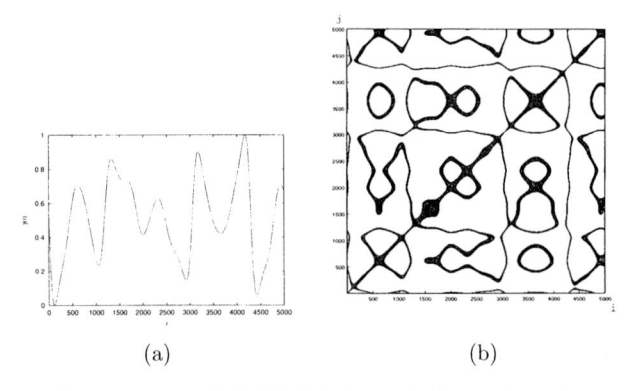

図 4.42: 外力の時系列波形とそのリカレンスプロット.

$$\begin{cases} \dfrac{dx}{dt} = -y - z \\ \dfrac{dy}{dt} = x + (0.3 + 0.098\gamma)y \\ \dfrac{dz}{dt} = b + z(x - c) \end{cases} \quad (4.5.7)$$

ここで, $b=2, c=4$ である.

上記の各システムにおいて, パラメータ γ を時間と共に変動させる. 但し, ここでは, $\gamma(t)$ をダフィング方程式 (式 (2.3.17)) より得られた $x(t)$ とした [60]. パラメータは, $k=0.05, B=7.5$ である. なお, ルンゲクッタ法の刻み幅の整数倍の時間ステップをサンプリング周期として時系列を作成している. 離散時間力学系に対しては, 式 (2.3.17) をサンプリング周期 0.003, また, 連続時間力学系に対しては, サンプリング周期を 0.0003 とした. また, ローレンツ方程式のサンプリング周期は 0.5, レスラー方程式では 2.5 とした. こうして, 得られたデータを [0,1] 区間に正規化した時系列をパラメータ γ の振る舞いとして用いている. 図 4.42(a) は外力の時系列データ, 図 4.42(b) は外力のみのリカレンスプロットを示しているが, このような外力の検出がここでの目標である.

こうして得られる時変システムの振る舞いをリカレンスプロットを用いて表現してみよう. パラメータ $\gamma=0$ のとき, 通常のシステムと等価となるが, 例えば, ロジスティック写像を見ればわかるように, 方程式の定常状態ではカオスだけでなく周期解を呈するパラメータ範囲にも外力の影響が及ぶように設定

されていることに注意しよう [60, 359].

さて，外力の検出を目的としたリカレンスプロットでは，システムのすべての状態変数を観測したとして，その状態空間の多変量のデータをそのままリカレンスプロットに適用したとしても，外力を検出することはできない．それは，外力の項 γ を導入したことにより，システムとしての自由度が増加するためである．そのため，より高次元に再構成したデータを用いることで，外力の振る舞いがリカレンスプロットに反映される．そこで，以下の例では，一つの状態変数を観測し，それをオリジナルの状態空間次元よりも高次元に再構成したものに対してリカレンスプロットを作成した場合について示している．

図 4.43(a)–(d) はテント写像，図 4.43(e)–(h) はロジスティック写像，図 4.44(a)–(d) はローレンツ方程式，図 4.44(e)–(h) はレスラー方程式の各々に対して，システムの一つのパラメータを時変の変数として図 4.42 (a) で示した時系列データで駆動させたときに得られる，状態空間図，時系列プロット及びその再構成状態空間データのリカレンスプロットを示す．図 4.40，図 4.41 の場合と同様に，対応する疑似カラーリカレンスプロットを，口絵 5, 6 に示している．配色方法も口絵 3, 4 と同様に，通常スケールと対数スケールを併用した．

これらの結果を見ると，図 4.43 (c),(g)，図 4.44 (c),(g) と比べて，より高次元に再構成したデータを用いた図 4.43 (d),(h)，図 4.44 (d),(h) の方が，パターンの変化がよりわかりやすく視覚化されている．レスラー方程式以外では，外力のリカレンスプロットとほぼ同様な分布が検出されていることがわかる．レスラー方程式の場合は，周期的な振る舞いに起因する極近傍点の 2 点間距離分布と，外力に起因する極近傍点が共存し，これ以外の例と比べると，外力のリカレンスプロットと同様な分布は検出することが困難であった例である．

このように，リカレンスプロットを用いると，システムに対する外力の存在を検出することも可能である．また，以上の例ではリカレンスプロットによるの外力の可視化のみを取り上げたが，文献 [60] では，そのリカレンスプロットの描像から外力の変動のみを抽出することについても詳細に議論されている．

4.5 リカレンスプロット 197

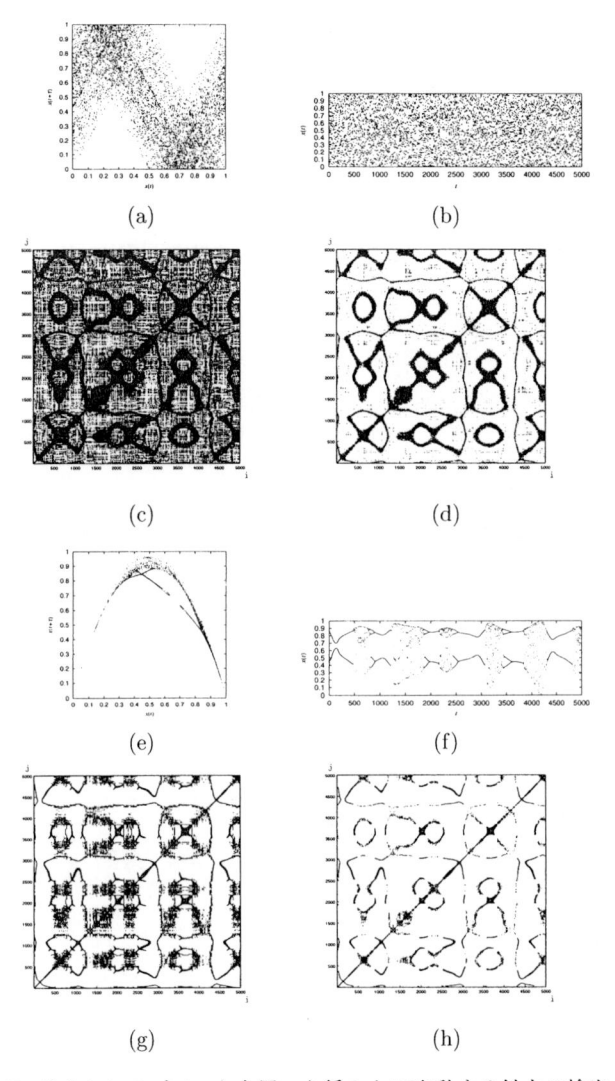

図 4.43: リカレンスプロットを用いた緩やかに変動する外力の検出 (I).
(a) 時変テント写像のリターンプロットと (b) 時系列波形, (c) $m = 2$ における
リカレンスプロット, (d) $m = 3$ におけるリカレンスプロット, (e) 時変ロジス
ティック写像のリターンプロットと (f) 時系列波形, (g) $m = 2$ におけるリカレ
ンスプロット, (h) $m = 3$ におけるリカレンスプロット. いずれのリカレンス
プロットでも, $\theta = 0.05 D_M$.

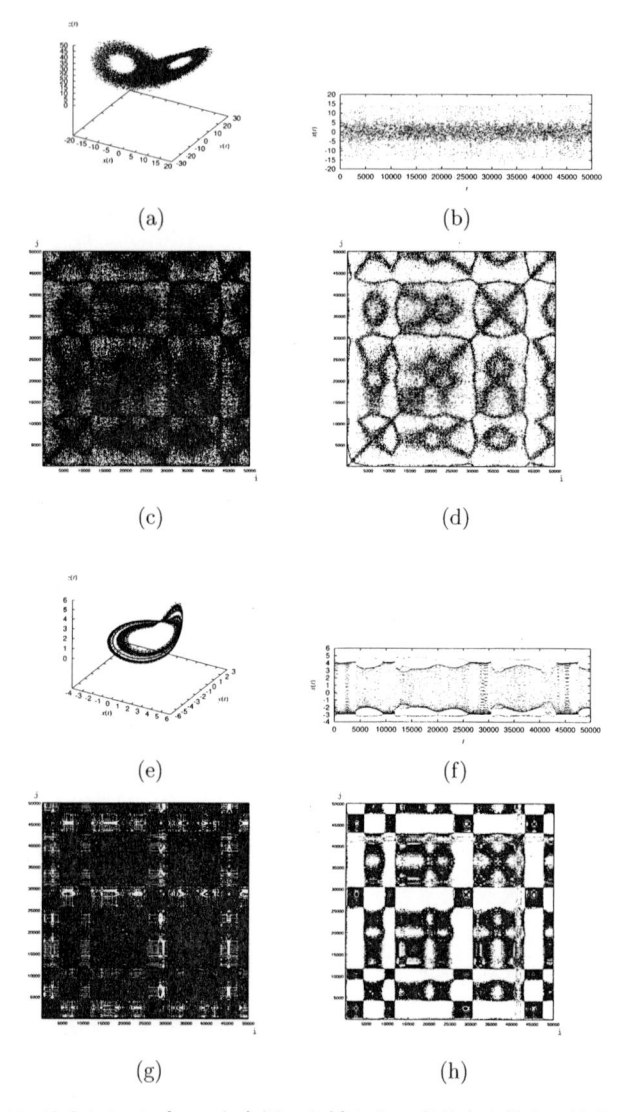

図 4.44: リカレンスプロットを用いた緩やかに変動する外力の検出 (II).
(a) 時変ローレンツ方程式のアトラクタと (b) 時系列データ, (c) $m = 3$ におけるリカレンスプロット, $\theta = 0.5D_M$, (d) $m = 4$ におけるリカレンスプロット, $\theta = 0.5D_M$, (e) 時変レスラー方程式のアトラクタと (f) 時系列データ, (g) $m = 3$ の再構成アトラクタのリカレンスプロット, $\theta = 0.1D_M$, (h) $m = 4$ の再構成アトラクタのリカレンスプロット, $\theta = 0.1D_M$.

第5章

非線形予測理論

5.1 はじめに

　第4章で述べたカオス時系列解析の基本技法は，解析対象となる時系列信号に対してまず適用されるべきものであろう．これらの手法は，複雑な振る舞いを示す現象をモデリングし，予測・制御等に応用するという観点からも重要な過程となる．しかし，どのような手法を用いても，偽の結果を産み出してしまう可能性は常にある．例えば，第4章で説明したように，フラクタル次元あるいはリアプノフ指数のいずれを推定するにしても，偽の推定結果を導いてしまう場合がある．この意味において，様々な手法をより多角的に適用することが望ましい．

　そこで第5章では，力学系のダイナミクスを直接推定し，時系列信号をモデリング・予測することにより，決定論的カオスの特徴である，軌道不安定性に起因した長期予測不能性 (long–term unpredictability) と決定性による短期予測可能性 (short-term predictability) を定量化することでカオスの同定法とするアプローチに着目する．この手法では，フラクタル次元解析やリアプノフスペクトラム解析に比べて比較的データ数が少なくても信頼度の高い結果を得ることができるという長所も有している [312]．そのため，近年ではこの非線形予測を用いた解析が，決定論的カオスの存在同定を含めた有効な解析手法として注目を集めている [63, 351]．

　一方，不規則な振動の動きを予測・制御すること自体，工学・物理学等の実在系において最も興味が持たれる問題の一つでもあり [21]，この意味において

も非線形予測手法は重要である．

さて，何度も述べているように，カオスの特徴の一つには軌道不安定性があり，そして，軌道不安定性に起因して生じる長期予測不能性がある．初期変位 δx_0 が指数関数的にアトラクタサイズにまで拡大され，この意味において，長期予測は本質的に不可能となり，アトラクタ上の不変密度に基づく統計的予測のみが可能となる．しかし，決定論的ダイナミクスを有することには変わりがなく，仮に対象とする系がカオスであっても，非線形性を考慮に入れた良いモデルを作ることができれば，短期的には予測が可能となることに注意しよう．

このような性質を，ロジスティック写像 (式 (2.3.2)) を例にとって説明しよう．ロジスティック写像の時系列 $x(t)$ より得られた情報を用いて，この複雑な振動を予測することを考える．図 5.1 において，○はロジスティック写像より得られた値，実線は○以外の値について非線形モデル化した結果である．モデリング手法には，動径基底関数近似法 (radial basis function interpolation, 以下 RBF) [61] を用いている[1]．なお，ここでは，簡単のため，基底関数を恒等関数 (区分線形近似に相当) とした．

図 5.2 は図 5.1 で示した予測手法を用いて実際に予測を行なった結果を示している．図中，○印が真の時系列，×が予測時系列を示している．これを見ると，図 5.1 のような単純な区分線形近似 (piecewise linear approximation) で，しかも用いた情報は○に相当する 10 点分であるにも関わらず，$t = 10$ 付近までは，十分良い予測結果が得られている (図 5.2)．

これを見ると，不規則信号の本質を，決定論的非線形ダイナミクスの存在に求めることでモデリングを行ない，短期的には高精度な予測を可能とする手法を開発することが非常に重要であることがわかるだろう．また，このような予測手法を用いた結果，「短期的には予測可能だが，長期的には予測不可能となる」ことが見いだせれば，決定論的カオスの一つの同定法となり得るのである [312]．このような予測手法は，決定論的力学系の存在を仮定しており，この意味において，"決定論的"非線形予測 (deterministic nonlinear prediction) と呼ぶことがある．[134]．

---

[1] RBF の具体的な手法については，5.5.2 節を参照のこと．

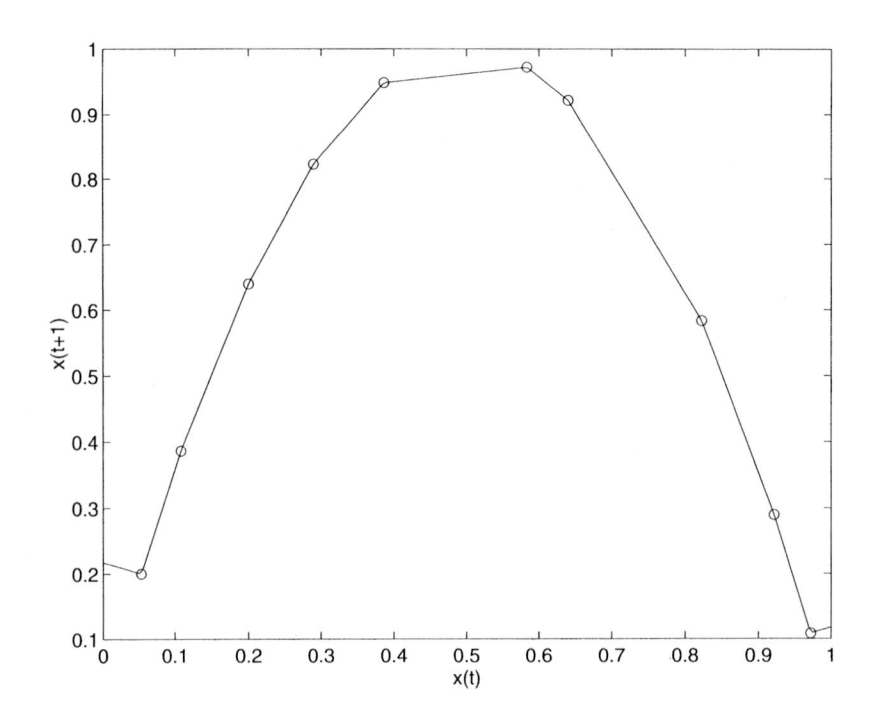

図 5.1: ロジスティック写像の予測例.
ロジスティック写像の時系列より得られた情報を用いて, 時刻 t と $t+1$ の関係を近似した結果. 図中で○が真の値であり, 実線は区分線形補間 (動径基底関数ネットワークにおいて, 基底関数を $\Phi(r) = r$ とする) の結果を示している.

5.2 非線形予測の歴史と大域的予測, 局所的予測

この節ではまず始めに, 予測手法にはどのような種類があるかについて歴史的経緯も含めてまとめていこう.

現在のカオス力学系の研究の流れの中で, カオス時系列の将来予測を最初に適用したのは E. N. Lorenz [204] である. Lorenz は, 気象データの予測において, 類推法 (the method of analogues) と呼ばれる手法を適用した. この試みは, 残念ながら, 気象データの高次元性に阻まれて大きな成功を収めるには至らなかったが, カオスダイナミクスを有するデータについて局所線形モデルを当てはめるという非線形予測を適用した最初の例と考えて良い.

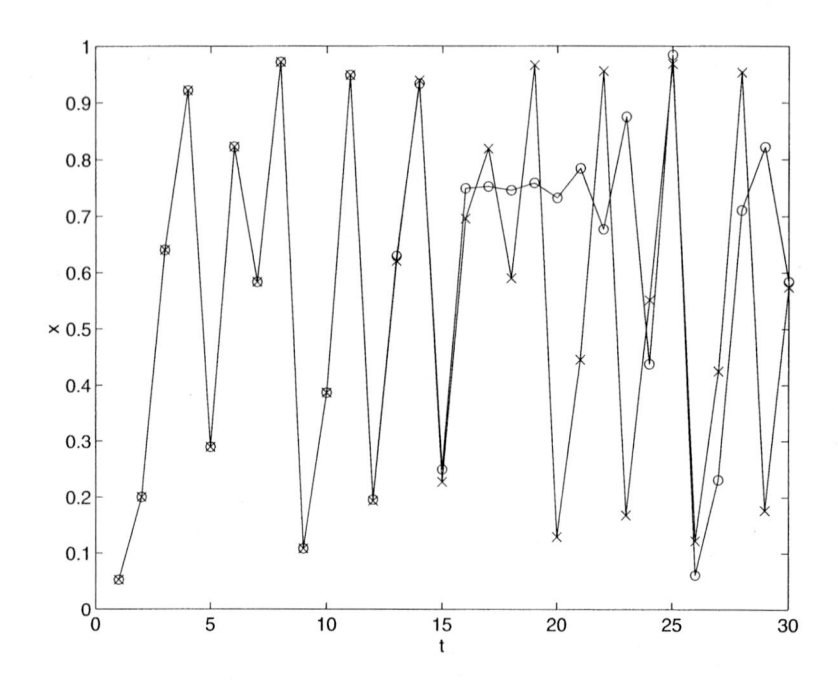

図 5.2: 図 5.1 による予測結果.
図中で，○は真の時系列，×は予測時系列を示している．短い予測ステップでは真の時系列と予測時系列の誤差がほとんどなく，良く予測できていることがわかる．

　カオス時系列のダイナミクスは非線形性を有するので，線形モデル，例えば，ARMA モデル [41, 21] などでは予測は不可能である．確率・統計予測の分野においても非線形予測は重要であり，多くの研究がなされている．特に，1980 年前後において，統計的観点から幾つかの非線形モデリングが提案されている．Tong & Lim は状態空間を閾値により分割し，各領域に AR モデルを割り当てる閾値自己回帰 (Threshold AR, TAR) モデルを提案している [335, 337]．この手法はいわゆる区分線形の最も簡単な場合であり，区分線形は典型的な非線形である．TAR 以外の非線形モデリングとして bilinear モデル，exponential AR モデル [241] があるが，M. B. Priestley は，これらを特別な場合として含むとする状態依存モデル (state-dependent models, SDM) を提案した [253]．現在で

は，AR モデルなどのようなモデルの存在を仮定せず，与えられた時系列データからダイナミクスを抽出する KM_2O ランジュバン方程式論に基づく非線形予測手法が，岡部らにより提案されている [235].

さて，力学系の研究では，Sano & Sawada [279] そして Eckmann, Ruelle ら [84, 82] らがほぼ同時期にリアプノフ指数の推定で局所線形モデルを用いている．TAR は disjoint な区分線形であるが，状態空間における各点においてなめらかに局所線形モデルを推定することで予測する手法は，Farmer & Sidorowich により述べられている [87, 88]．これらは，カオス時系列を予測するということを初めて前面に押し出した論文でもある [87, 88]．彼らは，局所線形モデルを推定する手法によりカオス時系列を予測し，予測誤差のスケーリング特性について検討した．

ここまで述べた局所的線形近似法以外にもいくつかの手法が提案されている．1989 年に M. Casdagli は，動径基底関数 (radial basis functions, RBF) [250] を非線形予測へ応用している [61]．また，D. Broomhead らもほぼ同時期に，カオス時系列の予測を含む一般的な関数補間問題について検討している [46]．更に，RBF への線形項の付加による補間性能の向上が，Mees, Jackson & Chua により示されている [221]．また，RBF 補間を多重解像度的に用いる手法による性能改善が，He & Lapedes により報告されている [119].

RBF は与えられたデータから，関数形を基底関数の重ね合わせとして大域的に補間する手法であるが，基底には局在化した関数を使うという特徴を持つ．これに対し，シグモイド関数の重ね合わせによる補間となるバックプロパゲーション学習 (back propagation learning) を用いたニューラルネットワークによる予測が Lapedes らによって提案され [196]，Weigend ら [352] 及び Wolpert ら [357]，Gençay [105, 9] らによって拡張されている．

1990 年には，Sugihara と May [312] が，シンプレックス投影法 (simplex projection) と呼ぶ手法を用いているが，これは，状態空間をアトラクタ上の各点を頂点とする多面体に三角分割する手法である．これに対して，1991 年には Mees により，アトラクタ上の各点を母点とするボロノイ分割 (三角分割の双対となる) を用いた予測手法が提案されている [220]．更に，ヤコビ行列の推定を一次で打ち切らず高次の項を用いる局所非線形近似 [88, 42, 49, 48, 4, 3] の他，局所

直交座標を用いる手法 [202, 156]，連想記憶 [157]，Wavelet の応用 [56, 246]，局所線形予測法と low pass filter との併用 [282]，特異値分解との併用 [192]，遺伝的アルゴリズム (genetic algorithm) の応用 [315] 等もある．

また，本書では詳しく触れないが，決定論的非線形予測法の応用として，ノイズリダクション (noise reduction)，シャドウイング (shadowing) と呼ばれるノイズ低減法もある [118, 190, 292, 90, 281, 124, 111, 74, 222]．

このように様々な非線形予測手法が既に提案されているが，これらは，大域的予測手法と局所的予測手法という側面から捉えることもできる．これらを表 5.2 にまとめる．表 5.2 では RBF，BP ネットなどを大域的手法としてあげたが，これらの手法を局所的に使うことも可能である [302]．

5.3 予測の評価
5.3.1 予測器の構成と適用

このように，様々な非線形予測の手法が提案されてきているが，どの手法がどのような状況で効果を発揮するのかということを調べる必要がある．その際には，解析対象となる時系列信号に対して，実際に非線形予測の手法を適用し，その手法の性能を評価解析しなければならない．その際の手順は，以下のようにすると良い．

まず，時系列データを二分し，前半のデータ群 $(t = 1, 2, \ldots, K)$ を用いて m 次元空間内に，時間遅れ τ で再構成状態空間内でアトラクタを構成する．仮に，$K = N/2 - (m-1)\tau$ であれば，時系列を半分に分割したことになる．これらの前半データを，モデル作成のための初期データベースとする．つまり，5.5 節で説明する，ヤコビ行列の推定法，ボロノイ分割法などを適用して，予測器を構成する部分となる．

次に，後半のデータ $(t = K, K+1, \ldots, N)$ を予測対象として，作成した予測器への入力とし，予測値を算出していく．仮に，時系列信号が，いわゆる定常であり，性質が時間の変化とともに変わらないとすれば，新しくデータベクトルとして順に読み込まれた予測対象ベクトルを，次々とデータベースに加えていくことで，予測器作成の為のデータ数が増えるのでより高精度な予測の実現を期待できる．

表 5.1: 予測手法の分類.

			線形		非線形
大域的	自己回帰移動平均 (ARMA) etc		Box & Jenkins, 1970 赤池, 1972 (AIC)	RBF	Casdagli, 1989 Broomhead et al., 1988 Mees et al., 1991 (affine terms) Mees, 1993 (BIC) Judd & Mees, 1995 (MDL)
				BP	Lapedes et al., 1990 Weigend et al., 1990 Wolpert et al., 1990
				KM$_2$O ランジュバン方程式	Okabe et al., 1995
局所的	類推法		Lorenz, 1969 Ikeguchi & Aihara, 1996	高次ヤコビ行列	Brown et al., 1990 Bryant et al., 1990 Abarbanel et al., 1991 Briggs, 1992
	閾値自己回帰		Tong, 1978 Tong & Lim, 1980		
	状態依存モデル		Priestly, 1980		
	ヤコビ行列		Sano & Sawada, 1985 Eckmann et al., 1985, 86 Farmer & Sidorowich, 1987	RBF	Smith, 1993
	三角分割		Sugihara & May, 1990 Mees, 1991		
	ボロノイ分割		Mees, 1991		

さて，予測時系列信号を作成するには，予測されたベクトルの第 m 成分を用いればよい．即ち，実際に時系列信号として予測される区間は，予測ステップを p とすれば，$t = K + (m-1)\tau + p$ から $t = N$ となる．

また，図 5.3 では，時間的に古い情報 (前半部分) を用いて，新しい情報 (後半部分) を予測する場合について示したが，後半部分を用いて前半を予測することも可能である．これにより，予測手法の性能を詳細に解析することができる．更に，このように前半と後半の二つに分けるのではなく，より多くの部分に分割し，各小部分で予測器を構成し残りの部分に適用する [290]，あるいは，予測器を構成するためのデータベースの長さを変化させるなどにより，時系列信号の定常性を検定する手法も提案されている [290, 150, 137]．

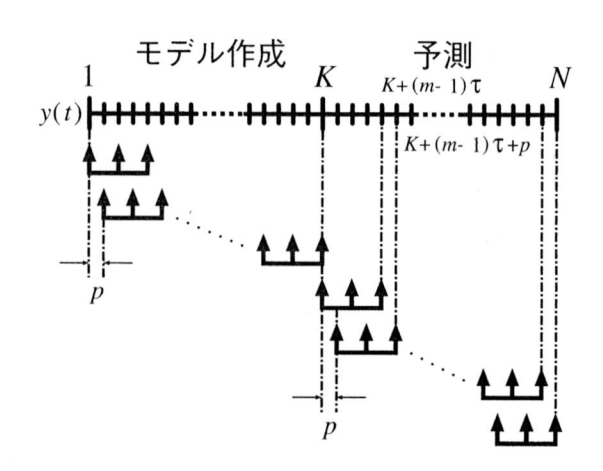

図 5.3: 予測手法の適用方法例．

まず，前半部分に対して，決定論的モデルの存在を仮定し，その仮定したモデルに従うような予測器をこの前半部分のデータより作成する．これは，ニューラルネットなどでいういわゆる学習のフェーズに相当する．例えば，m 次元状態空間の中にアトラクタがあるとする．再構成状態空間であれば，時間遅れ座標系への変換を用いたとする (図では，時間遅れは $\tau = 2$)．また，予測ステップを p (図では，$p = 1$) とする．これより，予測時系列は，時間ステップ $t = K + (m-1)\tau + p$ から $t = N$ までのものが作られる．結果として，予測時系列のデータ数は $P = N - (K + (m-1)\tau + p - 1)$ となる．

5.3.2 予測値の評価

予測精度の定量的評価に良く用いられるのは，例えば，

(1) $z(t)$ と $\hat{z}(t)$ の相関係数 R_1
(2) $z(t)$ と $\hat{z}(t)$ の平均自乗誤差 E_1

などである．

但し，実際の時系列信号を $z(t)$, 予測時系列信号 $\hat{z}(t)$ としている．これらの定義は以下のようになる．

定義 5.3.1（(実) 相関係数）

$$R_1 = \frac{\sum_{t=1}^{P}(z(t)-\bar{z})(\hat{z}(t)-\bar{\hat{z}})}{\sqrt{\sum_{t=1}^{P}(z(t)-\bar{z})^2}\sqrt{\sum_{t=1}^{P}(\hat{z}(t)-\bar{\hat{z}})^2}} \tag{5.3.1}$$

定義 5.3.2（正規化平均自乗誤差）

$$E_1 = \frac{\sqrt{\sum_{t=1}^{P}(z(t)-\hat{z}(t))^2}}{\sqrt{\sum_{t=1}^{P}(z(t)-\bar{z})^2}} \tag{5.3.2}$$

但し，$\bar{z}$, $\bar{\hat{z}}$ は真の時系列，予測時系列の各平均，P は時系列に含まれるデータ数である．

これらの統計量は，予測手法の評価にしばしば用いられるが，次に示す指標も，予測の精度をより詳細に評価する上で重要となることに注意しよう．

(1) $z(t)$ と $\hat{z}(t)$ それぞれの変化分の (差) 相関係数,
(2) $z(t)$ と $\hat{z}(t)$ の変化分の符号非一致率.

これらを定義するために，新たに $z(t)$, $\hat{z}(t)$ に関する，二つの時系列を

$$\Delta z(t) = z(t+1) - z(t)$$

と
$$\Delta \hat{z}(t) = \hat{z}(t+1) - z(t)$$
で定義する．このとき，これらの統計量を以下のように定義する．

定義 5.3.3 ((差)相関係数)

$$R_2 = \frac{\sum_{t=1}^{P}(\Delta z(t) - \Delta \bar{z})(\Delta \hat{z}(t) - \Delta \bar{\hat{z}})}{\sqrt{\sum_{t=1}^{P}(\Delta z(t) - \Delta \bar{z})^2}\sqrt{\sum_{t=1}^{P}(\Delta \hat{z}(t) - \Delta \bar{\hat{z}})^2}} \tag{5.3.3}$$

定義 5.3.4 (符号非一致率)

$$S_e = 1 - \frac{\sum_{t=1}^{P} I(\Delta z(t) \cdot \Delta \hat{z}(t))}{P} \tag{5.3.4}$$

但し，$I(t)$ はヘビサイドのステップ関数である．これらの統計量は，非線形予測を用いた時系列信号の同定において特に効果的となる [144]．

5.4 モデリングと予測ステップ

ここまでは，実際に予測手法を適用するに当たっては，何ステップ先を予測するかということも重要である．p ステップ先の値を予測する際には，二つの選択がある．それらは，

(1) p ステップ先の値を直接予測する (direct prediction)

(2) 1 ステップ予測を p 回再帰的に繰り返す (recursive prediction)

である．

カオスの特徴である軌道不安定性は，ある時刻における状態値に含まれる誤差が，徐々に拡大されていくことを指す．したがって，(2) の再帰的予測により抽出される特徴に対応する．一方，(1) の予測はある時刻とその時刻の p 単位時間後の情報のみを用いるので，どちらの予測手法が高精度の予測を実現できるかについては，時系列信号を生み出した力学系 f の本来有する軌道不安定性と，f の p 回の合成写像 f^p の関数形の複雑さとのトレードオフによって決定

されることになる.

5.5 具体的な非線形予測の手法

5.5.1 局所線形近似手法

カオスを予測するために最初に用いられた手法である類推法 [204], ヤコビ行列推定法 [87] などがこれに属する. 図 5.4 は, 局所的近似手法の概念を示している. 局所的近似手法の基本的な考えは,「予測対象とその状態空間内での近傍は, 十分に短い時間幅であれば, まだ近傍である」というものである.

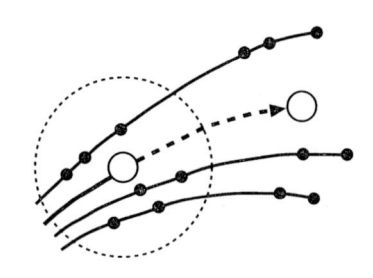

図 5.4: 局所線形近似法の考え方.
ある時刻における予測対象 (大きい白丸) とその近傍 (点線内の黒点) は, 時間ステップ p が十分に短ければ, p ステップ後にもまだ近傍である.

5.5.1.1 Lorenz の類推法とその改良

1969 年, Lorenz は, 類推法 (the method of analogues) と呼ばれる手法を提案した. まず, (再構成された) 状態空間内におけるアトラクタの軌道を考え, この軌道上の一点を $v(T)$ とする. この $v(T)$ が予測される点である. 次に, この $v(T)$ の近傍をデータベース中より探索し, これを $v(k_i), (i = 1, 2, \ldots, M)$ とする. 探索された近傍群 $v(k_i), (i = 1, 2, \ldots, M)$ を小さい順に並べ変えておく. 即ち, $v(k_1)$ が $v(T)$ の最近傍である.

さて, これらの各点の p ステップ後を考える. $v(k_i)$ は各々 $v(k_i + p)$ に移る (図 5.5 参照). Lorenz は, この時, 時系列信号の予測値を $v(T)$ に最もマッチするもの, 即ち, 最近傍 $v(k_1)$ とした [204]. 従って, $v(T)$ の予測値は, p ス

テップ直接予測の場合，

$$\hat{v}(T+p) = v(k_1+p), \tag{5.5.1}$$

で与えられる．再帰的に予測する場合は，式 (5.5.1) において $p=1$ として，これを p 回繰り返して用いれば良い．

このように類推法では，図 5.5 で示すように，近傍を1点だけ抽出することになるが，時間遅れ座標を用いて状態空間を再構成していることを考えると，時系列上では図 5.6 のように説明できる．つまり，ある時刻におけるパターンが過去のどのパターンにもっとも似ていたのかを求め，それを予測値とするのが，Lorenz の類推法のポイントである．

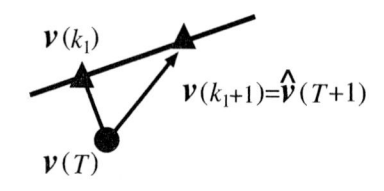

図 5.5: Lorenz の類推法の概念．
$v(T)$ の1ステップ後の予測値は，$v(T)$ の最近傍の $v(k_1)$ の推移値 $v(k_1+1)$ で与えられる．

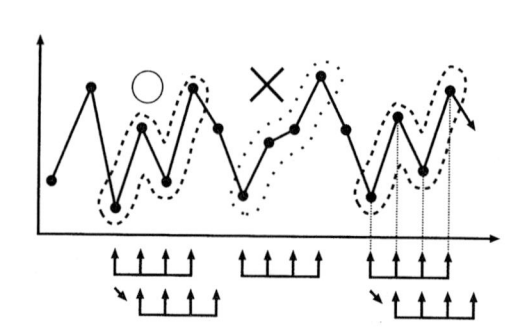

図 5.6: Lorenz の類推法の時系列的な考え方．
$v(T)$ の予測値は，過去のパターンの中でもっとも $v(T)$ に似ている $v(k_1)$ (○印) の推移値 $v(k_1+1)$ で与えられる．

5.5 具体的な非線形予測の手法

さて，この手法は，データにノイズがない時などは，確かに有効なのであるが，観測ノイズの量が多くなった時などは，最近傍が必ずしも良い予測のための適切な情報とはならない．その場合，近傍点数を増やすことによりノイズを低減させ，その結果，予測精度の向上が期待できる．そこで，類推法の特徴を活かした局所線形予測手法として，以下の改良アルゴリズムを考えることができるであろう．

まず，$v(T)$ の近傍を再び $v(k_i)(i=1,2,\ldots,M)$ とする．さて，p ステップ後には，$v(k_i)$ は，$v(k_i+p)$ に写像される．これらの全近傍情報を用いて，予測値の導出に次式で与えられる関数

$$\hat{v}(T+p) = w(v(k_i), v(T))v(k_i+p) \tag{5.5.2}$$

とすれば良い．式 (5.5.2) において，$w(\cdot)$ をどうするか，即ち，どのような重みを用いるかについては，様々な手法を考えることができる．例えば，各近傍を一様に見る，即ち，

$$\hat{v}(T+p) = \frac{1}{M}\sum_{i=1}^{M} v(k_i+p) \tag{5.5.3}$$

とすることも考えられよう．また，より近い近傍の情報を重視するために，$v(T)$ と $v(k_i)$ 間の距離

$$d_i = |v(k_i) - v(T)|$$

に応じて重みづけ方法もある．具体的には，

$$\hat{v}(T+p) = \frac{\sum_{i=1}^{M} d_i^{-1} v(k_i+p)}{\sum_{i=1}^{M} d_i^{-1}} \tag{5.5.4}$$

あるいは，

$$\hat{\boldsymbol{v}}(T+p) = \frac{\sum_{i=1}^{M} \exp(-d_i) \boldsymbol{v}(k_i + p)}{\sum_{i=1}^{M} \exp(-d_i)} \tag{5.5.5}$$

とすれば良い.

式 (5.5.4) の重みづけを用いる場合,ノイズがなく,十分なデータ精度が得られているという理想的な場合には,$\boldsymbol{v}(T) = \boldsymbol{v}(k_i)$ のような特異なことは起こらない.しかし,実データを予測対象とした時には,このような状況が起こり得る.そこで,もし,$\boldsymbol{v}(T) = \boldsymbol{v}(k_1)$ の場合は,$\hat{\boldsymbol{v}}(T+p) = \boldsymbol{v}(k_1+p)$ とすることも考えられる [144].

式 (5.5.5) は,Sugihara と May が用いたシンプレックス投影法 [312] と等価である.但し,シンプレックス投影法では,まず,状態空間を三角分割し,予測対象が含まれるシンプレックスの頂点をその近傍として選択し,式 (5.5.5) により予測する.三角分割を用いたモデリング手法として,Allie, Mees, Judd & Watson らの研究もある [27].

5.5.1.2 ヤコビ行列推定法

既に述べたように,力学系の研究では,佐野と沢田 [279], Eckmann ら [84, 82] が,リアプノフ指数の推定で局所的線形モデルを用いているが,このリアプノフ指数の推定の際に用いたヤコビ行列の推定手法は,この局所的モデリングの代表例である.実際に,局所的線形モデルを推定することで予測する手法は,Farmer と Sidorowitch により述べられている [87, 88].

局所的モデルでは,図 5.4 に示すように,時刻 t における状態 (図中の白丸) の T ステップ先の予測を,時刻 t における近傍 (図中点線内の黒丸) の動きにより予測するという考えに基づいていた.実データに対するリアプノフスペクトラム解析では,式 (2.2.1) の非線形写像のヤコビ行列をこれらの再構成されたアトラクタの各点 $\boldsymbol{v}(T)$ に対して,その近傍の推移情報に基づいて推定したことを思いだそう.

つまり,推定されたヤコビ行列 $\boldsymbol{G}(t)$ は,$\boldsymbol{v}(T)$ の近傍の微小変位ベクトルがどのように写像されるかという情報を与えているのである.よって,新しいベ

クトル $\boldsymbol{v}(T)$ が与えられたとき，$\boldsymbol{v}(T)$ に最も近いアトラクタ上の点 $\boldsymbol{v}(t')$ を探索し，この点からの変位ベクトル $\boldsymbol{v}(T) - \boldsymbol{v}(t')$ が，$\boldsymbol{v}(t')$ でのヤコビ行列 $\boldsymbol{G}(t')$ により写像されると考えればよい．

具体的に述べよう．まず，m 次元再構成状態空間における点 $\boldsymbol{v}(t)$, $(t = 1, 2, \ldots, K)$ (図 5.4 参照) において，ヤコビ行列 $\boldsymbol{G}(t)(t = 1, 2, \ldots, K)$ が既に推定されているとするとしよう．この時，新たに予測されるべき点 $\boldsymbol{v}(T)$ が与えられたとする．$\boldsymbol{v}(T)$ に最も近い点を $\boldsymbol{v}(t)(t = 1, 2, \ldots, K)$ より探索し，これを $\boldsymbol{v}(t')$ とする．$\boldsymbol{v}(T)$ と $\boldsymbol{v}(t')$ の間の変位ベクトル

$$\boldsymbol{y}' = \boldsymbol{v}(T) - \boldsymbol{v}(t') \tag{5.5.6}$$

は $\boldsymbol{v}(t')$ におけるヤコビ行列 $\boldsymbol{G}(t')$ によりその変化が支配されると考えて良い．従って，$\boldsymbol{G}(t')$ を用いて，$\boldsymbol{y}'$ の変化を

$$\hat{\boldsymbol{z}}' = \boldsymbol{G}(t')\boldsymbol{y}' \tag{5.5.7}$$

で予測する．予測点 $\hat{\boldsymbol{z}}'$ は，p ステップ後に

$$\hat{\boldsymbol{z}}' = \hat{\boldsymbol{v}}(T+p) - \boldsymbol{v}(t'+p) \tag{5.5.8}$$

となるという関係がある．従って，以下の予測器を得ることができる．

$$\hat{\boldsymbol{v}}(T+p) = \boldsymbol{G}(t')(\boldsymbol{v}(T) - \boldsymbol{v}(t')) + \boldsymbol{v}(t'+p) \tag{5.5.9}$$

このようにして，ヤコビ行列を推定することで，新しいデータに関する予測を行なうことができる．

5.5.1.3　ボロノイ分割法 [220]

まず，測定された時系列データ再構成されたアトラクタ上の各点に対して，これらの点を頂点とした三角分割を行なう．次に，各三角形の各辺の垂直二等分線により，各頂点を中心とした小領域 T_i に分割する．この分割は，ボロノイ分割 (Voronoi tesselation) と呼ばれ，三角分割とは双対 (dual) の関係となる．言い換えると，式 (5.5.10) で定義されるような，点 $\boldsymbol{v}(i)$ を代表とする小領域 T_i

(ボロノイ領域) によって，m 次元空間内のアトラクタを "タイル張り" にする．

$$T_i = \{v \in \boldsymbol{R}^m : |v - v(i)| < |v - v(j)|, j = 1, 2, \ldots, N, j \neq i\} \quad (5.5.10)$$

ボロノイ分割の一例を図 5.7 に示そう．図 5.7(a) 中の黒い丸点は，データ $v(i), i = 1, 2, \ldots, K$ である．これらの点は，各ボロノイ領域を代表する点であり，ボロノイ領域の母点 (generator) という．

式 (2.2.8) の再構成状態空間への変換が埋め込みになっているとき，

$$v(t+1) = \phi(v(t)) \quad (5.5.11)$$

となるような写像 ϕ の存在を仮定してよい．従って，ϕ の近似写像 $\hat{\phi}$ を推定できれば，再構成状態空間内でのダイナミクスを推定できることになる．我々は，埋め込まれたアトラクタ上の点がどのように写像されるかという情報は持っている．即ち，任意のボロノイ領域 S_i の母点 $v(i)$ が変換後，$v(i+1)$ に写像されることは既知である．

そこで，各ボロノイ領域が十分に小さいとすれば，再構成状態空間内の新し

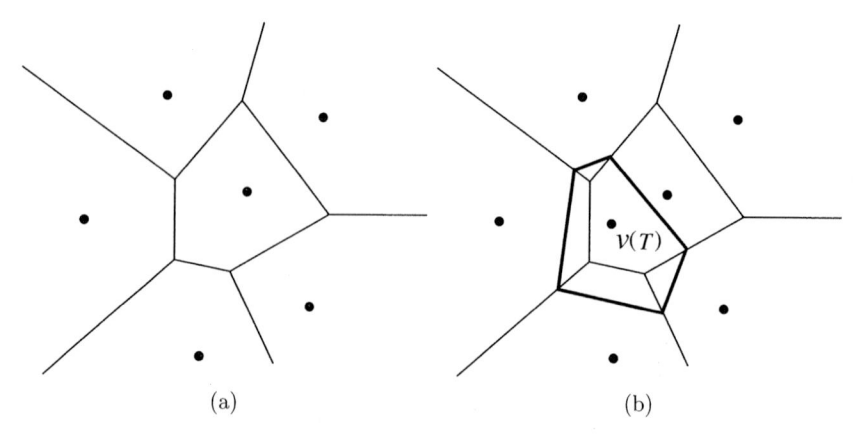

図 5.7: ボロノイ分割による非線形予測．
(a) 初期データベースによるボロノイ分割．(b) 予測対象 $v(T)$ が入ることにより変更されたボロノイ分割．

5.5 具体的な非線形予測の手法

い測定点 $\bm{v}(T)$ に対する次の時刻の予測値 $\hat{\bm{v}}(T+1)$ を,

$$\hat{\bm{v}}(T+1) = \hat{\bm{\phi}}(\bm{v}(T)) = \sum_{i \in N(\bm{v}(T))} \lambda_i(\bm{v}(T))\bm{v}(i+1) \tag{5.5.12}$$

とすることで予測器を構成する [218, 219]. ここで, 重み $\lambda_i(\bm{v}(T))$ は次式で与えられる.

$$\lambda_i(\bm{v}(T)) = \frac{\mu_m(T_i(\bm{v}(T)))}{\displaystyle\sum_{j \in N(\bm{v}(T))} \mu_m(T_j(\bm{v}(T)))} \tag{5.5.13}$$

但し, $\mu_m : \mathbf{R}^m$ 上のルベーグ測度, $T_i(\bm{v}(T)) : \bm{v}(T)$ を中心とする新しいボロノイ集合とそれ以前の i 番目のタイルとの共通部分, $N(\bm{v}(T)) : \bm{v}(T)$ を中心とする新しいボロノイ領域と重なるタイルの添え字集合である. 図 5.7(b) を見るとわかるように, 新しい点 $\bm{v}(T)$ が入るとボロノイ分割の形状は変化する. 式 (5.5.12), (5.5.13) の意味は, $\bm{v}(T)$ の予測値には, 状態空間内での $\bm{v}(T)$ の近傍 (図 5.7(c) では 5 個) を用いるが, $\bm{v}(T)$ の挿入前のボロノイ分割において各母点が有していたボロノイ領域から, $\bm{v}(T)$ が挿入されたことで削られた面積を予測器の重みに用いるのである.

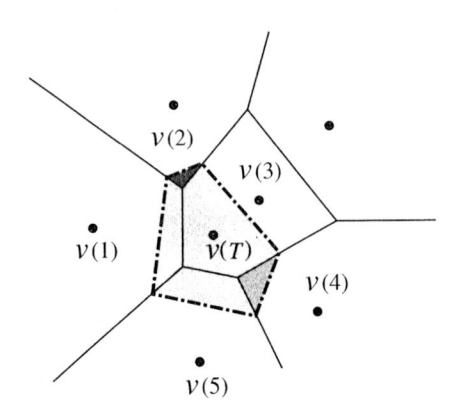

図 5.8: ボロノイ分割による非線形予測での予測器における係数の決定.
$\bm{v}(T)$ の近傍は 5 個の母点があるが, 各母点のボロノイ領域が削られる面積 (この図の場合 2 次元であることに注意) を係数とする.

5.5.1.4 区分線形法

議論を簡単にするために 2 次元の埋め込みの場合を説明する．3 次元以上に埋め込む場合も同様に行なえる．

いま，学習対象となる時系列データ

$$x(0), x(1), x(2), \cdots, x(M+2)$$

が与えられたとする．これらは予め，$0 \leq x_n \leq 1\ (0 \leq n \leq M+2)$ を満たすように規格化されているとする．予測を行なうには，

$$x(t+2) = f(x(t), x(t+1)) \quad 0 \leq t \leq M$$

を満たす実数値関数 $f : [0,1] \times [0,1] \to \mathbf{R}$ が同定できればよい．この関数 f を近似する不連続区分線形関数 $g : [0,1] \times [0,1] \to \mathbf{R}$ を次のように構成し，これを使って予測を行なう．

まず，規格化した埋め込み空間 $[0,1] \times [0,1]$ を $N \times N$ 個のボックスに等分割する．

$$B(i,j) = \left\{ (x,y) : \frac{i-1}{N} \leq x < \frac{i}{N}, \frac{j-1}{N} \leq y < \frac{j}{N} \right\} \quad 1 \leq i,j \leq N$$

学習データを埋め込んだとき，3 個以上の学習点が入っているボックスの上では最小二乗法により 1 次関数として g を定める．学習点が 2 個以下しか入っていないボックスの上では，平均値をとる定数関数として g を定める．

このようにして定めた関数 g に対して，予測対象データ y_0, y_1 が与えられたとき，$y_2' = g(y_0, y_1)$ が予測値となる．

ここで，分割の N をどのように定めるのが最適かが問題となるが，これはデータの性質にも依存し，予めわからない．そのため，学習データ自身を予測対象データとして使い，N を変化させ，最も予測精度の良い N を採用する．

この方法の長所は，1) カオスアトラクタが交差するボックスの数は N^d に比べて非常に小さい場合が多いが，メモリーに記憶しておくのは，このアトラクタと交差するボックス上の情報のみであるから，少ないメモリーで実行でき，短時間で予測できること，2) 追加されたデータに応じて関数 g を修正するのが容易であること，があげられる．

5.5 具体的な非線形予測の手法

短所は,学習データが少ないときには,関数 g の不連続性が表面化し,良い予測ができないこと,があげられる.

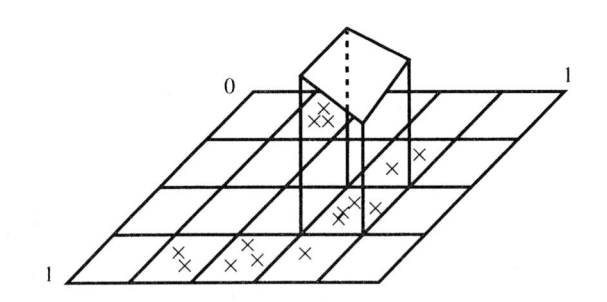

図 5.9: 区分線形予測手法の説明.

5.5.2 非線形手法

前項では,局所的に線形なモデリングを適用する (局所線形は典型的な非線形であることに注意しよう) 非線形予測の手法について述べてきた.ここでは,大域的に非線形なモデリングを適用することによる手法について紹介しよう.

例えば,ある力学系に微小変位分を与えたときのダイナミクスは,式 (4.3.7) で表わされるが,これは,テーラ展開したときに 1 次の項で打ち切った場合の近似である.リアプノフスペクトラム解析でも述べたが,テーラ展開する際に,1 次近似ではなくより高次な係数を導入するも可能である.これにより,微小変位成分に関する非線形ダイナミクスを推定することができるので,局所非線形な予測手法と呼ぶことができるであろう.

このように,非線形な予測手法は種々考えることができるが,逆に言えば,非線形系は無次元系となるため,全ての非線形を記述することは基本的に不可能である.そのような場合は,対象とするクラスを限定することで,非線形性を記述すれば良い.そこで,この項では,局所的な基底関数の重ね合せで大域的に非線形ダイナミクスを記述する手法として動径基底関数ネットワークと,ニューロンの入出力関数としてしばしば用いられるシグモイド関数の重ね合せで大域的に非線形性を記述する手法として多層型ニューラルネットワークを用いた非線形予測の手法について述べることにする.

5.5.2.1　動径基底関数ネットワーク

動径基底関数 (Radial Basis Function, 以下 RBF) ネットワークは，動径基底関数と呼ばれる局在化した基底関数の重ね合わせにより，任意関数の補間を行なう手法である [250]．RBF 法をカオス的時系列の予測問題に応用したのは，M. Casdagli である [61]．

RBF ネットワークの構成を図 5.10 に，また，式 (5.5.14) に示す．

$$\hat{y}(t+1) = \hat{\boldsymbol{F}}(\boldsymbol{v}(t)) = \sum_{i}^{M} \gamma_i \Phi(|\boldsymbol{v}(t) - \boldsymbol{c}_i|) \tag{5.5.14}$$

ここで，γ_i は重み，$\boldsymbol{c}_i$ はセンタと呼ばれる点，Φ は基底関数である．

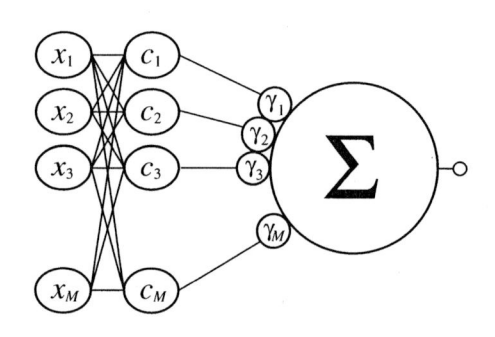

図 5.10: RBF ネットワークの構造．

基底関数には，様々なものが考えられるが，しばしば良く用いられるのが，ガウシアン関数

$$\Phi(r) = \exp(-r^2/b) \tag{5.5.15}$$

シンプレートスプライン関数

$$\Phi(r) = r^{2k+1} \log r \tag{5.5.16}$$

ベル型関数

$$\Phi(r) = \frac{1}{1 + \cosh(\sigma_h r)} \tag{5.5.17}$$

等がある．図 5.11 には，これらの基底関数の形状を示している．

5.5 具体的な非線形予測の手法

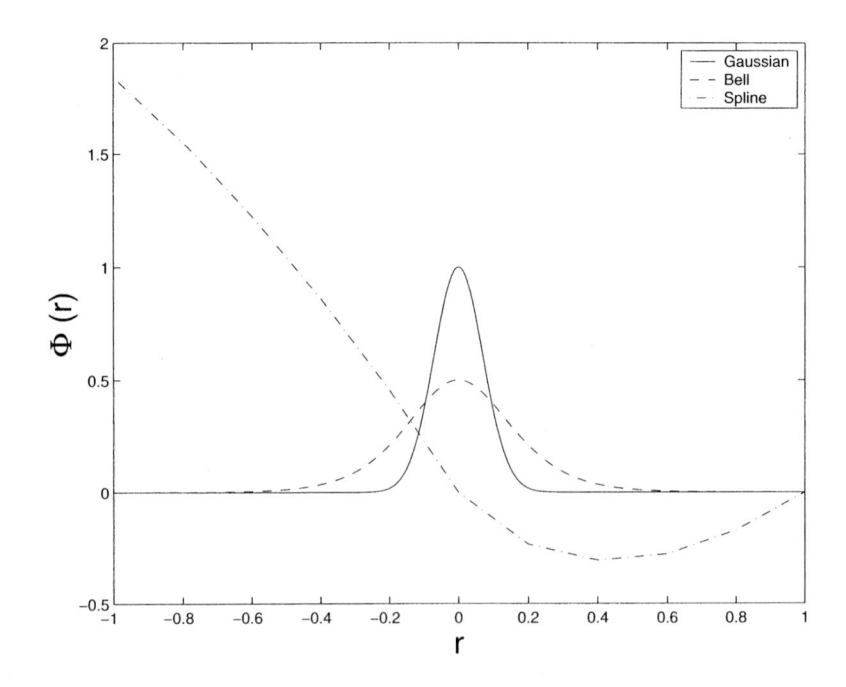

図 5.11: RBF ネットワークに用いる基底関数の例.
(a) ガウシアン関数 (実線), (b) ベル型関数 (破線), (c) シンプレートスプライン (一点鎖線), 但し, $b = 100, \sigma_h = 0.1, k = 0.1$ とした.

式 (5.5.14) に線形項 (アファイン項) を付加した, アファインプラス RBF (APRBF) ネットワーク [221, 217] は, ノイズ成分を線形項により吸収できるので有効である. APRBF ネットワークを式 (5.5.18) に示す.

$$\hat{y}(t+1) = \boldsymbol{\alpha}\boldsymbol{v}(t) + \boldsymbol{\beta} + \sum_{i=1}^{m} \gamma_i \phi(|\boldsymbol{v}(t) - \boldsymbol{c}(i)|) \tag{5.5.18}$$

さて, RBF ネットワークの場合, 重み γ_i をどのように決定するかで全てが決まるわけであるが, 簡単な手法として, 以下のような行列演算に帰着させることができる. そのために, 各情報を行列あるいはベクトルで表現しよう.

$$\boldsymbol{y} = (y(1), \cdots, y(n))^t \tag{5.5.19}$$

$$\boldsymbol{\gamma} = (\gamma_1, \cdots, \gamma_m)^t \qquad (5.5.20)$$

$$\boldsymbol{P} = [p_{ij}] = \phi(\|\boldsymbol{v}(i) - \boldsymbol{c}(j)\|) \qquad (5.5.21)$$

とすると,

$$\boldsymbol{P}\boldsymbol{\gamma} = \boldsymbol{y} \qquad (5.5.22)$$

となるので, 式 (5.5.22) を解けば, $\boldsymbol{\gamma}$ を求めることができる. APRBF の場合, 線形項を付け加えてやれば良い. すなわち, 行列 $\boldsymbol{P}$ を

$$\boldsymbol{P} = [p_{ij}] = \begin{bmatrix} y(1) & 1 & \phi_{11} & \cdots & \phi_{1m} \\ y(2) & 1 & \phi_{21} & \cdots & \phi_{2m} \\ & & \cdots & & \\ y(n) & 1 & \phi_{n1} & \cdots & \phi_{nm} \end{bmatrix} \qquad (5.5.23)$$

とすることで, 係数 $\boldsymbol{\alpha}, \boldsymbol{\beta}$ は, ベクトル $\boldsymbol{\gamma}$ の要素として算出される. $\boldsymbol{\alpha}, \boldsymbol{\beta}, \boldsymbol{\gamma}$ 等の決定法には, このような行列演算以外にも, 学習を用いる手法が T. Poggio により提案されている [248]. 学習を用いたパラメータの決定法により APRBF を構成し, 非線形予測に適用することで, 高炉における不規則振動の同定が可能となるという報告もある [226, 227].

さて, RBF 法でもっとも重要なのは, センタ数の決定である. 仮に, m を十分大きくとれば, 与えられたデータには良くフィッティングできるが, 過度のフィッティングは望ましくない. そこで, 最適なセンタ数の決定法が, 基底関数の選択とも合わせて A. Mees [217], K. Judd ら [162] により提案されているが, MDL (minimum description length) 基準を用いた最適な基底関数の選択, センタ数 m の決定方法が議論されており, 高精度な非線形モデリングが用いられている. この手法を用いた, 弦の振動解析 [163] や幼児の呼吸データ解析 [300] が行なわれている.

このようにして求めた RBF 法を用いて, リアプノフ指数を推定することもできる. 基本的には, 写像 $\boldsymbol{f}$ の微分情報がヤコビ行列を作るためには必要となるので, 式 (5.5.14) の場合,

$$f'(v(t)) = \sum_{i=1}^{m} \gamma_i \phi'(|v(t) - c_i|) \qquad (5.5.24)$$

により，f の微分を求めれば良い [247, 233]．

5.5.2.2　多層型ニューラルネットワークとバックプロパゲーション学習則

階層型ニューラルネットワークとバックプロパゲーション学習則を用いた非線形システムの同定手法は，カオス的時系列の予測にも有効である．図 5.12 は，多層型ニューラルネットワークの構造の一例である．

入力層および出力層のニューロン数は，予測対象となる時系列から再構成する状態空間の次元になると考えて良い．図 5.12 は，$m = 2$ の例である．中間層の数は，予測対象となる時系列の複雑さに依存して決定される．一般に，中間層 (隠れ層) に十分な数のニューロンを用意すれば，任意精度で入出力関係を近似することが可能である．

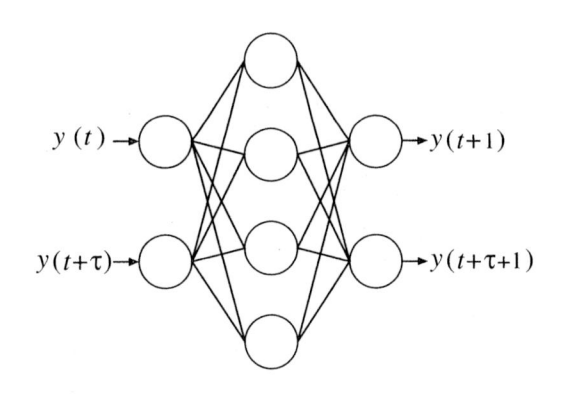

図 5.12: 多層型ニューラルネットワークの構造の一例．

この図では，$m = 2$ として，入力層に $v(t) = (y(t), y(t+\tau))$ を与えている．出力層には，例えば 1 ステップ後の遷移値 $v(t+1) = (y(t+1), y(t+\tau+1))$ を与えることで学習を進めていく．

例えば，図 5.12 のような 3 層ニューラルネットワークにおいて，入力層，中間層，出力層ニューロンの関係は以下のように表わすことができる．

$$h_i = f(u_i^h) = f\left(\sum_{j=1}^{m} w_{ij}^{ih} i_j - \theta_i^h\right) \quad (5.5.25)$$

$$o_i = f(u_h^o) = f\left(\sum_{j=1}^{m} w_{ij}^{ho} h_j - \theta_i^o\right) \quad (5.5.26)$$

但し式(5.5.25),(5.5.26)において,i_i は,第 i 番目の入力 (再構成状態空間のベクトルを考えるとすると,m 次元再構成状態空間ベクトルの第 i 要素),h_i, θ_i^h, u_i^h は,各々中間層での第 i 番目のニューロンの出力,閾値,内部状態,o_i, θ_i^o, u_i^o は,各々出力層での第 i 番目のニューロンの出力,閾値,内部状態である.m は中間層ニューロン数である.また,w_{ij}^{ih} は,入力層第 j 番目のニューロンから,中間層第 i 番目のニューロンへのシナプス結合,w_{ij}^{ho} は,中間層第 j 番目のニューロンから,出力層第 i 番目のニューロンへのシナプス結合である.関数 $f(\cdot)$ は,各ニューロンの出力関数で,例えば,

$$f(u) = \frac{1}{1 + \exp(-u)} - 0.5 \quad (5.5.27)$$

等とすれば良い.

このようにして構成されたニューラルネットワークにおいて望みの動作をさせ,非線形予測に用いるためには,もちろん,$w_{ij}^{ih}, w_{ij}^{ho}, \theta_i^h, \theta_i^o$ をうまく決定する必要がある.そのためには,このような多層型ニューラルネットワークにおける学習を用いれば良い.具体的な学習アルゴリズムには,バックプロパゲーション学習則を用いることができる.時系列信号の前半部分における (図 5.3) 遷移関係を用いて,教師信号としてニューラルネットワークに呈示する.バックプロパゲーション学習則については,文献 [13, 28] 等を参照してほしい.

さて,学習後のニューラルネットワークに対し,出力層ニューロンから対応する入力層ニューロンへのフィードバック結合を付加すれば,リカレント型ニューラルネットワークとなる.このリカレント型ニューラルネットワークは,もちろん,ある一つの力学系と考えることもでき,これを予測器として用いることができる [8].

学習により決定された $w_{ij}^{ih}, w_{ij}^{ho}, \theta_i^h, \theta_i^o$ を用いて,予測対象 $\boldsymbol{v}(t) = \{i_1, i_2, \ldots, i_m\}$

5.5 具体的な非線形予測の手法

に対して,

$$\tilde{h}_i = f(u_i^h) = f\left(\sum_{j=1}^m w_{ij}^{ih} i_j - \theta_i^h\right) = f(u_i^h) \tag{5.5.28}$$

$$\tilde{o}_i = f(u_h^o) = f\left(\sum_{j=1}^m w_{ij}^{ho} \tilde{h}_j - \theta_i^o\right) \tag{5.5.29}$$

とすることで予測値 $\tilde{\boldsymbol{v}}(t+1) = \{\tilde{o}_1, \tilde{o}_2, \ldots, \tilde{o}_m\}$ を得る. また, この力学系を用いて, ある状態値を与えたときの p ステップ後の予測値は, 式 (5.5.28),(5.5.29) を p 回用いることで, 予測値 $\tilde{\boldsymbol{v}}(t+p)$ を得る.

このようにして構成した多層型ニューラルネットワークを用いて, リアプノフ指数を推定することもできる. 既に述べているように, リアプノフ指数を推定するためには, ヤコビ行列を構成できればよいが, この場合,

$$\boldsymbol{j}^{\mathrm{bp}} = \begin{bmatrix} \dfrac{\partial o_1}{\partial i_1} & \dfrac{\partial o_1}{\partial i_2} & \cdots & \dfrac{\partial o_1}{\partial i_m} \\ \dfrac{\partial o_2}{\partial i_1} & \vdots & \ddots & \vdots \\ \vdots & \vdots & \ddots & \vdots \\ \dfrac{\partial o_k}{\partial i_1} & \dfrac{\partial o_k}{\partial i_2} & \cdots & \dfrac{\partial o_m}{\partial i_m} \end{bmatrix} \tag{5.5.30}$$

となる. $\boldsymbol{j}^{\mathrm{bp}}$ の第 (k,l) 要素を j_{kl}^{bp} とすれば,

$$j_{kl}^{\mathrm{bp}} = \frac{\partial o_k}{\partial i_l} = \sum_{i=1}^m \frac{\partial o_k}{\partial h_i} \frac{\partial h_k}{\partial i_l} \tag{5.5.31}$$

となる. 式 (5.5.27) で出力関数を定義したとき,

$$f'(u) = (f(u) + 0.5)(0.5 - f(u)) \tag{5.5.32}$$

となるので,

$$\begin{aligned} \frac{\partial o_k}{\partial h_i} &= \frac{do_k}{du_k^o} \frac{\partial u_k^o}{\partial h_i} \\ &= f'(u_k^o) w_{kl}^{ho} \\ &= (o_k + 0.5)(0.5 - o_k) w_{ki}^{ho} \end{aligned} \tag{5.5.33}$$

$$\begin{aligned}\frac{\partial h_i}{\partial i_l} &= \frac{dh_i}{du_h^h}\frac{\partial u_i^h}{\partial i_i} \\ &= f'(u_h^i)w_{il}^{ih} \\ &= (h_i+0.5)(0.5-h_i)w_{kl}^{ho}\end{aligned} \quad (5.5.34)$$

となる.これによりヤコビ行列を求め,リアプノフ指数を計算することができる [8].

5.5.3 非線形予測手法の適用例

それでは,非線形予測の手法を実際に適用した結果について見ていこう.図 5.13–図 5.14 は,非線形力学系の例として,エノン写像,池田写像,カオスニューラルネットワーク,ローレンツ方程式,レスラー方程式,ダブルスクロールアトラクタ,日本語母音「あ」を対象とした場合の予測結果を示している.非線形予測の手法には,局所線形近似法 の例としてヤコビ行列推定法を,大域的非線形手法の例として RBF 法を用いた.各図において,(a) はヤコビ行列推定法による結果を,(b) は RBF 法による結果を示している.

これらの実例を用いて,「非線形手法が有効であるか」という観点と,また,カオス時系列の示す典型的な特性の一つである,「短期予測可能性と長期予測不能性」という観点について,予測手法を比較しながら見ていこう.なお,「短期予測可能性と長期予測不能性」を解析することによる時系列信号の同定手法は,5.6 節で詳しく述べる.

図 5.13–図 5.19 の (a) は,ヤコビ行列推定法による非線形予測を適用した結果である.その際,横軸をヤコビ行列を推定する際の近傍数,縦軸を予測誤差としている.即ち,これらの各図内の左側の近傍数を予測器を構成する際に採用すれば局所線形予測となるのに対し,右側の近傍数を採用すれば大域的線形予測に近づいて行く.既に 4.3.7 節でも述べたように,局所線形予測法は,カオス的挙動を示すデータに対して有効であるが,逆に,大域的線形予測ではカオス的挙動を示すデータに対して高精度な予測は期待できない.「非線形なデータに対して,非線形モデリングを用いればより良い推定精度が得られる」と考えられるからである.そこで,非線形手法のモードを局所的な状態 (非線形) から大域的な状態 (線形) へと変化させることで,予測精度の差を検出することが考えられる.このような考えに基づく解析法は,DVS (determinsitic versus stochastic)

5.5 具体的な非線形予測の手法

プロット [59] と呼ばれており，通常，時系列同定の手法として用いられるものである [59, 361]．ここでは，DVS プロットを局所線形手法の有効性を検証することに用いている．なお，これらの図では，1 ステップ先を予測したときに，予測誤差がどのように変化するかを示したものである．

なお，再構成状態空間の次元を $m = 2, \ldots, 6$ とし，図 5.13–図 5.15 においては，時間遅れ値を 1 に，図 5.16–図 5.19 では，再構成状態空間の次元の大きさに応じて変化させている．

一方，図 5.13–図 5.19 の (b) は，RBF 法を用いたときの予測精度を示している．これらの図において，横軸は予測ステップ数，縦軸は予測精度を示している．いずれの場合も，左側の図は，予測精度に相関係数を用いた結果，右側の図は，予測精度に正規化誤差を用いた結果である．

まず，ヤコビ行列推定法を用いた結果を見ると，いずれの場合も，近傍数が小さい場合，即ち，局所線形近似法となっている場合にのみ予測精度が高く，近傍数を増加させるにつれ，予測精度が低下することが明らかにわかる．このことから，これらのカオス的挙動を示すデータを予測するには，これらの非線形手法が有効であることが定量的に理解できる．

一方，RBF 法を用いた予測の場合，各予測の評価値から，数理モデルから得られたカオス時系列データの予測特性において，カオスの特徴である短期予測可能性と長期予測不能性という，典型的な予測精度特性が表れていることがわかる．予測ステップを増加させるにつれて，予測精度は減少する．予測手法を適用した結果，このような特性が出現したとすれば，それは，時系列信号がカオス的挙動を示していたという良い証拠となる可能性がある．このような性質の抽出を用いた時系列信号の解析は，次節で詳しく紹介する．

さて，図 5.13–図 5.19 では，非線形予測の手法の比較を定量的な基準を用いて行ったが，ここからは，少し違った見方をしてみよう．予測器を作成する際のデータベース長 (K) を固定し，データベースにおける最後のデータが与えられたときに，予測器を再帰的に繰り返し用いることで，長期に渡って時間発展 (フリーランニング) させ，予測時系列を作成することができる．これにより，予測モデル自体の決定論的力学系としての挙動の特徴を見ることもできる [41, 8]．このような予測器の再帰的適用による予測を，しばしばフリーラン予測と呼ぶ．

(a) ヤコビ行列推定法

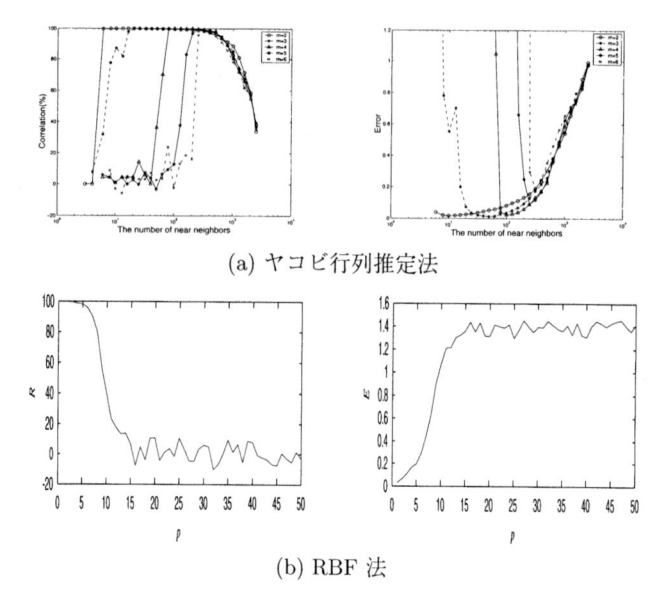

(b) RBF 法

図 5.13: エノン写像を対象とした非線形予測手法の比較.

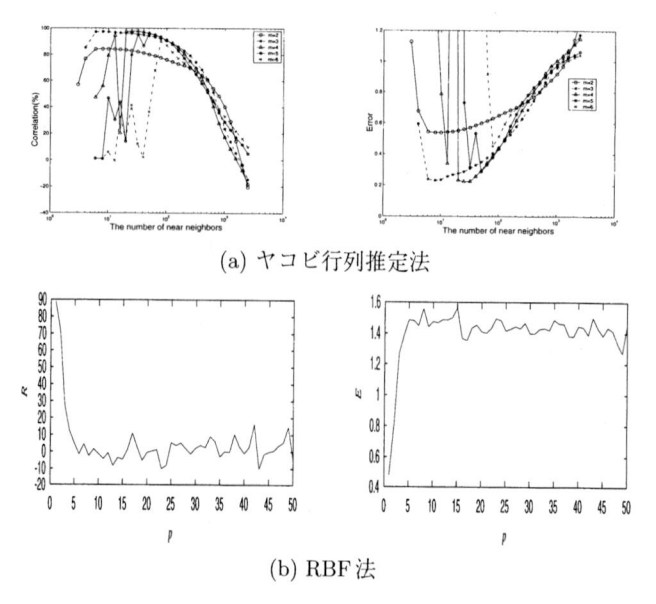

(a) ヤコビ行列推定法

(b) RBF 法

図 5.14: 池田写像を対象とした非線形予測手法の比較.

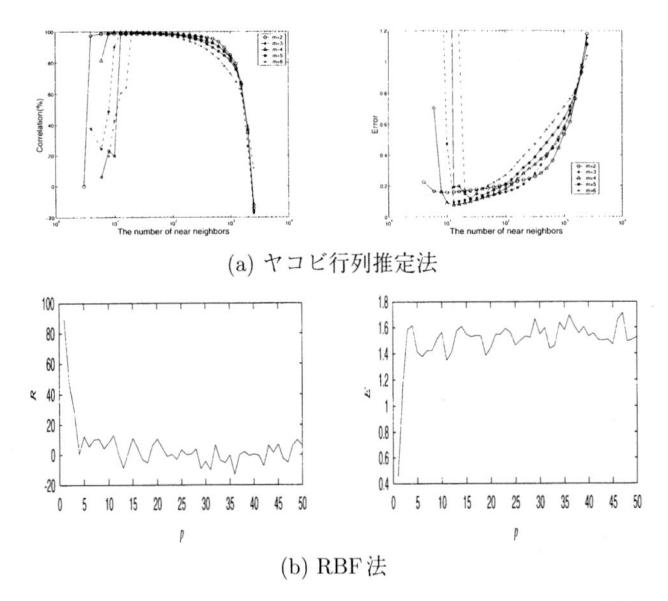

5.5 具体的な非線形予測の手法　　227

(a) ヤコビ行列推定法

(b) RBF法

図 5.15: カオスニューラルネットワークを対象とした非線形予測手法の比較.

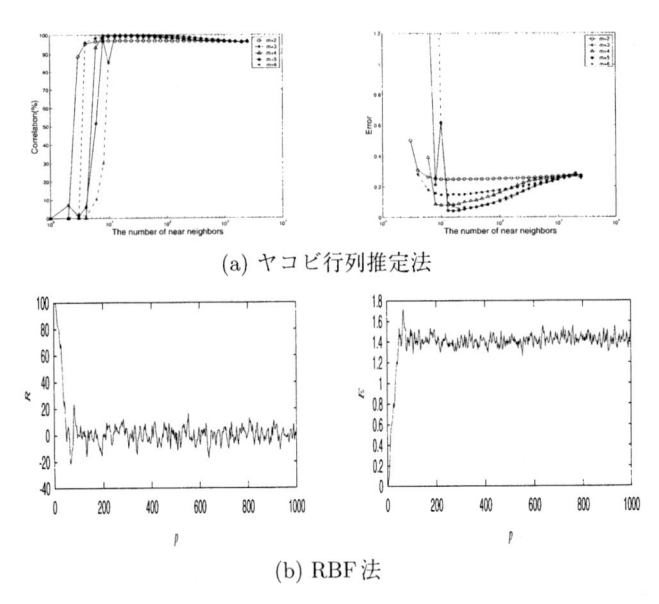

(a) ヤコビ行列推定法

(b) RBF法

図 5.16: ローレンツ方程式を対象とした非線形予測手法の比較.

(a) ヤコビ行列推定法

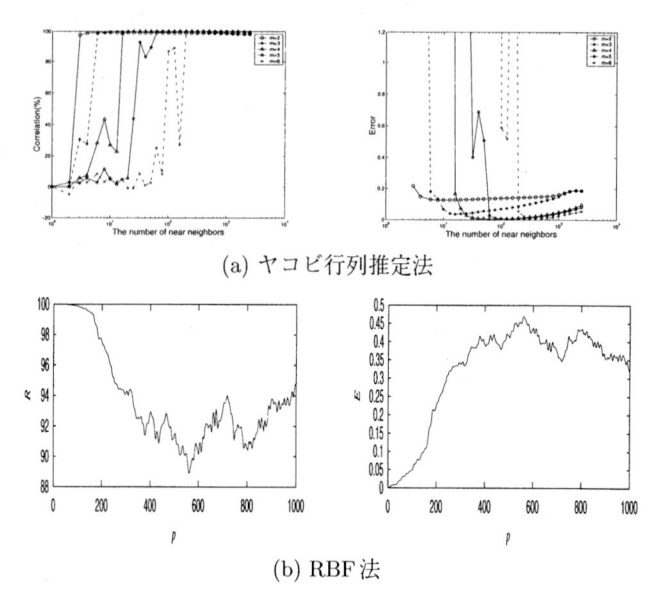

(b) RBF法

図 5.17: レスラー方程式を対象とした非線形予測手法の比較.

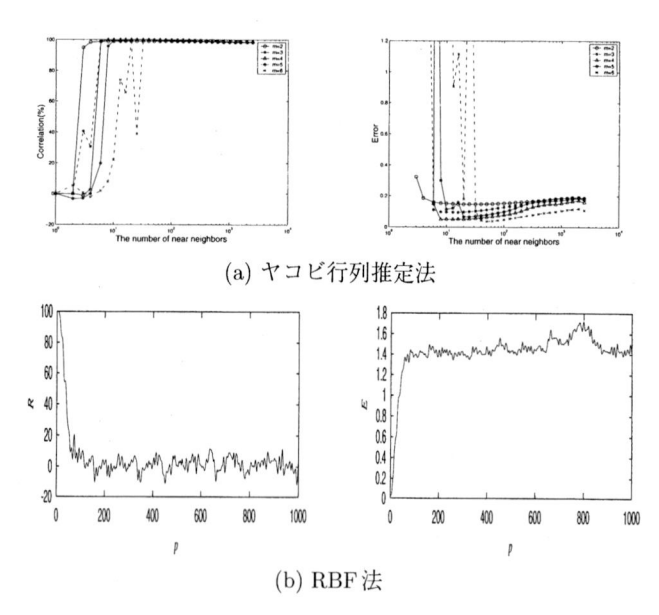

(a) ヤコビ行列推定法

(b) RBF法

図 5.18: ダブルスクロールアトラクタを対象とした非線形予測手法の比較.

5.5 具体的な非線形予測の手法

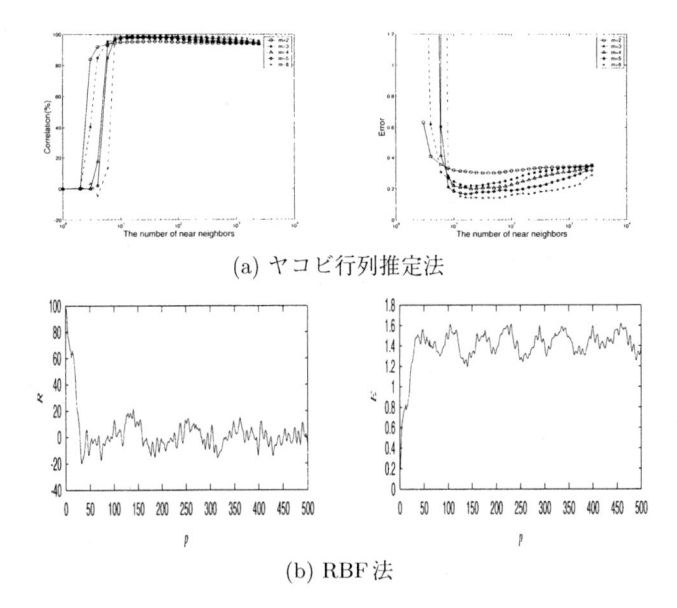

(a) ヤコビ行列推定法

(b) RBF法

図 5.19: 日本語母音「あ」を対象とした非線形予測手法の比較.

ここでは，このようなフリーラン予測で得られたアトラクタの様子を，相関係数や誤差などは用いずに，オリジナルのアトラクタと定性的に比較することを試みる．予測手法としては，局所線形近似として，ヤコビ行列推定法を，大域的非線形近似として RBF 法を取り上げる．

図 5.20–図 5.25 は，数理モデルに対するフリーラン予測の結果を示している．RBF 法については，ガウシアン関数を基底関数とし，センタの位置は，全て学習データと同じとした．また，いずれの場合も，全状態変数が観測できた場合と，第 1 変数のみが観測できた場合 (時間遅れ座標系へ変換) についての結果を示している．上段が全変数が観測できた場合，下段が第 1 変数のみ観測できた場合である．

図 (各図 (b),(e)) の中央には，オリジナルのアトラクタを示し，その左 (各図 (a),(d)) にヤコビ行列推定法により得られたフリーランアトラクタ，右(各図 (c),(f)) に RBF 法により得られたフリーランアトラクタを描いている．なお，学習ステップ長を K，ヤコビ行列推定法における近傍数を N_n，RBF のセンタ数

(a) (b) (c)

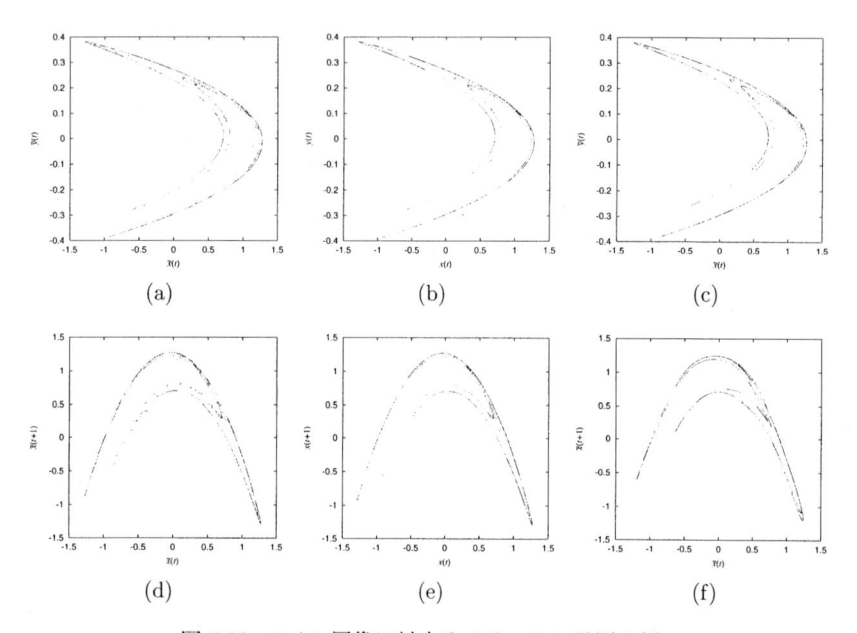

(d) (e) (f)

図 5.20: エノン写像に対するフリーラン予測の例.
全変数が観測できる場合(上段)と,一変数から再構成した場合(下段)について,ヤコビ行列(左)とRBF法(右)によるフリーランアトラクタをオリジナルアトラクタ(中央)と比較している.

	ヤコビ行列					RBF法				
	K	N	N_n	m	τ	L	N	C	$1/b$	m	τ
全変数	400	5,000	80	2	1	100	5,000	100	2	2	1
一変数	400	5,000	80	2	1	200	5,000	200	1	2	1

5.5 具体的な非線形予測の手法

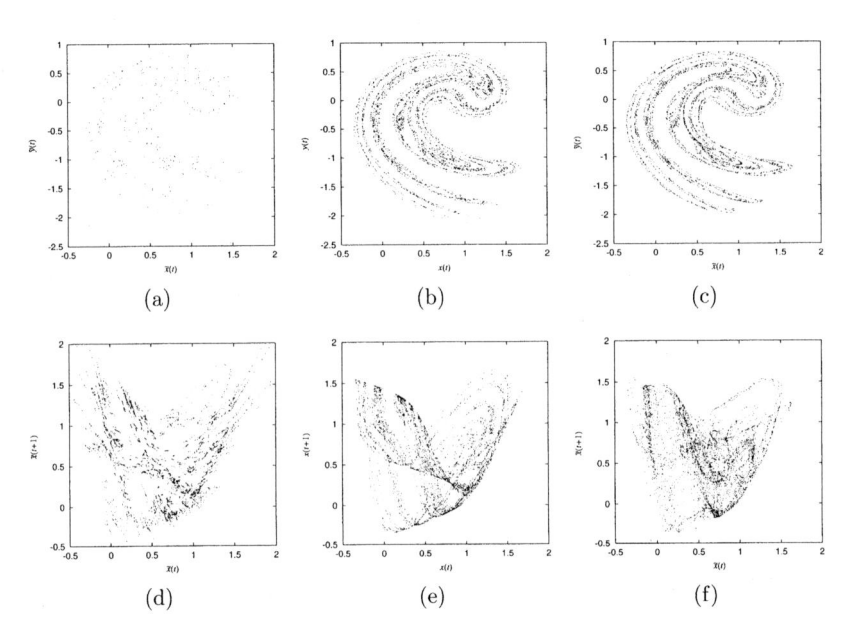

(a) (b) (c)
(d) (e) (f)

図 5.21: 池田写像に対するフリーラン予測の例.
全変数が観測できる場合(上段)と,一変数から再構成した場合(下段)について,ヤコビ行列(左)とRBF法(右)によるフリーランアトラクタをオリジナルアトラクタ(中央)と比較している.

	ヤコビ行列					RBF法				
	K	N	N_n	m	τ	L	N	C	$1/b$	m	τ
全変数	400	5,000	80	2	1	100	5,000	100	5	2	1
一変数	400	5,000	80	2	1	250	5,000	250	3	3	1

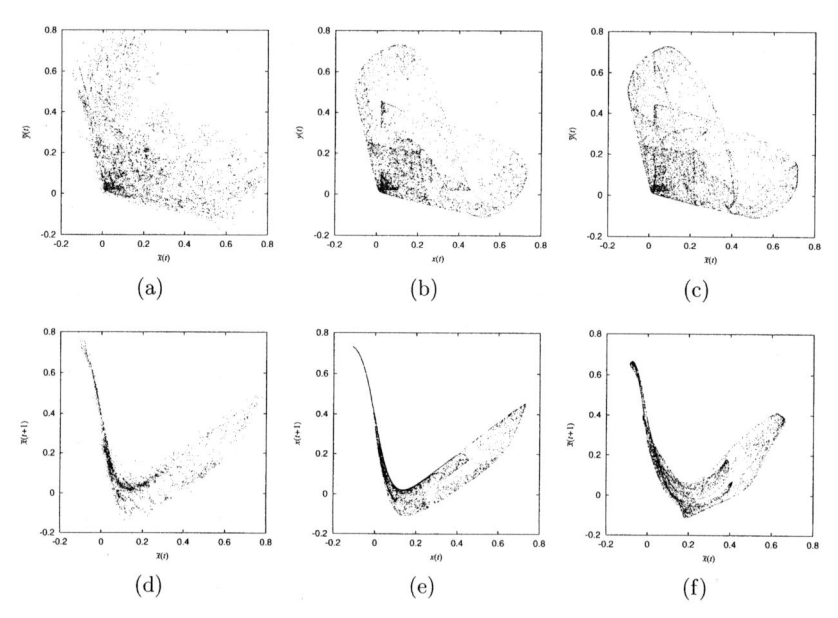

図 5.22: カオスニューラルネットに対するフリーラン予測の例. 全変数が観測できる場合 (上段) と, 一変数から再構成した場合 (下段) について, ヤコビ行列 (左) と RBF 法 (右) によるフリーランアトラクタをオリジナルアトラクタ (中央) と比較している.

	ヤコビ行列					RBF 法				
	K	N	N_n	m	τ	L	N	C	$1/b$	m	τ
全変数	400	5,000	90	2	1	100	5,000	100	40	2	1
一変数	400	5,000	80	2	1	250	5,000	250	2.5	3	1

5.5 具体的な非線形予測の手法

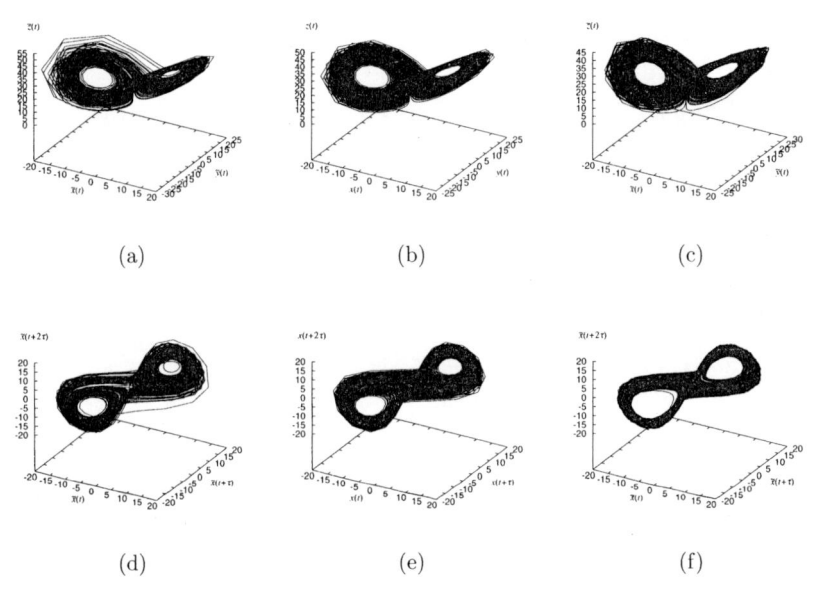

(a)　　　　　　　　(b)　　　　　　　　(c)

(d)　　　　　　　　(e)　　　　　　　　(f)

図 5.23: ローレンツ方程式に対するフリーラン予測の例. 全変数が観測できる場合(上段)と，一変数から再構成した場合(下段)について，ヤコビ行列(左)とRBF法(右)によるフリーランアトラクタをオリジナルアトラクタ(中央)と比較している.

	ヤコビ行列					RBF法				
	K	N	N_n	m	τ	L	N	C	$1/b$	m	τ
全変数	400	5,000	90	3	1	100	5,000	100	40	3	1
一変数	400	5,000	80	2	1	250	5,000	250	2.5	3	1

(a) (b) (c)

(d) (e) (f)

図 5.24: レスラー方程式に対するフリーラン予測の例.
全変数が観測できる場合(上段)と,一変数から再構成した場合(下段)について,ヤコビ行列(左)とRBF法(右)によるフリーランアトラクタをオリジナルアトラクタ(中央)と比較している.

	ヤコビ行列					RBF法					
	K	N	N_n	m	τ	L	N	C	$1/b$	m	τ
全変数	400	5,000	90	3	1	100	5,000	100	40	3	1
一変数	400	5,000	80	2	1	250	5,000	250	2.5	3	1

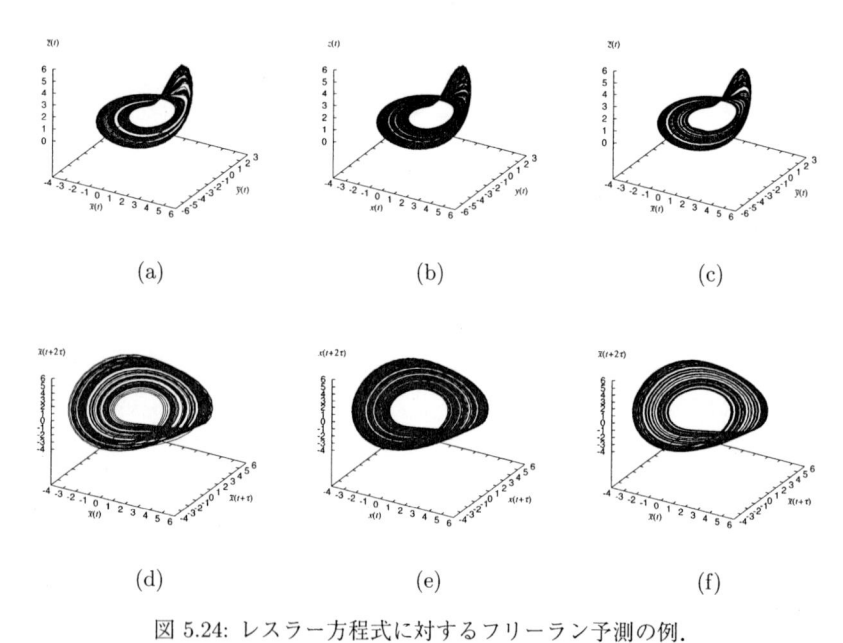

5.5 具体的な非線形予測の手法

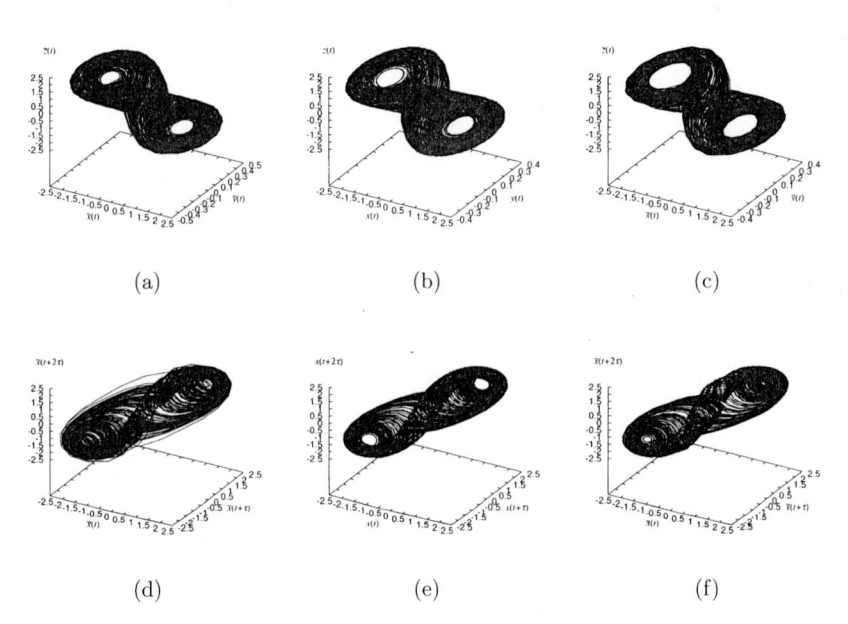

(a) (b) (c)

(d) (e) (f)

図 5.25: ダブルスクロールアトラクタに対するフリーラン予測の例. 全変数が観測できる場合 (上段) と, 一変数から再構成した場合 (下段) について, ヤコビ行列 (左) と RBF 法 (右) によるフリーランアトラクタをオリジナルアトラクタ (中央) と比較している.

	ヤコビ行列					RBF法					
	K	N	N_n	m	τ	L	N	C	$1/b$	m	τ
全変数	400	5,000	90	3	1	100	5,000	100	40	3	1
一変数	400	5,000	80	2	1	250	5,000	250	2.5	3	1

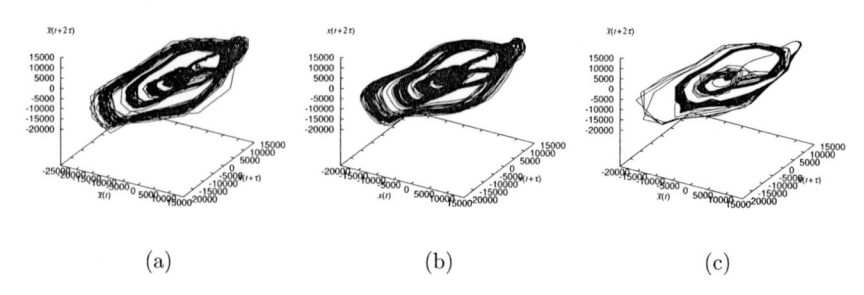

図 5.26: 日本語母音「あ」のフリーラン予測の例.
一変数から再構成した場合について,ヤコビ行列(左)とRBF法(右)によるフリーランアトラクタをオリジナルアトラクタ(中央)と比較している.

	ヤコビ行列					RBF法					
	K	N	N_n	m	τ	L	N	C	$1/b$	m	τ
一変数	2,500	5,000	250	4	5	2,500	5,000	250	5×10^{-8}	4	5

を C, (再構成) 状態区間の次元を m として,各場合のパラメータ値を各図のキャプションに示している.

図 5.20–図 5.25(a),(c),(d),(e), 図 5.26(a),(c) のフリーランニングの振る舞いから,オリジナルアトラクタの振る舞いを再現する予測モデルがほぼ構築できていることがわかる.但し,池田写像やカオスニューラルネットワークの場合には,ヤコビ行列推定法による予測を行った結果,図 5.21(b), 図 5.22(b) のように,システムの非線形性に起因するストレンジアトラクタの微細構造を再現するまでには至っていない.このような予測モデルの振る舞いの様相は,ヤコビ行列推定法が,学習データベースの近傍点から得られた局所線形性により,決定論的に時間発展させる特徴を有しているためと考えられる.また,先の非線形予測の結果 (図 5.13–図 5.14) とは異なり,ヤコビ行列推定法に基づくフリーラン予測で,比較的近似精度の高いアトラクタを得るためには,多くの近傍数を必要とすることにも注意しよう.

一方で,RBF による非線形予測法は,元の力学系の関数系の近似として,学習データベースより得られたセンタを用いた補間のみならず,補外の効果も併

せ持つ.そのため,元のシステムの非線形のクラスにマッチした基底関数を選択すれば,比較的少ないデータ(センタ数)でより高能率な予測モデルを構築できる可能性を持っていることがわかる.

最後に,フリーラン予測の実データに対する適用例を見てみよう.図 5.26 は,日本語母音「あ」の時系列データを予測した例である.非線形予測モデルを用いることで,オリジナルデータの振る舞いをよく再現できており,このことからも,本書で述べているような決定論的非線形予測の手法を用いることによる有効性が示唆されていると言えるだろう.

5.6 カオスの同定法としての非線形予測

ここまで述べたように,カオスは軌道不安定性に起因して生じる長期予測不能性という側面を有するが,決定論的ダイナミクスを持っているので短期的には予測可能である.このことに着目して,短期的に従来の線形予測法の予測精度を凌駕できるのは,非線形予測の大きな特徴の一つである.さて,ここからは,モデリング,データ解析の立場からの信号同定手法としての,非線形予測手法の適用法について説明しよう.

上でも述べたが,解析対象とするシステムが仮にカオスであっても,良いモデル(この場合非線形モデリングということになる)を作ることができれば,短期的には予測精度は向上する.しかし,本質的に軌道不安定性を有するので長期的には予測は不能である.そこで,あるモデリングを適用したときに,このような性質——短期予測可能かつ長期予測不能——を抽出することが,カオスの同定法となるだろうという考え方である.

5.6.1 カオスとノイズの識別

例えば,予測ステップ p を横軸にとり,相関係数を縦軸にとる.対象データが決定論的カオスであれば,短期的には予測可能で,長期的には予測不可能となるので,右下がりの特性を得る.一方,周期データならば,p に関係なく完全に予測可能であり,周期データにノイズが加わった場合,ノイズの大きさに応じて全体的に予測精度が下がる.即ち,ノイズが加わったとしても周期性を示すデータであれば,予測ステップと相関係数の関係は予測ステップに依存せ

ず一定 (横軸にほぼ平行) となる．また，対象が白色ノイズならば，決定論的ダイナミクスは全く存在しないので，予測ステップに関係なく予測精度は 0 となる．また，決定論的カオスの長期予測不能性は軌道不安定性に起因して生じるので，上述の予測精度の傾きより最大リアプノフ指数を推定できる [347, 216].

このような同定法は，Sugihara と May により提案されたが，彼らは，この手法を生態系データ解析への応用し，その結果，麻疹患者数はカオス的な挙動を示すのに対し，水疱瘡患者数データは，周期応答に重畳性のノイズが加わった現象となることを示した [312].

図 5.27 (b) は，この考えを実際に適用した結果である．対象は，エノン写像，池田写像の第 1 変数 (図中 ○ 印 Henon, △ 印 Ikeda), 麻疹患者数の変動 (同, * 印 Measles), 水疱瘡患者数の変動 (同, + 印 Chickenpox), コバルトデータ (同, ☆ 印 Cobalt) である．予測手法は，ローレンツの類推法を拡張した局所線形近似法 (式 (5.5.2)) である [144]. 図 5.27 (b) の横軸は予測ステップ数，縦軸は予測時系列と真の時系列の間の実相関係数 R_1 (式 (5.3.1)) である.

この結果を見ると，エノン写像，池田写像の場合は，予測ステップが 1 のときほぼ 100% であるが，予測ステップが上昇するにつれて予測精度は減少し，予測ステップが 10 程度になるとほぼ 0% になる．即ち，短期的には予測可能で，長期的には予測不可能な結果が得られている．麻疹患者数データも同様で，この結果から，麻疹データはカオス的挙動を有していたと考えることができる [312]. ところが，水疱瘡データの場合，予測ステップ数に依存せずに，約 80% 弱の相関係数値を保っている．これは，ノイジーなリミットサイクルと類似の傾向である [312]. 最後に，コバルトデータの場合，やはり予測ステップ数に依存せずに約 0% の精度となっている．これは，コバルトデータがランダムなダイナミクスを有するためであり，白色ノイズから得られる典型的な結果である．

一方，図 5.27 (c) は，縦軸は予測時系列と真の時系列の間の実相関係数 R_1(式 (5.3.1)) であるが，横軸に再構成状態空間の次元をとった図である．図 5.27 (b) で，典型的なカオス的挙動を示しているエノン写像，池田写像，麻疹患者数に関しての結果を示した．この結果を見ると，エノン写像の場合，$m = 2$ でも十分に予測精度は高い．$m \geq 3$ のとき，$m = 2$ での結果と比べて予測精度は飽和する．池田写像の場合，$m = 2$ では，約 80% 弱となっているが，$m \geq 3$ とする

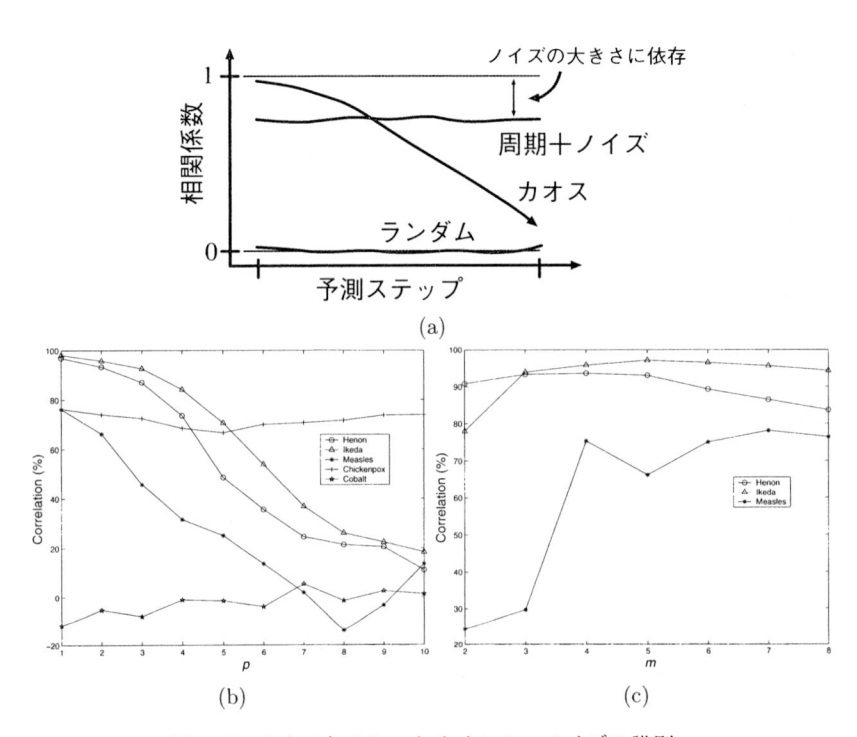

5.6 カオスの同定法としての非線形予測 239

図 5.27: カオスとリミットサイクル，ノイズの識別．
(a) 予測ステップを変化させた場合の各データの予測精度の変化の定性的な様子．カオスであれば，予測ステップを上昇させるにつれて予測精度が落ちるのに対し，周期＋ノイズであれば，予測ステップに依存せずほぼ一定値をとる．一方，ランダムなデータであれば，予測ステップに関係なく予測できないので，相関係数で予測精度を測ればほぼ0となる．(b) 上の考えを実際にデータに適用した結果．非線形予測の手法としては，局所線形近似法を用いている．対象データは，エノン写像の第1変数 $x(t)$，池田写像の第1変数 $x(t)$ に観測ノイズを重畳したデータ，ニューヨーク麻疹患者数のデータ，ニューヨーク水疱瘡患者数のデータ，コバルト γ 線放射の時間間隔データである．横軸は予測ステップ，縦軸は相関係数 R_1 である．(c) (b)で用いた各データの予測結果を横軸を再構成状態空間の次元とした場合．

と，90%を越えてほぼ飽和する．この結果から，エノン写像の場合，$m=2$ でほぼ1対1が達成されているために，予測精度が高いこと，一方，池田写像の場合，$m=2$ では，依然交差が多数存在しているために1対1が成立せずに予測精度が低いのに対し，$m=3$ とすることで，これらの交差が解消され，予測精度が向上していることがわかる．このように，再構成状態空間の次元に対する予測精度の変化の様子を解析することで，必要条件としての状態空間の次元値を推定することも可能である．このような考えに基づいて，麻疹患者数のデータより得られた結果を見ると，$m \geq 4$ とすべきであることがわかる．

5.6.2 カオスと非整数ブラウン運動との識別

ところで，Sugihara と May の手法 [312] は，カオスと白色ノイズ，カオスとノイズが重畳したリミットサイクルとの識別には有効であるが，非整数ブラウン運動 (fBm: fractional Brownian motion) のような有色雑音を識別することは容易でないことが指摘されている．というのも，非整数ブラウン運動の場合，カオスの時と同様に，短期的には予測精度が高く，長期的には予測精度が低い結果が得られるためである．また，周期性が強いデータの場合，識別がうまく行なわれない例があることも示されている [67, 313]．ここでは，対象が非整数ブラウン運動の場合にどのような解析を行なえば良いかという問題について考えていく [339]．周期性の強いデータに対する対処法の一つは，文献 [35] に示されている．

さて，非整数ブラウン運動とは，以下のような確率過程である．

$$x(t) = N(0, \propto t^{2H}) \tag{5.6.1}$$

即ち，平均は0で，分散が時間のベキで変化するような過程である．ここで，H は，ハースト指数と呼ばれる実数で，$0 \leq H \leq 1$ となる．

非整数ブラウン運動は，そのパワースペクトラムにも特徴がある．非整数ブラウン運動のパワースペクトラム $P(f)$ は，$1 \leq \alpha \leq 3$ を実数として，

$$P(f) \propto 1/f^\alpha \tag{5.6.2}$$

となることが知られている．前述のハースト指数とパワースペクトラムの傾き

5.6 カオスの同定法としての非線形予測

α の関係は,

$$H = \frac{\alpha - 1}{2} \tag{5.6.3}$$

で表される.

Sugihara と May の手法を修正し,カオスと非整数ブラウン運動を識別するために非線形予測を用いる手法が提案されている. Tsonis と Elsner は,決定論的非線形予測を適用したとき,予測ステップに対する予測精度を両対数でプロットした場合と片対数でプロットした場合とで,差が出現する可能性を指摘した [339].

例えば,対象が決定論的カオスならば,予測時間に対する初期変位の変化は,指数関数的に ($e^{\lambda t}$) 拡大されるのに対し,非整数ブラウン運動では時間のベキ (t^{2H}) となる.

即ち,カオスであれば,

$$\epsilon(t) \sim \epsilon(0) e^{\lambda t} \tag{5.6.4}$$

となるのに対し,非整数ブラウン運動では,

$$\epsilon(t) \sim t^H \tag{5.6.5}$$

となる. 式 (5.6.4),(5.6.5) の両辺の対数をとれば,

$$\log \epsilon(t) \sim \lambda t \tag{5.6.6}$$

と

$$\log \epsilon(t) \sim H \log t \tag{5.6.7}$$

となる. 従って,予測ステップ対予測誤差を,それぞれ, log-log プロット, semi-log プロットすれば差が現れる. つまり,予測ステップに対する予測精度の評価値をプロットする時に,決定論的カオスであれば,片対数でプロットした場合に直線が現れるのに対し,非整数ブラウン運動の場合は,両対数でプロットした場合に直線が検出される (図 5.28). Tsonis と Elsner は,このような手法で決定論的非線形ダイナミクス (決定論的カオス) を有するデータと非整数ブラウン運動との判別が可能であるとしている [339]. 文献 [339] では,実際には,予測ステップ p 対 $1 - R_1$ を用いているので,右上がりの特性が,両対数プロットで直線となるのか,片対数プロットで直線となるのかを判別している (図 5.28).

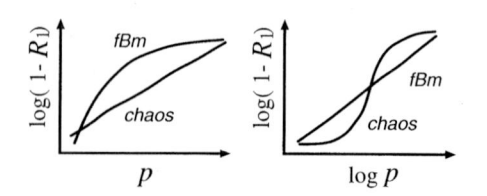

図 5.28: カオスと非整数ブラウン運動の識別.
予測ステップを変化させた場合の各データの予測精度の変化の定性的な様子.
カオスであれば，予測ステップを上昇させるにつれて予測精度が落ちる．一方，
非整数ブラウン運動のようなデータであっても，予測ステップの増加につれて，
予測精度は減少する．

さて，Tsonis と Ellsner の手法を適用する上で重要な点がある．それは，第4章において議論した，フラクタル次元解析において，フラクタル次元を相関積分の直線部分の抽出することにより決定するという問題点と同種の危険性が存在することである．つまり，直線部分の決定に客観性が欠如すれば，各データをどちらとも判断できる場合がある．また，簡単なスムージングフィルタを施した乱数データの場合のような，非整数ブラウン運動以外の有色においては，予測精度の変化は，決定論的カオスと類似の傾向を示す場合もある．これらの点に注意すれば，この手法を有効に用いることができるであろう．

5.6.3 カオスと有色雑音の識別

さて，既に述べたように，対象データが決定論的カオスであれば，短期予測可能性，長期予測不能性という特徴を有するので，予測ステップに対する予測の精度は右下がりになる．これに対し，非整数ブラウン運動でも，同種のプロットをとれば，決定論的カオスと同様の結果となる．実際，非整数ブラウン運動の場合の一ステップ先の予測精度を見ると，実相関係数は，非常に高くなっており，この結果を見るだけでは，短期予測可能性を示唆するものとなっている．

さて，この結果を，相関図及び真の時系列と予測時系列との波形表現として捉えると，図 5.29 と図 5.30 である．図 5.29 において，(a) 及び (b) は，決定論的ダイナミクスを有する時系列信号の一例としてエノン写像を用いた結果であり，同図 (c) 及び (d) は，$H = 0.5$ としたときの非整数ブラウン運動，即ち，ブ

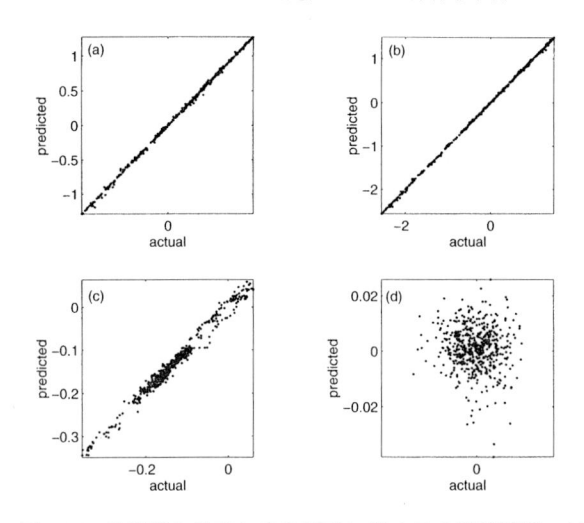

5.6 カオスの同定法としての非線形予測

図 5.29: 非線形力学系と有色雑音に対する非線形予測の結果. 非線形予測の適用により得られた予測値と真値の相関図を示している. (a),(b) エノン写像に対する結果, (c),(d) 非整数ブラウン運動 ($H = 0.5$) に対する結果. 左側の図は, $z(t)$ 対 $\hat{z}(t)$, 右側の図は, $\Delta z(t)$ と $\Delta \hat{z}(t)$ である. [T.Ikeguchi & K.Aihara: *Phys. Rev. E*, 55, 3–A, 2530–2538, 1997 より抜粋.]

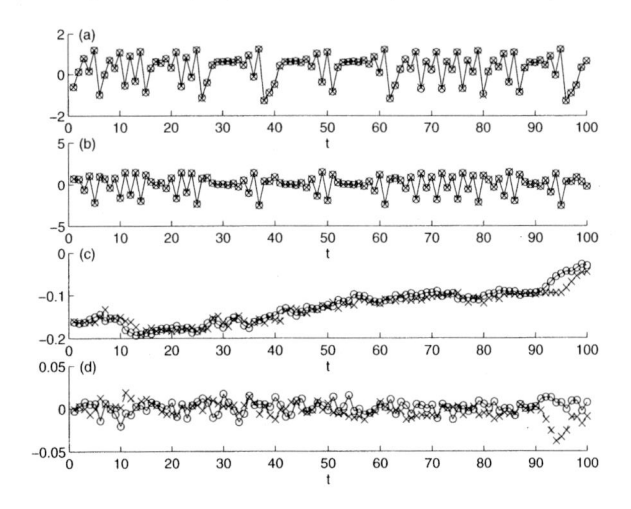

図 5.30: 図 5.29 を時系列として表現した場合. (a),(b) エノン写像に対する結果, (c),(d) 非整数ブラウン運動 ($H = 0.5$) に対する結果. (a),(c) は, $z(t)$ と $\hat{z}(t)$ の時系列, (b),(d) は, $\Delta z(t)$ と $\Delta \hat{z}(t)$ の時系列である. [T.Ikeguchi & K.Aihara: *Phys. Rev. E*, 55, 3–A, 2530–2538, 1997 より抜粋.]

ラウン運動を解析対象とした結果である．ここで，各データに対する2種類の相関図は，真の時系列信号を $z(t)$，予測された時系列信号を $\hat{z}(t)$ としたとき，予測時系列と真の時系列について2種類の組み合わせとして，

(1) $z(t)$: 真の時系列
      $\hat{z}(t)$: 予測時系列

(2) 以下で定義される，時系列信号 $z(t)$ と $\hat{z}(t)$ 間の変化分の時系列
     $\Delta z(t) = z(t+1) - z(t)$:   真の時系列の変動
     $\Delta \hat{z}(t) = \hat{z}(t+1) - z(t)$:   予測時系列の変動

を考える．

これらの結果を見ると，決定論的ダイナミクスを有する時系列信号の場合は，非線形予測の手法として局所線形近似を用いており，解析データの性質（局所線形性）と良く一致しているために，予測精度が非常に高くなっている．従って，時系列信号そのものの値だけでなく，次の時刻において，その値が増加するか，減少するかまで，即ち，変化分まで精度良く予測可能となっている．その結果，実相関係数，差相関係数共に高い値を示す．

これに対し，非整数ブラウン運動の場合は，元の値はほぼ予測できているために，予測精度としての実相関係数は高く算出されている．しかしながら，次の時刻においてどのように変化するかということに関しては，全く予測ができていない．例えば，$H = 0.5(\alpha = 2)$ の場合，即ち，いわゆるブラウン運動の場合は，実相関係数は高く見えるが，差分をとることによりランダムに分布している（図 5.29）．

また，図 5.29 と 図 5.30 では，ブラウン運動の場合についてのみ示したが，ハースト指数 H が他の値をとる場合の結果を図 5.31 に示す．図 5.31 において，横軸は，ハースト指数から算出したパワースペクトラムの傾き α であり，縦軸は，予測精度である．これらの結果でも，各 H に対して，実相関係数は高くなっているが，差相関係数を計測すると低い値として算出されることがわかる．

非整数ブラウン運動の場合は，ここで用いている差相関係数を計算することは，一階差分をとることに対応していると考えて良い．即ち，実相関係数では高い値として観測されても，例えば，ブラウン運動 であれば，増分がランダム過程となっているので，差相関係数は，ほぼ0として算出されるはずである．図

5.6 カオスの同定法としての非線形予測

(a)

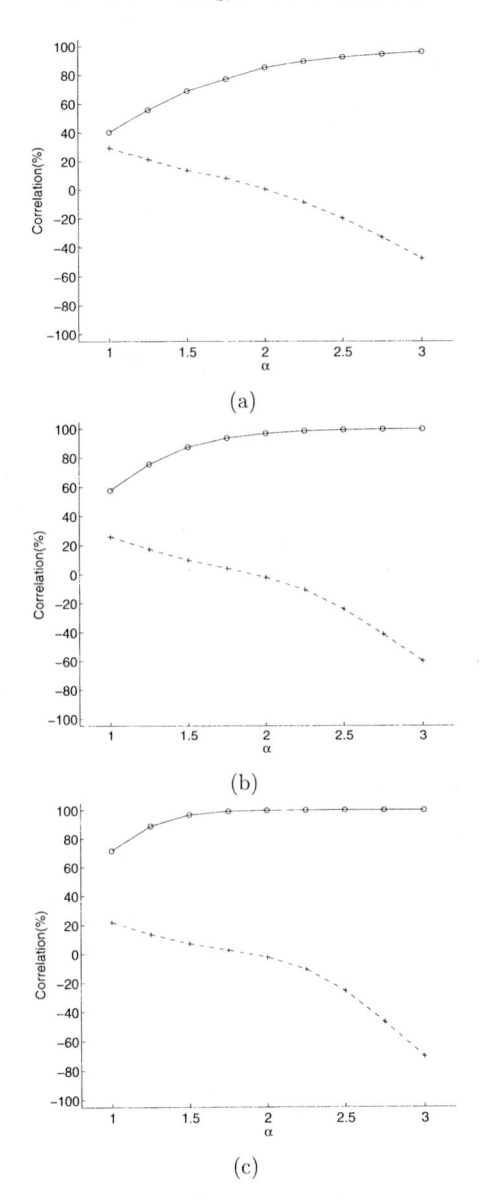

(b)

(c)

図 5.31: 非整数ブラウン運動に対して推定された予測精度. データ数 N は各々 (a)128, (b) 512 (c) 4,096 である. また, 図中において, 実線は実相関係数を, 点線は差相関係数を示している. [T.Ikeguchi & K.Aihara: *Phys. Rev. E*, 55, 3–A, 2530–2538, 1997 より抜粋.]

5.31 では，実際，$\alpha = 2$ の場合には，差相関係数はほぼ 0 となっており，この考察とも一致する．

ところで，第 2 章でも示したように，変形ベルヌーイ写像は，$B = 2.0, \epsilon = 10^{-13}$ とすると間欠性カオスとなること，また，パワースペクトラムにも特徴があり，$1/f$ 型のパワースペクトラムを持つ (図 2.9) [20]．このことは，単にパワースペクトラムを推定するだけでは，決定論的ダイナミクスを有するデータと確率的なデータとの差が見られないこと，従って，本項で説明する識別手法の重要性を示している．

さて，図 5.32 は，上述の決定論的ダイナミクスを有する信号に対して，観測ノイズの変化に伴う予測精度の変化を解析したものである．これらの結果は，各々の写像において，各 100 通りの初期値を用意し，算出された予測精度の平均値を表示している．この結果を見ると，SN 比が 10 [dB] 程度であっても，決定論的力学系から生じたデータの場合には，実相関係数，差相関係数共に高い値を示すことがわかる．

さて，解析対象のデータ数が少なくなると，信頼性が低下するのは，この手法の場合も同様である．このような場合は，上述の差相関係数に加えて，$\Delta z(t)$, $\Delta \hat{z}(t)$ 間の符号非一致率 S_e を用いれば良い [146, 132]．図 5.33 には，データ数を変化させた時の正規化自乗誤差と符号非一致率をベルヌーイ写像および非整数ブラウン運動に対して求めた場合について示している．これを見ると，ベルヌーイ写像の場合は，データ数が少なくても，正規化自乗誤差，符号非一致率共に低い値であり，予測精度が高いことがわかる．一方，非整数ブラウン運動は，α が小さくなるにつれて，正規化自乗誤差は小さくなり決定論的カオスと同様の傾向を示すが，逆に，符号非一致率は α の値に関わらず大きな値となり予測精度としては悪いことがわかる．

さて，以上の解析においては，パワースペクトラムの形状が，$1/f^\alpha$ 型となる有色雑音を解析対象データとして，提案手法の有効性を議論した．既に述べたように，この手法は，その識別基準に，対象データが時間のベキで変化することを仮定に置かない．従って，他のタイプの有色雑音に対しても同様の効果が期待できる．それでは，最後に実データにこの手法を適用した結果を見てみよう．図 5.34 は，この節で説明した，実相関係数と差相関係数を用いた同定手法

5.6 カオスの同定法としての非線形予測

(a)

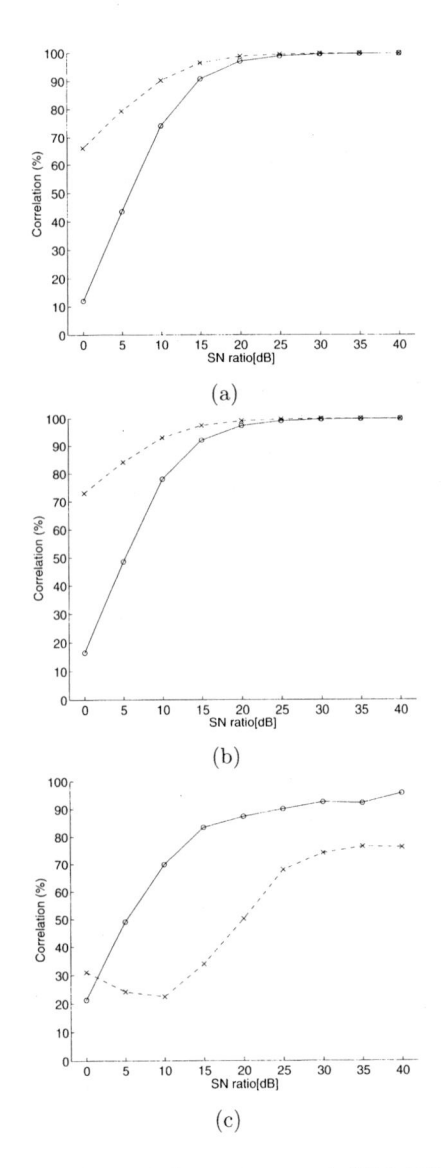

(b)

(c)

図 5.32: 決定論的非線形力学系における，ノイズ量と予測精度の関係．
(a) エノン写像，(b) 池田写像，(c) ベルヌーイ写像に対する結果．実線は実相関係数を点線は差相関係数を示している．[T.Ikeguchi & K.Aihara: *Phys. Rev. E*, 55, 3–A, 2530–2538, 1997 より抜粋．]

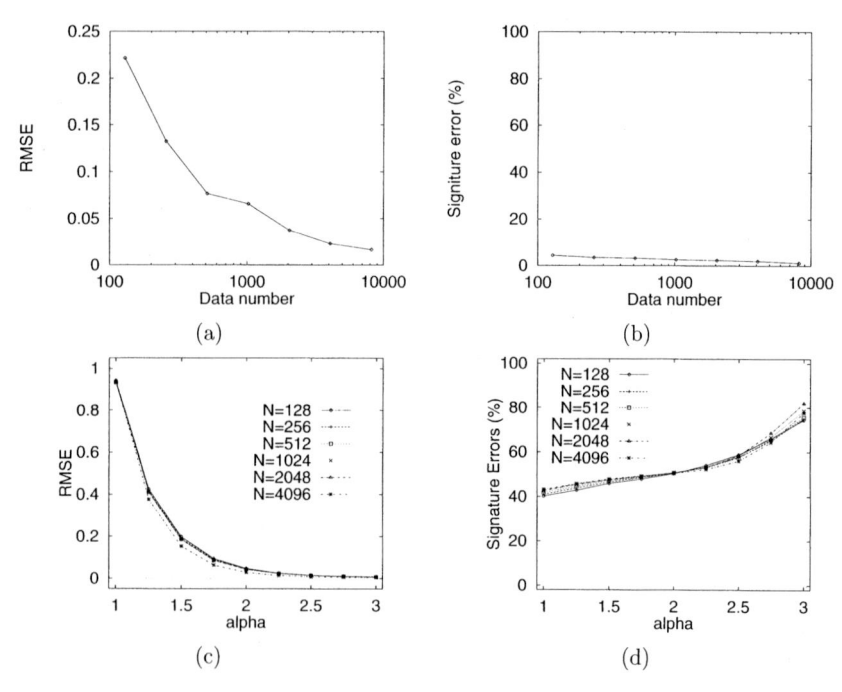

図 5.33: 変形ベルヌーイ写像，非整数ブラウン運動に対する非線形予測の精度. RMSE は正規化自乗誤差, Signature error は符号非一致率である．(a),(b) は変形ベルヌーイ写像，(c),(d) は非整数ブラウン運動に対する結果を示している．変形ベルヌーイ写像は，データ数を変化させた場合の，非整数ブラウン運動は，パラメータ α を変化させた場合の (a),(c) 正規化自乗誤差の変化と (b),(d) 符号一致率の変化を示している．

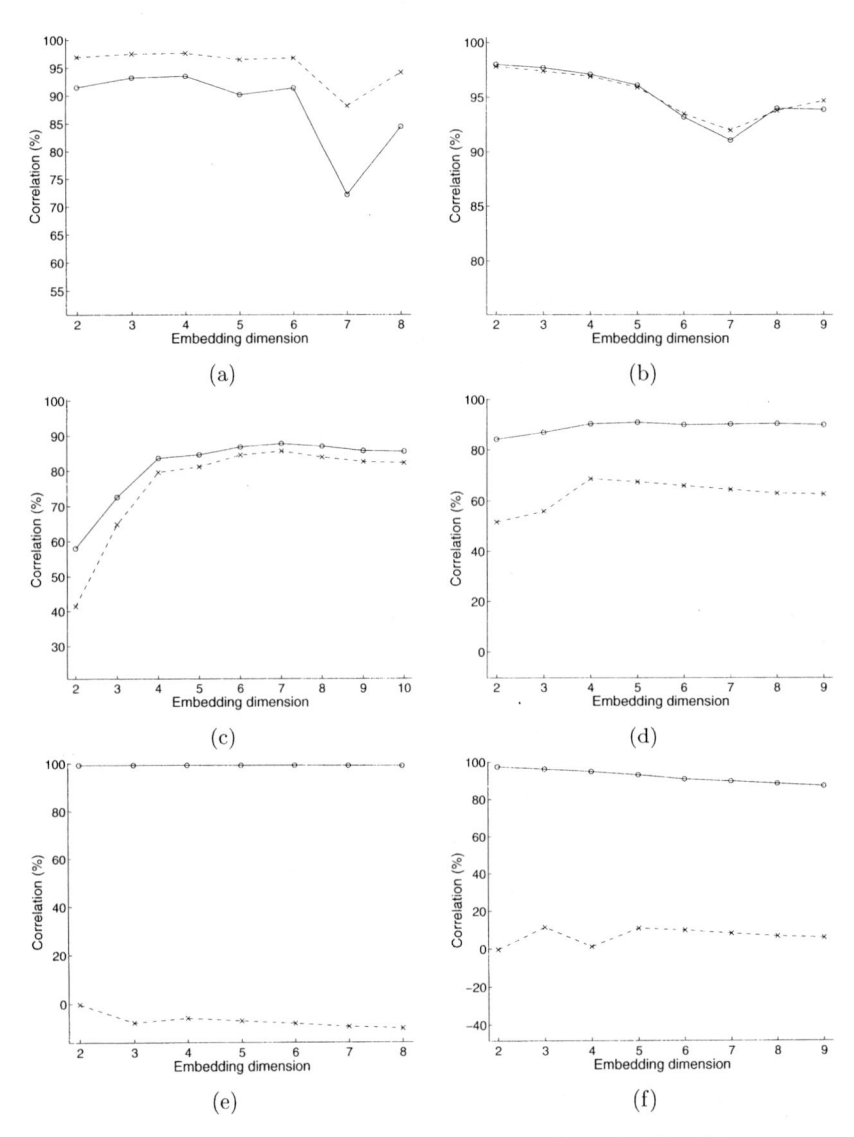

図 5.34: 実相関係数と差相関係数を用いた時系列同定手法の結果. 横軸は再構成状態空間の次元. 縦軸は相関係数値である. 実線は実相関係数を, 破線は差相関係数を表わしている. (a) ヤリイカ巨大軸索の正弦波刺激に対する応答, (b) NH_3 レーザの振動 (A.dat), (c) ニューヨーク麻疹患者数の変動, (d) 太陽黒点の年平均データ, (e) ニューヨークインデックス, (f) 脳波信号 [268] である. [T.Ikeguchi & K.Aihara: *Phys. Rev. E*, 55, 3–A, 2530–2538, 1997 より抜粋.]

の適用結果である．再構成状態空間を変化させたときの各相関係数の変化を，1ステップ先のみに関して示している．これらをみると，まず，ヤリイカ，A.dat等の時系列信号の場合は既に，カオス的応答を示すことが知られているが，図5.34 (a),(b) の結果を見ても，実相関係数が高く，差相関係数も高い値として推定されている．即ち，この結果の有効性が検証できていると言えるであろう．また，麻疹のデータも同様の傾向が見えており，この結果は，Sugihara と May が文献 [312] で得た知見と一致する．これらの場合に比べ，経済データ (NYEX)，脳波データ [268] は実相関係数は高い値を示すものの，差相関係数はほぼ 0 となっており，これらのデータは非整数ブラウン運動の傾向と一致する．もちろん，この結果のみから，ここで用いた経済データ，脳波データがフラクタルブラウン運動であることを積極的に支持はできないが，少なくともカオス的な挙動を示さないこと，即ち，これらのデータの背後にある複雑さの主要因にはカオス的応答は考えられないことは示唆されるだろう．

一方，太陽黒点の結果は，差相関係数がカオスの場合に比べて，極端に高い値をとっているわけではないが，これは，データ数が極端に少なく，ノイズが多いためと考えられる．ここで述べた手法も万能というわけではないので，他の手法と合わせて解析を進めていくべきであるということを教示してくれる良い例になっていると言えるだろう．

以上の結果をまとめると，予測精度として，式 (5.3.1) 及び式 (5.3.3) で定義した，2 種類の相関係数，実相関係数及び差相関係数，更には式 (5.3.4) の符号非一致率等の種々の測度を有機的に用いることで，決定論的カオスと非整数ブラウン運動などの有色雑音の差を検出できることをこれらの結果は示している．

5.7　まとめ ── 非線形予測の今後の課題 ──

ここまで述べてきた非線形システムの予測という課題に対して，従来より長い間取り組まれてきた分野の一つに気象予測がある [183]．カオスの特徴である長期予測不能性に伴う大規模大気運動の理論的予測限界は約 2 週間といわれているが，スーパーコンピュータなどの導入による数値予測の高精度化に伴い，更なる長期予測の試みが行なわれている．現在では，局所リアプノフ不安定解析[183]を用いた予測精度の予測 (predicting predictability) [79, 78, 303, 278] へと進ん

5.7 まとめ —— 非線形予測の今後の課題 ——

でいる．予測精度の予測には，局所リアプノフ指数 (local Lyapunov exponent) の推定も重要である [49, 48, 4, 3, 1]．

また，ここで述べてきた非線形モデリングのテクニックを用いた，定常性の検定 [290]，時系列信号間の関係の同定等の研究 [277, 6, 57, 258] も盛んである．

本章で述べてきた決定論的非線形予測法は，観測データのみを基にして，解析対象システムのモデルを構築する [267]．このことは，即ち，工学などにおいてしばしば見られる，明確な数学モデルを得ることが容易ではない複雑なシステムをモニタリングすることで，その将来を予測できる可能性を示唆するものであり，このような状況下では非常に有力な手段となる．決定論的カオスの存在をも含めた非線形現象の同定を，決定論的非線形予測によって行なうことにより，複雑な工学プラントの予知保全に応用したり，(好ましくないと捉えられる振動の) 制御へ応用することが考えられる．

自然界に存在する種々の現象には少なからず非線形性が潜んでおり，決定論的カオスは自然界に広く遍在する．従って，決定論的非線形予測理論に基づく不規則信号の同定とその将来予測は，21世紀へ向けた多種多様な応用が期待されている [136]．

第6章

カオス時系列解析と統計的仮説検定法

6.1 はじめに

第2章で述べた，Takens の埋め込み定理，Sauer らのフラクタルプレバレント埋め込み定理 [318, 285] の保証する再構成状態空間への変換を基にして，フラクタル次元やリアプノフ指数などの非線形力学系の特徴量を求める研究，あるいは，決定論的ダイナミクスを推定する非線形予測法 [133] についてここまで述べてきた．

これらの手法は，対象データが非線形性を有する場合には非常に強力な解析手法となり得るが，安易な適用は危険である．非線形力学系の特徴量を求めるといっても時系列解析である以上，従来より統計的解析法等で行なわれてきたように，有限の情報 (時系列信号) しかないときに，どこまで何が言えるのかを考えることが必要である [338]．

カオス時系列解析に対する否定的な意見として，解析対象データは決定論的カオスではなく，確率的過程から生み出されたデータが何らかのアーチファクト等により，決定論的データが示す性質に類似の結果を示したのではないかとするものがある．このような主張に対するための解析手法として，統計的解析におけるブートストラップ法に類似の概念を持つ，サロゲートデータ法 (the method of surrogate data) と呼ばれるアルゴリズムが，J. Theiler らにより提案されており [323, 327, 326, 252, 330, 328, 324, 331, 181, 172]，実データの解析には有効である [265, 263, 133]．

カオス応答を示すための重要な要因は非線形性にある．時系列信号の非線形

性を示すことは，時系列信号がカオスであるということを示すよりも容易である．従って，時系列信号に対する線形性を主体とした帰無仮説を採用し，これを棄却できれば，カオス時系列解析を用いて推定された特徴量の信頼性を向上できると考えられる．具体的には，観測された時系列信号に対する線形確率過程の存在を帰無仮説として提示し，ある非線形統計量の推定を通じて帰無仮説を検定し棄却することで，時系列信号を生み出したダイナミクスにおける非線形の存在を示すのである．これがサロゲートデータ法である．

6.2 時系列解析とサロゲートデータ法

通常，カオスダイナミクスを有すると考えられる時系列信号に対しては，非線形力学系の特徴量を抽出するという過程により解析を行なう．その際，得られた結果が信頼できるかどうかを検定するために，解析対象とした時系列信号に対して帰無仮説を提示する．ここでは，サロゲートデータ法で用いられる帰無仮説についてまず考えていこう．

6.2.1 帰無仮説の提示とサロゲートデータの作成

非線形性を示すと考えられる時系列信号に対しては，種々の帰無仮説を考えることができるが，線形確率過程の存在を基盤とした帰無仮説を用いるのが自然である．検定したい問題に対して，採用したい仮説 (主張) の否定を帰無仮説 H_0 として採用し，採用したい仮説そのものを対立仮説 H_1 とするのが常だからである．

さて，実際に提示される仮説は，以下に示すものが典型的である [327, 326, 330, 252]．即ち，測定された時系列は，

(1) 時間的に全く無相関な (つまり，白色な) データであった．
(2) 時間的には線形相関を持つような (つまり，有色化された) データであった．
(3) 時間的には線形相関があるようなデータを，ある種のスタティックで単調な非線形変換により観測することで得られたデータであった．

というものである．サロゲートデータ法では，上述の帰無仮説に従うようなサロゲートデータ (surrogate とは代理という意味である) を多数作り出し，これらの統計的性質がオリジナルデータのそれと異なることを検定する．

6.2 時系列解析とサロゲートデータ法   255

これらの帰無仮説に基づいて作成された時系列信号をサロゲートデータ (surrogate data) と呼ぶ．また，これらのサロゲートデータを作り出す基本アルゴリズムは，各々，

- (1) ランダム・シャッフル (random shuffle，以下 RS)，
- (2) フーリエ・トランスフォーム (Fourier transform，以下 FT)，あるいは，フェーズ・ランダマイズド (phase randomized)，
- (3) アンプリチュード・アジャステッド・フーリエ・トランスフォーム (amplitude adjusted Fourier transform，以下 AAFT)，あるいは，ガウシアン・スケーリング (Gaussian scaling)

アルゴリズムと呼ばれている．

もちろん，この他の帰無仮説を考えることは可能である．例えば，「時系列は，(ノイジーな) トーラスである」という帰無仮説も考えることができる．しかし，サロゲートデータを実際に作り出すという観点からは，現状では，ほぼ上述の仮説に絞られる．この意味において，これらのアルゴリズムが，サロゲートデータ法での基本アルゴリズムとなる．それでは，まずこれらの三つの基本アルゴリズムについて考えていこう．

6.2.1.1　RS サロゲートデータ

ここでは，

H_0：「観測された時系列信号は，時間的に全く無相関である．」

という帰無仮説を考えよう．この帰無仮説に従えば，時系列の各点間には時間的な相関が無いため，各点を入れ換えてもその構造に変化はなく，いかなる情報も失われない．従って，時系列信号の各値を，ランダムに入れ換えることにより，この帰無仮説に従うサロゲートデータを作成できる．そのため，このアルゴリズムを，ランダム・シャッフル (random shuffle，以下 RS) アルゴリズムと呼ぶ．実際の対象データの解析結果と (例えば) 白色ノイズの結果を並べて，それらより得られた結果が異なることを示す (フラクタル次元やリアプノフ指数の値が違うなどと言う) こととは別であることに注意しよう．

- (1) オリジナルデータを $y(t), t = 1, 2, \ldots, N$ とする．
- (2) 乱数を $G(t), t = 1, 2, \ldots, N$ とする．

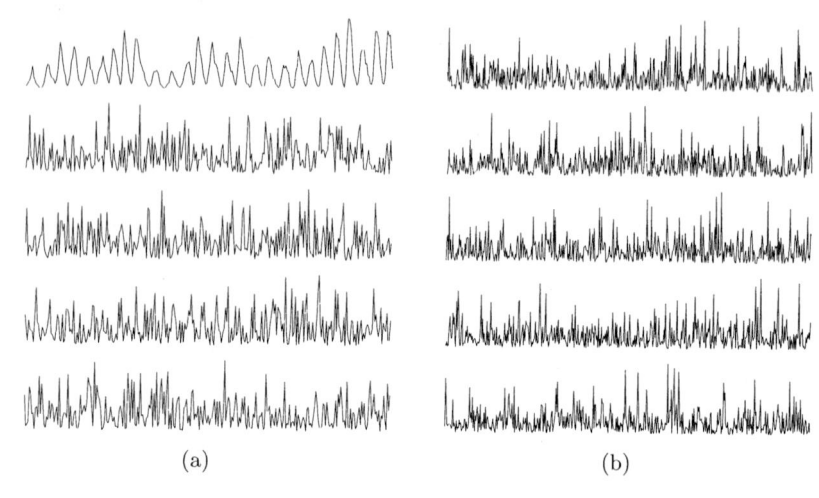

図 6.1: RS サロゲートの例.
(a) ウォルファーの太陽黒点数の年次変化データ [363] と (b) コバルトの γ 線放射の時間間隔データの場合. 太陽黒点データのオリジナルデータは最上段に, コバルトデータのオリジナルデータは第3段目である.

(3) $G(t)$ をソーティングしたものを $SG(t)$ とする.
(4) $RG(t)$ を $S(RG(t)) = G(t)$ という条件を満たすように作成する.
(5) サロゲートデータ $y'(t) = y(RG(t))$ を得る.

オリジナルデータを太陽黒点の年平均変化データ [363] [1]及びコバルトの γ 線放射の時間間隔信号[2]とした場合のサロゲートデータの例を図 6.1 に示す. これらの図を見ると, 太陽黒点データの場合はその構造は全く壊されて, ランダムに変動していることがわかる (図 6.1(a)). 一方, コバルトデータの場合は, サロゲートデータとオリジナルデータ共にランダムに変動しており, これらの差は違いは視覚的に見いだすことが難しい. これらの結果より, 定性的ではあるが, コバルトデータの場合は, ランダムなデータであろうことが推察される.

なお, RS サロゲートデータの場合, オリジナルデータとサロゲートデータの標本頻度分布 (従って, 標本平均, 標本分散, 標本標準偏差など) は, 全く同

---
[1]データ提供は, 国立天文台による. また, データ入力は木本早苗氏による.
[2]データ提供は, Alfonso Albano 氏による.

じであることに注意する．このような統計的性質に関する議論は，6.2.2 節で行なう．

6.2.1.2 FT サロゲートデータ

ここでは，

H_0：「観測された時系列信号は，時間的に線形相関を持つ確率的データである．」

という帰無仮説を考える [323, 172]．簡単に言うと，線形 ARMA (自己回帰移動平均) モデルでモデル化できる過程の存在をここでは意識している．

さて，この帰無仮説に従えば，観測時系列信号は相関関数によってのみ特徴づけられる．ウィナー–ヒンチンの定理 により，相関関数とパワースペクトラム密度は等価である．従って，パワースペクトラムが，オリジナルデータと全く同じ時系列信号を作り出せば良い．

そこで，まず始めに，時系列信号に対してフーリエ変換を施し，パワースペクトラムを推定する．次に，このパワースペクトラムの振幅情報を保持したまま，位相情報をランダム化する．但し，実時系列信号を得るためには，ランダム化された位相を対称化する必要がある．即ち，

$$\phi(f) = -\phi(-f)$$

とする．

最後に，位相がランダム化されたパワースペクトラムにフーリエ逆変換を施せば，オリジナルデータと全く同じパワースペクトラムを，従って，全く同じ相関関数を持つ時系列信号を作成できる．

(1) オリジナルデータを $y(t), t = 1, 2, \ldots, N$ とする．
(2) $y(t)$ のフーリエ変換 $Y(f) = F\{y(t)\} = A(f)e^{j\phi(f)}$ を求める．
(3) $Y(f)$ に対し，$[0, 2\pi]$ に分布する乱数 $\psi(f)$ を用いて $Y'(f) = Y(f)e^{j\psi(f)}$ を作成する．
(4) 実数値を得るために，$Y'(f)$ を対称化する．
(5) サロゲートデータを $y'(f)$ のフーリエ逆変換 $y'(t) = F^{-1}\{Y'(f)\}$ により得る．

このように，フーリエ変換を用いるので，このアルゴリズムは，フーリエ・トランスフォーム (Fourier transform, 以下 FT) アルゴリズムと呼ぶ．上で述べたように位相情報をランダマイズしているので，フェーズ・ランダマイズド (phase randomized) と呼ばれることもある．

図 6.2 に，ニューヨークの麻疹患者数と水疱瘡患者数の変動データ[1]の FT サロゲートデータ例を示す [312]．麻疹データの場合は，特徴が完全に壊されており，異なる変動を示しているが，水疱瘡データの場合は際だった変化は見られないことがわかる．これより，前項と同様に定性的な議論ではあるが，麻疹データは少なくとも，線形なダイナミクスで表現することは難しいが，水疱瘡データの場合はその可能性が高いことなどが推察される．この結果は，第 5 章で述べた，非線形予測を用いた時系列信号の同定において紹介した結果 [312] と定性的に同様である．

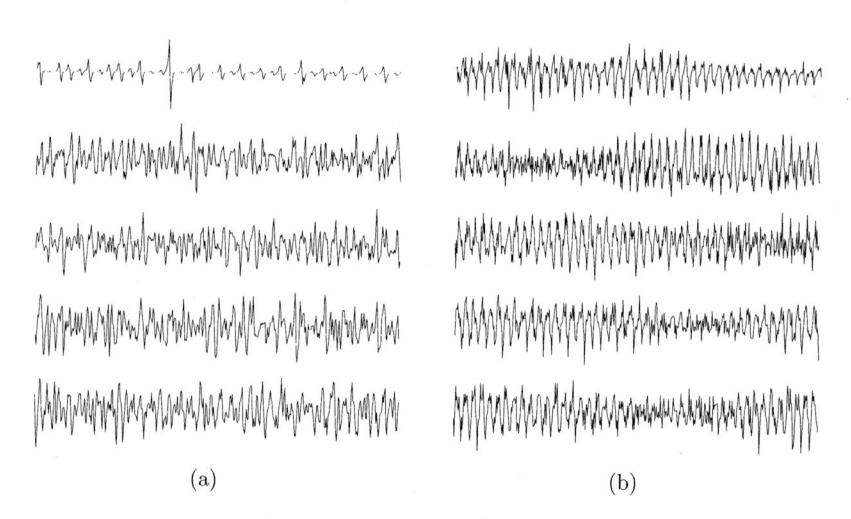

図 6.2: FTサロゲートの例．
ニューヨーク市の(a) 麻疹患者数の変動データと (b) 水疱瘡患者数の変動データ．両者ともに最上段にオリジナルデータを配している．

ここでは，フーリエ変換を用いて作成するアルゴリズムについて述べたが，ここで用いた帰無仮説に従うサロゲートデータの他の作成法として，例えば，与

---

[1]データ提供は，George Sugihara 氏による．

えられたオリジナルデータから AR モデルの係数を推定し，推定されたモデルを用いる (フリーランさせる) 方法もある．これにより作られた時系列信号がサロゲートデータとなる．このような作成法を，典型実現法 (typcial realization) と呼ぶのに対し，フーリエ変換を用いる手法は，「パワースペクトラムを一定に保ちながら (制約条件)，位相をランダム化する」ので，制約条件付きランダム化法 (constrained randomization) と呼ぶ．仮説検定の観点からは，後者の作成法が良いとされている [330, 331]．

6.2.1.3　AAFT サロゲートデータ

ここでは，

H_0：「観測された時系列信号は，線形確率過程から作り出されたが，観測する際に静的な単調非線形変換を施されたことにより得られたデータである．」

という帰無仮説を考える．

即ち，この仮説では，本来ならば測定された時系列信号は線形確率過程より発生したものであったものが，ある単調でスタティックな非線形な観測関数を介することにより測定され，その結果，実際に非線形ダイナミクスを有するデータを解析した場合と類似の結果が得られたのではないかと考える．この場合の非線形変換はスタティックでありダイナミクスは存在しないとすることに注意する．直観的には，図 6.3 のような，入出力関係を持つ関数の存在を考えている．

そこで，以下の手順でサロゲートデータを作成する．まず始めに，観測器を介する前に相当するランダムデータを作成しておく．この時，「単調でスタティックな非線形変換が施される」というプロセスを，時系列信号を構成する各要素の大きさの並び (ランクオーダ, rank order) を保存することにより実現する．即ち，オリジナルデータのランクオーダを保存するように，最初に作っておいたランダムデータの並びを入れ換える．図 6.4 にランクオーダ保存の概念を示す．

さて，このランダムデータを並べ変えた時系列信号は，線形確率過程から作り出されたデータであると考えられる．従って，この非線形変換が施される前のデータの特徴は相関関数によってのみ表現されると仮定することができる．即ち，FT アルゴリズムを用いて，その位相構造をランダム化しても特徴は失われない．そこで，このオリジナルデータのランクオーダに従ってその並びが入れ

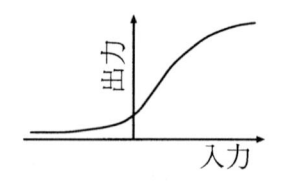

図 6.3: 単調で静的な非線形観測の例.

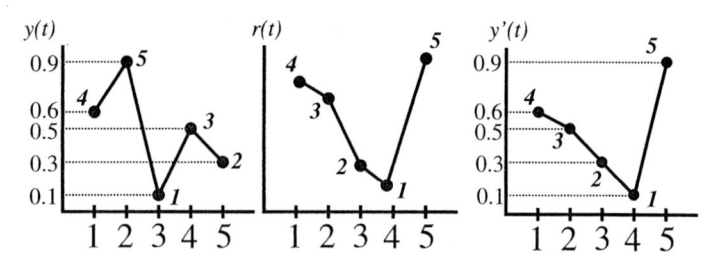

図 6.4: ランクオーダ の説明図.

各図において挿入してある数字が，各時刻における値の時系列信号の中での大きさの順位 (ランク) を示している．即ち，時系列信号 $y(t)$ のランクオーダは $\{4,5,1,3,2\}$，$r(t)$ のランクオーダは $\{4,3,2,1,5\}$ である．オリジナルデータ $y(t)$ を，時系列信号 $r(t)$ と同じランクオーダとなるように並べ変えると $y'(t)$ となる．このとき，$r(t)$ と $y'(t)$ は，同じランクオーダを持つと言う．

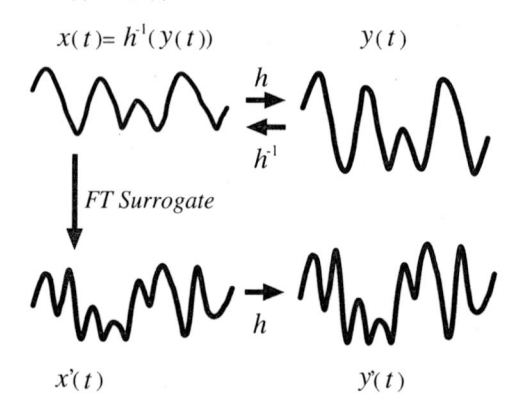

図 6.5: オリジナルデータと AAFT サロゲートの関係.

図中の h が静的な単調非線形関数を表す．オリジナルデータ $y(t)$ と $x(t)$ は同じランクオーダを持つ．$x(t)$ と $x'(t)$ は同じパワースペクトラムを持つ．$x'(t)$ とサロゲートデータ $y'(t)$ は同じランクオーダを持つ．

換えられた時系列信号 (図 6.5 の $x(t)$) に対して，FT サロゲート作成アルゴリズムを適用することで，同じパワースペクトルをもつ時系列信号 (同図 $x'(t)$) を作成する．最後に，この同じパワースペクトルをもつ時系列信号のランクオーダに従って，オリジナルデータを入れ換えることで，静的な単調非線形関数という観測関数を介したという操作を施す．

(1) オリジナルデータを $y(t), t = 1, 2, \ldots, N$ とする．
(2) $y(t)$ をソーティングしたものを $Sy(t)$ とする．
(3) $Ry(t)$ を $Sy(t) = y(Ry(t))$ という条件を満たすように作成する．
(4) ガウシアン乱数を $G(t), t = 1, 2, \ldots, N$ とする．
(5) $G(t)$ をソーティングしたものを $SG(t)$ とする．
(6) $x(Ry(t)) = SG(t)$ を満たす $x(t)$ を作成する．
(7) FT アルゴリズムにより $x(t)$ のサロゲートデータ $x'(t)$ を作成する．
(8) $x'(t)$ をソーティングしたものを $Sx'(t)$ とする．
(9) $Rx'(t)$ を $Sx'(t) = x'(Rx'(t))$ という条件を満たすように作成する．
(10) サロゲートデータを $y'(Rx'(t)) = Sy(t)$ により得る．

図 6.5 に，このアルゴリズムにおけるオリジナルデータとサロゲートデータの関係の概念図を示す．図 6.6 に，NH_3 レーザの発振データ (Santa Fe Institute 時系列予測コンテストでの A.dat) [352] とカナダマッケンジー河流域における山猫の捕獲数データ [363] をオリジナルデータとした場合の AAFT サロゲートデータを示す．NH_3 レーザの発振データの場合のサロゲートデータは，オリジナルデータ (最上段) と全く異なる時系列信号となっており，この結果から，このデータは，ここで用いた帰無仮説に合わないことが推察できる．一方，山猫捕獲数データは，基本的な周期振動はサロゲートデータにおいても壊されていないことがわかる．

このアルゴリズムでは，オリジナルデータはシャッフリングされているが，ランクオーダによってコントロールされたシャッフリングであり，これも制約条件付きランダム化法の一種である．即ち，標本平均，標本分散，頻度分布などの統計量は保存される．また，$x(t)$ と $y(t)$ 及び $x'(t)$ と $y'(t)$ のランクオーダが同じであるため，$y'(t)$ は $y(t)$ の動きをフォローするように作成される．従って，相関関数はほぼ保存される．

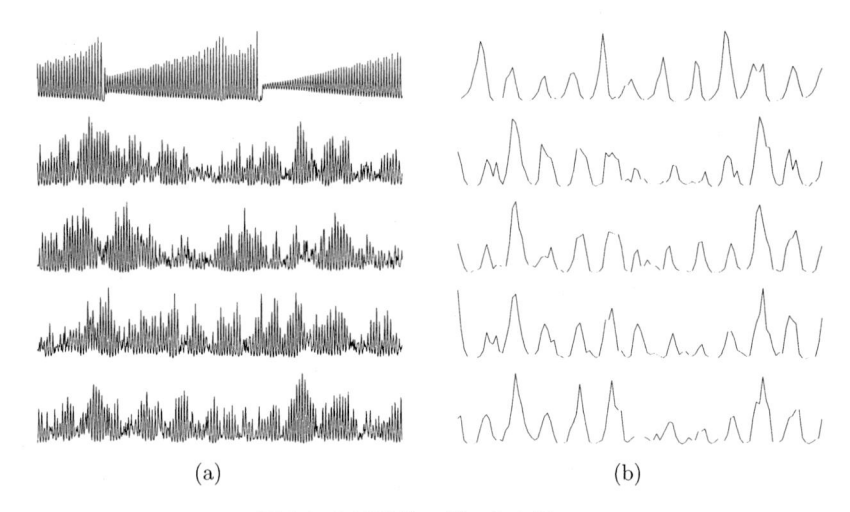

図 6.6: AAFT サロゲートの例.
(a) Santa Fe Institute 時系列解析コンテストで用いられた A.dat (NH_3 レーザの発振データ) [352] と (b) カナダマッケンジー河流域で捕獲された山猫の数の変動データ [363]. 両者共に最上段がオリジナルデータである.

ここでのアルゴリズムで作られたデータは,FT アルゴリズムを用いながらも,オリジナルデータの振幅情報に合わせるようにシャッフルされる.そこで,このアルゴリズムは,アンプリチュード・アジャステッド・フーリエ・トランスフォーム (Amplitude adjusted Fourier transform, 以下 AAFT) アルゴリズムと呼ぶ.また,ガウス乱数をスケールし直しているとも考えられるので,ガウシアン・スケーリング (Gaussian scaling) と呼ばれることもある.

6.2.2 サロゲートデータの統計的特徴

本節では,ここまでに示した帰無仮説とそれに従うサロゲートデータが,オリジナルデータのどのような統計的特徴量を保存しているかを考察してみよう.具体的には,オリジナルデータとサロゲートデータの 1 次統計量及び 2 次統計量について議論する.

6.2.2.1 1次統計量

図 6.7 には，1次統計量の保存を考察するために示した，オリジナルデータと FT サロゲートデータの頻度分布を示している．オリジナルデータは，

(i) エノン写像 (式 (2.3.7), $a = 1.4, b = 0.3$) に 20[dB] の観測ノイズを重畳したデータ,

(ii) ガウス乱数に対して移動平均フィルタを施したデータ,

(iii) (ii) の時系列データを観測する際に，静的で単調な非線形関数 [265] を介したデータ

とした．(i) のデータはカオスであるので，サロゲートデータ法で用いる帰無仮説は棄却されるはずである．一方，(ii) のデータは，FT アルゴリズムでの帰無仮説に，また，(iii) は，AAFT アルゴリズムの帰無仮説にマッチしたデータであり，これらのデータでは，対応する帰無仮説を棄却できない．

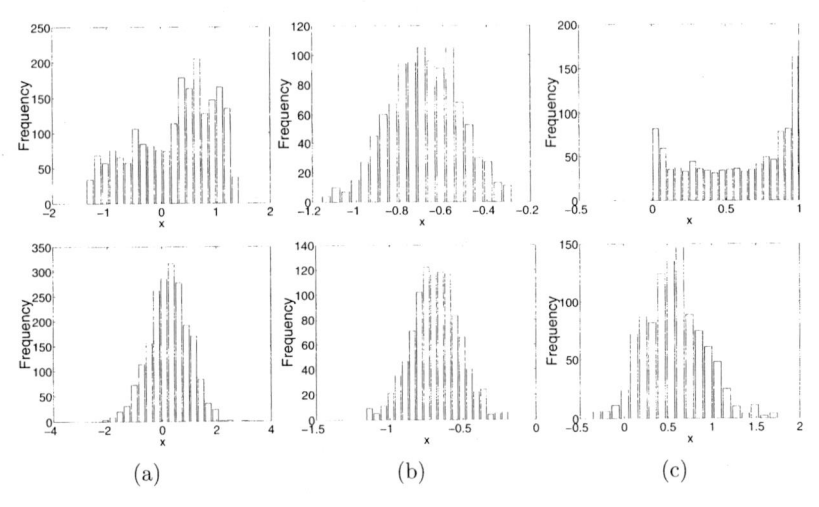

図 6.7: いくつかの観測時系列信号の頻度分布例.
(a) エノン写像 (20[dB] ノイズ重畳), (b) フィルタリングされたランダムノイズ, (c) フィルタリングされたランダムノイズをある静的単調線形関数により観測した時系列信号とした場合の，オリジナルデータ (上段) と FT サロゲートデータ (下段) の頻度分布．なお，静的単調非線形関数は，文献 [143] の式 (4) を用いた．[T.Ikeguchi & K.Aihara: *IEICE Trans. Fundamentals*, E80–A, 5, 859–868, 1997 より抜粋.]

さて，これらの結果をみると，FTサロゲートデータでは，オリジナルデータの頻度分布は壊されて，ガウス分布となっていることがわかる．フィルタリングされたガウス乱数の場合は，オリジナルデータとサロゲートデータ共にガウス分布になっているが，エノン写像の場合などは異なる分布となる．

6.2.2.2　2次統計量

図 6.8 はオリジナルデータと各サロゲートデータに対して推定された自己相関関数を示す．図 6.8 において用いられたオリジナルデータは，ローレンツ方程式の第 1 変数 [203] であり，パラメータはカオスを生み出すといわれている標準的な値を用いている．

相関関数の推定には，以下の 3 種類の推定手法を用いた [328]．まず，(1) 巡回推定 (circular estimation)，

$$R_c(\tau) = \frac{1}{N}\left\{\sum_{t=1}^{N-\tau} y(t)y(t+\tau) + \sum_{t=N-\tau+1}^{N} y(t)y(t+\tau-N)\right\} \quad (6.2.1)$$

次に，(2) 不偏推定 (unbiased estimation)

$$R_u(\tau) = \frac{1}{N-\tau}\sum_{t=1}^{N-\tau} y(t)y(t+\tau), \quad (6.2.2)$$

そして，(3) 偏推定 (biased estimation)，

$$R_b(\tau) = \frac{1}{N}\sum_{t=1}^{N-\tau} y(t)y(t+\tau). \quad (6.2.3)$$

である．

図 6.8 を見ると，RS サロゲートデータの相関は，全く無くなっている．RS サロゲートは，時系列信号の無相関性を仮説づけるので，サロゲートデータの時間構造が全く破壊されるのは自明である．また，1次統計量及び2次統計量のうち分散などは，シャッフリングであるため保存される．

FT サロゲートは，オリジナルデータと全く同じパワースペクトラムを持つので，相関関数などの 2 次統計量も当然保存される．但し，厳密な意味で保存されるのは，巡回推定を用いた場合である．フーリエ変換を適用できるための

6.2 時系列解析とサロゲートデータ法

(a)

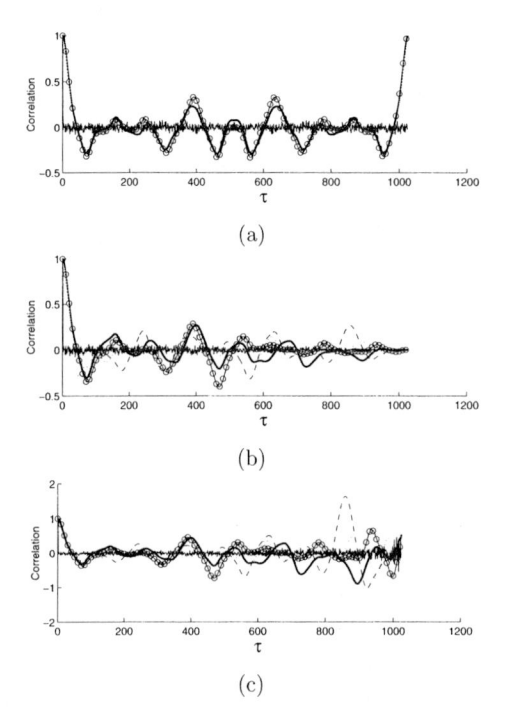

(b)

(c)

図 6.8: オリジナルデータとサロゲートデータの自己相関関数. オリジナルデータの自己相関関数は, 実線 + ○ で示している. 細線は RS サロゲートデータ, 点線は FT サロゲートデータ, 破線は AAFT サロゲートデータの自己相関関数を表す. 図 (a) では, FT サロゲートの相関関数は, オリジナルのそれと重なっているため見えない. なお, 太線は FS サロゲートデータ (後述. 6.2.2.3 参照) の自己相関関数である.

条件の一つに, 信号 $y(t)$ の周期性があることを思いだそう. 一方, 1 次統計量のうち平均値などは保存できるが, 頻度分布自体はこのアルゴリズムでは保存されない. このことは 6.2.2.4 節で議論する.

AAFT サロゲートは, 単なるランダムシャフルではなく, ある一定の条件に従うように (ランクオーダを保存するように) シャッフルすることで作り出される. その結果, 短時間相関関数は, ほぼ保存されることがわかる. 一方, オリジナルデータのシャッフリングであることから, 1 次統計量及び 2 次統計量の

うち分散値などは保存される.

6.2.2.3 フーリエ・シャッフル (Fourier shuffle) サロゲートデータ

前述の議論より,FT アルゴリズムは,その作成手順からパワースペクトラムは完全に保存するものの,頻度分布を全く保存しないという特徴を有することが明らかになった.このことは,FT サロゲートでは,オリジナルの時系列信号には存在し得ない頻度分布を実現してしまうということを意味する.例えば,太陽黒点の変動数 [363],ニューロンの発火の時間間隔 [142],コバルトの γ 線の時間間隔などのデータは,物理的には正の値しか持ち得ない.しかし,これらのデータをオリジナルデータとする場合にも,FT サロゲートのアルゴリズムを用いれば負の値も出現する.

そこで,第4のサロゲートデータ作成のアルゴリズムとして,フーリエ・シャッフル (Fourier shuffle , 以下,FS) アルゴリズムと呼ばれるサロゲートデータ作成のアルゴリズムが提案されている [69, 68].まず始めに,FT アルゴリズムでサロゲートデータを作る.次に,オリジナルデータを FT サロゲートのランクオーダに従うように並べ換える.その結果,FS サロゲートは,オリジナルデータと全く同じ頻度分布を,従って,1次統計量及び2次統計量のうち分散を完全に保存する.また,2次統計量としての相関関数もほぼ保存される (図 6.8).

(1) オリジナルデータを $y(t), t = 1, 2, \ldots, N$ とする.
(2) $y(t)$ の FT サロゲートデータを $x(t)$ とする.
(3) $x(t)$ をソーティングしたものを $Sx(t)$ とする.
(4) $Rx(t)$ を $Sx(t) = x(Rx(t))$ という条件を満たすように作成する.
(5) $y(t)$ をソーティングしたものを $Sy(t)$ とする.
(6) サロゲートデータを $y'(Rx(t)) = Sy(t)$ により得る.

図 6.9 は,FS サロゲートの例である.対象データは,日本語母音の「あ」[1] [138, 143] 及び日経平均株価のデータとした [319].これを見ると,音声信号の場合,基本的な振動成分は保存しているものの,詳細を観察すれば,オリジナルデータとサロゲートデータは異なる様相を呈している.一方,日経平均株価のデータの場合,どのサロゲートデータもオリジナルデータと比較的類似の構造

---
[1] データ提供は,原田哲也氏による.

を有していることが分かる.

このようにして作成されたFSサロゲートデータとAAFTサロゲートデータに対して,オリジナルデータのパワースペクトラムにどの程度近いかを定量化したものが図 6.10 である.図 6.10 において横軸は時系列信号のデータ長,縦軸は相対誤差 D_r である.相対誤差は,

$$D_r = \frac{\sum_{f=0}^{N/2}(Y_2(f) - Y_1(f))^2}{\sum_{f=0}^{N/2}Y_1(f)^2} \quad (6.2.4)$$

により定義した [293].ここで,$Y_k(f)$ は,時系列信号 $y_k(t)$ のフーリエ変換である.即ち,

$$Y_k(f) = F\{y_k(t)\} = \sum_{t=0}^{N-1} y_k(t)\exp(j2\pi ft/N) \quad (6.2.5)$$

である.図 6.10 を見ると,FSサロゲートデータの方が,AAFTサロゲートデータ

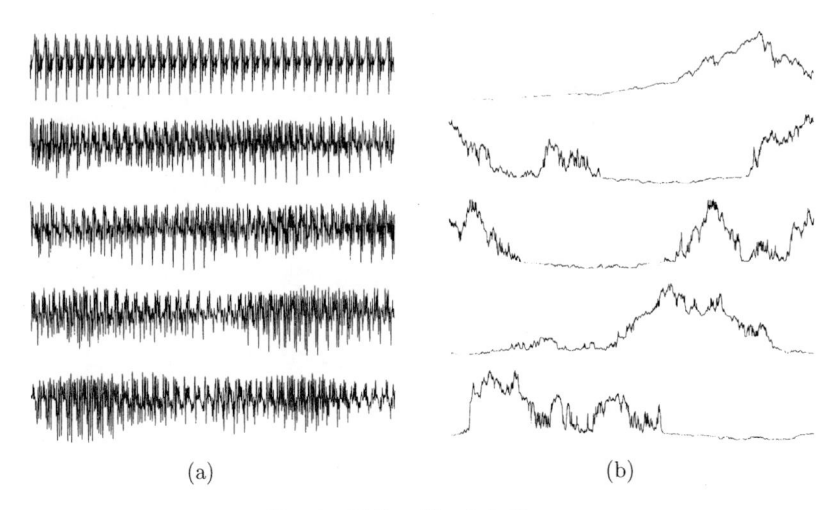

図 6.9: FSサロゲートの例.
(a) 日本語母音の「あ」と (b) 日経平均株価の変動データ.両者ともに最上段がオリジナルデータである.

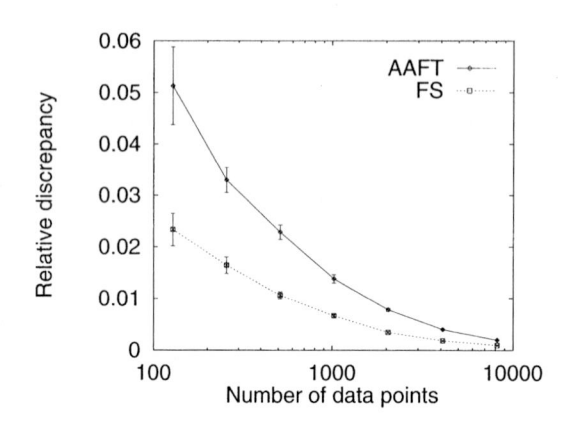

図 6.10: AAFTサロゲートとFSサロゲートの比較. オリジナルデータはエノン写像 ($a = 1.4, b = 0.3$). 横軸はデータ長, 縦軸はオリジナルデータのパワーとサロゲートデータのパワーの相対誤差を表す. 各結果におけるエラーバーは信頼区間を示している.

表 6.1: 各サロゲートデータ作成過程において保存される統計量.

アルゴリズム	平均	分散	頻度分布	自己相関
RS	○	○	○	×
FT	◇	◇	×	○
AAFT	○	○	○	△′
FS	○	○	○	△

よりも,オリジナルデータの相関関数により近い相関関数を有することが分かる.

表 6.1 は,上述の議論をまとめたものである. 表 6.1 において, ○ は完全に保存されることを, ◇ は保存するように変換できることを, △ はほぼ保存されることを, × は完全に壊されることを示す. AAFTサロゲートデータは, FSサロゲートデータに比べると相関関数の保存はやや悪い (△′).

6.2.2.4 イタレイティヴ・AAFTサロゲートデータ

さて,前節までは,各サロゲートデータの統計的特徴として,

- 1次統計量 (平均, 標本分布)

- 2次統計量 (分散，自己相関関数)

の保持，非保持について議論してきた．問題点は，

「AAFT アルゴリズムや FS アルゴリズムでは，オリジナルデータの自己相関関数を完全には保存できない」

ことにある (表 6.1 中の △ 印).

AAFT，FS サロゲートデータでは，一次統計量（平均，標本頻度分布）と分散は完全に保持される．これは，基本的にこれらのサロゲートデータが，オリジナルデータの値をシャッフルすることで作成されているためである．しかし，時系列データが有限長である場合，相関関数などの 2 次統計量は完全には保持されない．その理由の一つは，$x(t), x'(t)$ 共にガウス分布であるが，実際の分布は壊されているという点にある．

サロゲートデータ法を導入する目的は，従来の時系列解析で用いられてきた自己相関関数を主体とする手法では非線形性を扱えないということを統計的に定量化することである．この観点からすると，1 次統計量を完全に保持することだけでなく，2 次統計量もオリジナルデータのそれにより近いこと，もしくは同じことが望ましい．また，上記の AAFT サロゲートの特徴により，第 I 種の過誤を犯す率が増加する危険もある．

このような考え方に基づいて，表 6.1 中の △ 印を定量化し，自己相関関数の差がより小さいサロゲートデータを作成するためのアルゴリズムが，ここで述べるイタレイティブ AAFT (IAAFT) サロゲートアルゴリズムである [293].

まず始めに，オリジナルデータの FT サロゲートを求める．既に述べたように，FT サロゲートはパワースペクトラム (自己相関関数) は全く同じであるが，頻度分布は異なるので，オリジナルデータを FT サロゲートデータのランクオーダと同じとなるように入れ換える．この結果，オリジナルデータとサロゲートデータの頻度分布は全く同じとなるが，今度はパワースペクトラム (自己相関関数) が厳密には保持されない．そこで，こうして得られたサロゲートデータを再びオリジナルデータと考えることで，上述の過程を繰り返す．これにより得られるのが，IAAFT サロゲートデータである．

(1) オリジナルデータを $y^{\{0\}}(t), t = 1, 2, \ldots, N$ とし，そのパワースペクトラムを $Y(f)$ とする．

(2) 第 i 回目のデータ $y^{\{i\}}(t)$ のパワースペクトラムを $Y^{\{i\}}(f)$, 位相を $\phi^{\{i\}}(f)$ とする.
(3) $Y^{\{i\}}(f)$ を $Y(f)$ で置き換える. 但し, 位相 $\phi^{\{i\}}(f)$ は同じとする.
(4) フーリエ逆変換して, 時系列 $x^{\{i\}}(t)$ を得る.
(5) $x^{\{i\}}(t)$ をソーティングしたものを $Sx^{\{i\}}(t)$ とする.
(6) $Rx^{\{i\}}(t)$ を $Sx^{\{i\}}(t) = x^{\{i\}}(Rx^{\{i\}}(t))$ という条件を満たすように作成する.
(7) $y^{\{i\}}(t)$ をソーティングしたものを $Sy^{\{i\}}(t)$ とする.
(8) サロゲートデータを $y'^{\{i\}}(Rx^{\{i\}}(t)) = Sy^{\{i\}}(t)$ により得る.
(9) $i \to i+1$ として繰り返す.

上記のアルゴリズムで作成されたサロゲートデータのパワースペクトラムがどの程度オリジナルデータのそれに近付いているかを図6.12に示す. 図6.12の横軸は繰り返し回数を, 縦軸は式 (6.2.4) に示した相対誤差である. 文献 [293] では, false rejection rate との関係で約7回の繰り返しで十分であることが示されている.

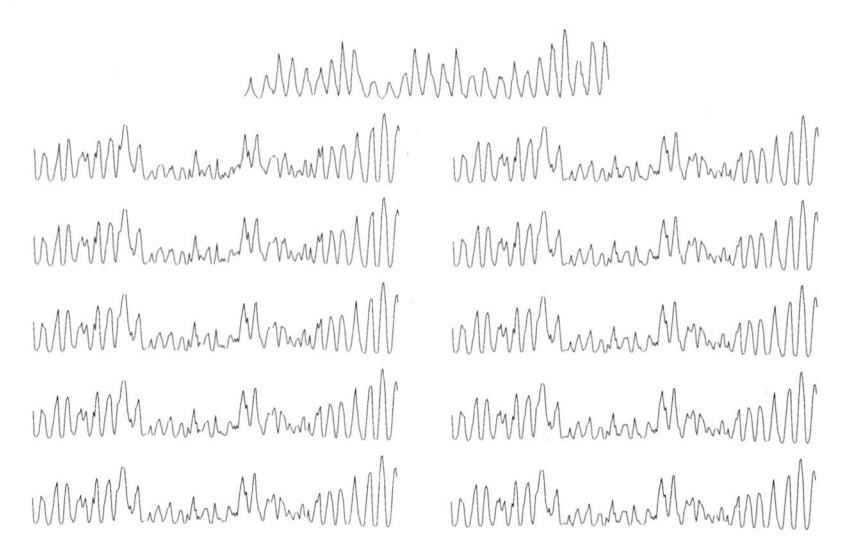

図 6.11: 繰り返しによるIAAFTサロゲートデータの変化.
最上段が, 太陽黒点データのオリジナルデータ. その下段左列より順に, 1回, ..., 5回. 右列は, 上から 6,..., 10 回の繰り返しによって生成されたサロゲートデータを示している.

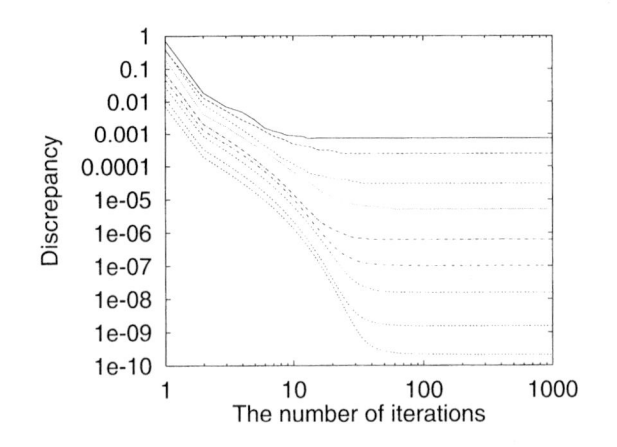

図 6.12: IAAFT とオリジナルデータのパワースペクトラム差. 横軸は繰り返し回数 i を, 縦軸は相対誤差を示す. 図中の各線は上より, データ数が $N = 256, 512, \ldots, 32768$ の場合を示す.

6.2.3 周期的スパイク信号のサロゲートデータ

さて, 実験で計測される時系列信号には, 非常に周期性が強いが, 線形過程として記述するのが不十分であろうものも存在する. 例えば, てんかん時における脳波, 心電図波形, 脈波信号などの生体系から計測される信号は特にそのような傾向がある. このようなデータに対して, ここまで述べてきたサロゲートデータ作成のアルゴリズムを適用した場合, 得られるサロゲートデータの時系列波形は明らかにオリジナルデータのそれとは異なっている.

このような周期的性格が強く, スパイク的要素も含まれる信号に対して,

H_0：「連続する各周期的パターン間には, ダイナミカルな相関は存在しない.」

という帰無仮説を考えることもできる [324].

この帰無仮説に従えば, 各パターン間には相関はないので, これらの各パターンを切り出し, それを入れ換えても変化はない. そこで, 時系列を適当な時相で切断し, 取り出した各小部分をランダムに入れ換えることでサロゲートデータを作成する (文献 [324] を考慮して, PSWRS (periodic spike-and-wave [random shuffle]) アルゴリズムと呼ぼう). このように, 時系列信号の1周期分に注目し,

それらを入れ換えたデータと比較することで,波形の揺らぎの本質を探ろうとする類似の手法が,音声解析の分野で既に提案されている [128].

(1) オリジナルデータを $y(t), t = 1, 2, \ldots, N$ とする.
(2) $y(t)$ を適当な時相で切断し,各セグメントを $s_i(t), t = t_{s_i}, \ldots, t_{e_i}, i = 1, 2, \ldots, M$ とする.ここで,$y(t) := P_{i=1}^{M}[s_i(t)] = \{s_1(t), s_2(t), \ldots, s_M(t)\}$ で表す.
(3) 一様乱数を $U(t), t = 1, 2, \ldots, M$ とする.
(4) $U(t)$ をソーティングしたものを $SU(t)$ とする.
(5) $RU(t)$ を $SU(t) = U(RU(t))$ という条件を満たすように作成する.
(6) サロゲートデータ $y'(t) := P_{i=1}^{M}[s_{RU(i)}(t)]$ を得る.

オリジナルデータを太陽黒点の年平均変化データ及びヒトの指先脈波データとした場合のサロゲートデータの例を,図 6.13 に示す.

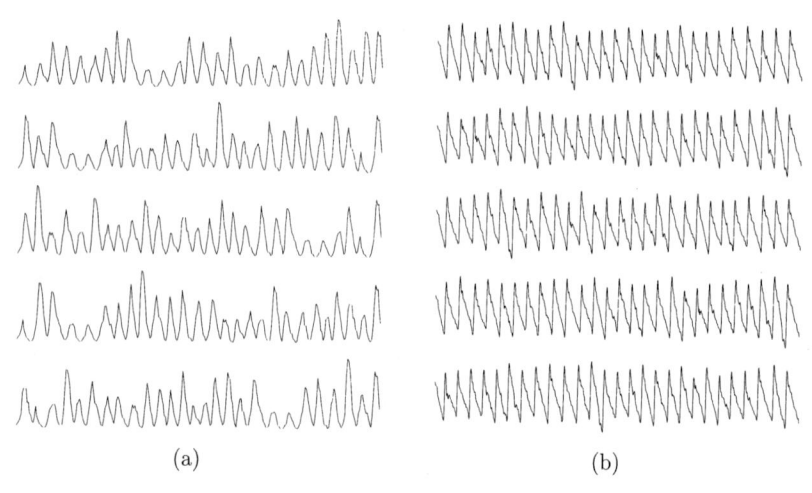

図 6.13: PSWRS サロゲートデータの例.
(a) ウルフラムの太陽黒点数の年次変化データと (b) ヒトの指先脈波データ.両者ともに最上段がオリジナルデータである.

6.2.4 多次元信号のサロゲートデータ

前節まで述べたサロゲートデータは，1変数の時系列信号 $y(t)$ に対して適用されるものである．第2章でも述べたように，普通は1変数の時系列信号が測定できるだけであるが，幾つかの変数を同時に計測できる場合も存在する．脳波の多チャンネル計測，神経応答の光計測 [131] などがその例である．但し，これらの測定されたデータが，力学系の各変数を表現するものかどうかは，ここでは問わない．このように多次元の時系列信号

$$\boldsymbol{y}(t) = (y_1(t), y_2(t), \ldots, y_i(t))$$

が計測できる場合にも，サロゲートデータ法を適用することができる．

具体的には，各 $y_i(t)$ のパワースペクトルを保持するだけでなく，任意の $y_j(t)$ と $y_k(t)(j \neq k)$ 間のクロススペクトルも保持するようなサロゲートデータを作成する [252, 355]．

(1) m 次元のオリジナルデータを $y_i(t), i = 1, 2, \ldots, m; t = 1, 2, \ldots, N$ とする．
(2) $y_i(t)$ のフーリエ変換 $Y_i(f) = F\{y_i(t)\} = A_i(f)e^{j\phi_i(f)}, i = 1, 2, \ldots, m$ を求める．
(3) 各 $Y_i(f)$ に対して $[0,2\pi]$ に分布する乱数 $\psi(f)$ を用いて $Y_i'(f) = Y_i(f)e^{j\psi(f)}$ を作成する．
(4) 実数値を得るために，各 $Y_i'(f), i = 1, 2, \ldots, m$ を対称化する．
(5) サロゲートデータを $y_i'(t) = F^{-1}\{Y_i'(f)\}, i = 1, 2, \ldots, m$ により得る．

この手法で作成したサロゲートデータは，パワースペクトラム，クロススペクトラムを保存するという意味において，一変数のサロゲートデータ作成アルゴリズムで述べた Fourier transform アルゴリズムに相当する．各変数の頻度分布を保存することを考えるのであれば，各変数内のランクオーダが同じになるように，要素を入れ替えることで，AAFT アルゴリズムに相当するサロゲートデータを作ることも可能である [252]．

図 6.14 には，エノンアトラクタ [120]，池田アトラクタ [129]，ローレンツアトラクタ [203]，レスラーアトラクタ [271]，ラングフォードアトラクタ [195] のオリジナルデータ，RS サロゲートデータ，多次元 FT サロゲートデータを示す．多次元での RS サロゲートデータは，$\mathbf{R}^k$ 内の各点をランダムシャッフルす

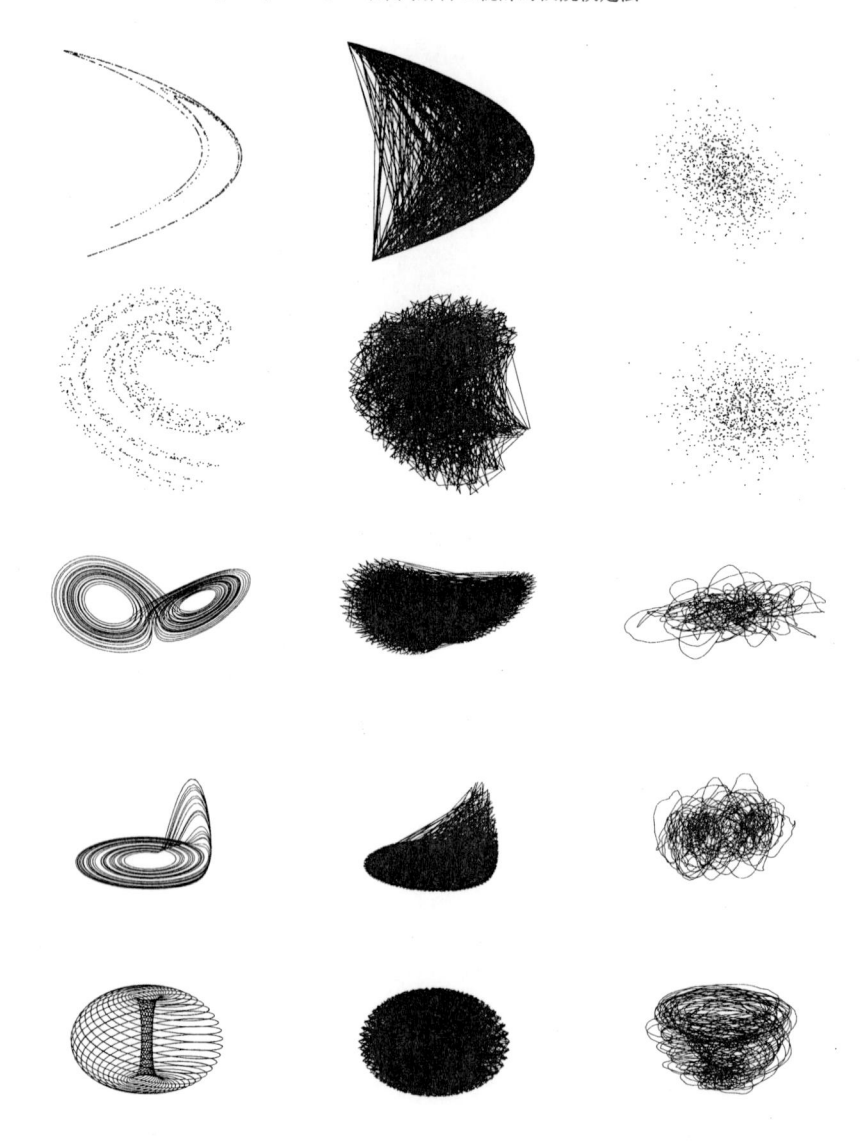

図 6.14: 多次元サロゲートデータの例.
上段より,エノン写像,池田写像,ローレンツ方程式,レスラー方程式,ラングフォード方程式について,オリジナルアトラクタ(左列), RSサロゲートデータ(中央), FTサロゲートデータ(右列) を示している. RSサロゲートデータの場合,ランダム化した後の各点間の順序に関する情報を線で結ぶことにより表示した.

ることで求めた．従って，時間情報を採り入れない解析手法(例えば，フラクタル次元解析など)では，全く同じ統計量が推定されることに注意する．

6.2.5 制約条件付きランダム化によるサロゲートデータ

既に述べてきたように，サロゲートデータ法で用いられるアルゴリズムは，制約条件付きランダム化，即ち，オリジナルデータのシャッフリングである．各サロゲートデータ作成のアルゴリズムで述べてきたように，ある条件を保ちつつ，時系列信号を構成する要素をシャッフルしていく．ここでは，この考え方を拡張した手法について紹介しよう [291]．

まず始めに，制約条件を評価関数 E として表現する．例えば，1変数時系列データ $y(t)$ の1次元の標本頻度分布と，次式のような標本自己共分散

$$C^{\mathrm{ORG}}(\tau) = \frac{1}{N-1} \sum_{\tau=0}^{N-1} y(t)y(t-\tau)$$

を保存したいとしよう．オリジナルデータのシャッフリングに限れば，最初の条件は常に満たされるので，後者のみを考えれば良い．そこで，シャッフリングにより作成されたサロゲートデータ $y'(t)$ の自己共分散を $C^{\mathrm{S}}(\tau)$ とし，これらの差を評価関数とする．即ち，

$$E(y') = \sum_{\tau=0}^{N-1} |C^{\mathrm{S}}(\tau) - C^{\mathrm{ORG}}(\tau)|^2$$

により，評価関数 E を定義する．ここで，E は，作成されたサロゲートデータ $y'(t)$ に依存するので，これを $E(y')$ と表現した．

さて，実際に上で述べた制約条件を満たすサロゲートデータは，トリビアルな解である $y'(t) \equiv y(t)$ 以外の $E(y')$ を最小にする系列 $y'(t)$ である．つまり，オリジナルデータ $y(t)$ の並びを入れ替えた $N!$ 通りの全順列の中から，$E(y')$ を最少にする系列を見つければ良いことになる．

具体的手順の一つとして，例えば $y(t)$ のランダムシャッフルサロゲート $y'_{\mathrm{RS}}(t)$ から始め，$y'_{\mathrm{RS}}(t)$ 中の任意の n 組の時系列値 $y(i), i = p(1), p(2), \ldots, p(n)$ を入れ替えたとき，新しい系列に関する $E(y')$ が小さくなれば，この入れ替えを実行し，新しい順列を求めるアルゴリズムがある．実際には，このような入れ替

えを繰り返すことにより，$E(y')$ が最小となる順列を見つけ出すことは難しい．このようなダイナミクスでの探索は，局所最適解に捕われてしまうからである．そこで，文献 [291] では，シミュレーテッドアニーリング (simulated annealing) を用いて，最適解を探索する手法を採用している．

この手法の利点は，上のように制約条件を評価関数として表現できれば，それを最小化する順列を探索すれば良いことがあげられる．上の例では，系列の自己共分散を保存することを用いたが，相互共分散を保存する，非定常な信号の場合の平均値の変動を保存するなど，種々の制約条件に拡張できる．時系列信号の計測中に生じたアーチファクト [291]，あるいは，時系列信号が等間隔でサンプリングされていない場合 [288] 等にも対応できるサロゲートデータの作成が議論されている．

一方，この手法での欠点は，サロゲートデータを求めるための計算時間が非常に長いことがあげられる．文献 [291] では，従来の RS, AAFT, IAAFT アルゴリズムとの比較を行なっている．評価関数値を，これらの従来のアルゴリズムにより作成したサロゲートデータの十分の一から百分の一に減少させるためには，約 $200 \sim 1.5 \times 10^5$ 倍〜 3.6×10^6 倍程度の CPU 時間が必要となることが示されている．

6.3 帰無仮説の検定と棄却

さて，本章では，6.2 節の各帰無仮説に従って作成されたサロゲートデータを用いて，どのように帰無仮説を検定するかについて考察する．ここで議論するのは，

(1) サロゲートデータ数 (B_S) の設定．
(2) 棄却方法

である．

オリジナルデータの非線形統計量を Q_0，サロゲートデータのそれを $Q_{H_i}, (i = 1, 2, \ldots, B_S)$ とし，これらを用いて帰無仮説の検定を行なうとしよう．ここでいう非線形統計量とは，例えば，フラクタル次元，リアプノフ指数，決定論的非線形予測を適用した際の相関係数，誤差などである．直感的にいえば，Q_0 が Q_{H_i} の分布から十分離れていれば帰無仮説を棄却することができる [327, 326, 252]．

即ち，これらの距離を計測すれば良いことになる．

6.3.1 サロゲートデータの特徴量が正規分布すると仮定できる場合

サロゲートデータを作成する際は，疑似乱数を用いてランダムシャッフル，あるいは位相のランダム化を行なう．従って，サロゲートデータ自体は，多数作成することができる．このとき，サロゲートデータより得られる統計量 Q_{H_i} が正規分布するとし，サロゲートデータの個数 B_S は十分大きいと仮定する．ここで，次式で定義する検定統計量 S を用いることができる [326].

$$S = \frac{|Q_0 - \mu_{Q_H}|}{\sigma_{Q_H}} \quad (6.3.1)$$

但し，μ_{Q_H} は，サロゲートデータに対して推定した統計量 (例えば，フラクタル次元，リアプノフ指数など) の標本平均，σ_{Q_H} はその標本標準偏差である．

Q_{H_i} が正規分布するとき，$S > 1.96$ であれば，95％の確率で，即ち有意水準 $\alpha_0 = 0.05$ で，与えられた帰無仮説を棄却することができる．標本数 B_S を大きくとれない時は，自由度 $B_S - 1$ の t 分布 をする．従って，例えば，$B_S = 39$ のとき，t 分布表から，$t_{0.05/2}(38) = 2.024$ であるので，$S > 2.024$ で有意水準 $\alpha_0 = 0.05$ で，帰無仮説を棄却することができる [252, 251].

6.3.2 サロゲートデータの特徴量が正規分布すると仮定できない場合

上で述べた手法は，サロゲートデータの特徴量分布を正規分布と仮定している．しかし，得られたサロゲートデータの特徴量が正規分布するという仮定は一般には成立する保証はない．このような場合，即ち，与えられた統計量の分布がわからない場合には，以下に示すモンテカルロ有意性検定法が有効である．

ここでも，オリジナルデータの非線形統計量を Q_0，サロゲートデータのそれを $Q_{H_i}, (i = 1, 2, \ldots, B_S)$ とする．B_S はサロゲートデータの数である．モンテカルロ有意性検定は，オリジナルデータの統計量 Q_0 が，サロゲートデータの統計量 Q_{H_i} の標本分布に含まれるかどうかをチェックする [37, 125, 330].

まず，Q_{H_i} を降順に並べ換えておく．次に，例えば，両側検定の場合，仮に Q_0 がこの並べ換えられた Q_{H_i} の最も大きい方から $(B_S + 1)\alpha/2$ 番目，あるいは，最も小さい方から $(B_S + 1)\alpha/2$ 番目の間に挟まれていなければ，与えられ

ている帰無仮説は α の率で棄却できる [37, 125, 330]．例えば，サロゲートデータの個数を $B_S = 39$，有意水準を $\alpha = 0.05$ とする．この時，

$$(B_S + 1)\alpha/2 = (39 + 1) \cdot \frac{0.05}{2} = 1$$

なので，オリジナルデータの統計量 Q_0 が，サロゲートデータの統計量 Q_{H_i} と比べて，最大の Q_{H_i} より大きいか，又は，最小の Q_{H_i} より小さい場合に帰無仮説は棄却できる (図6.15)．なお，片側検定の場合も同様に考えることができる．

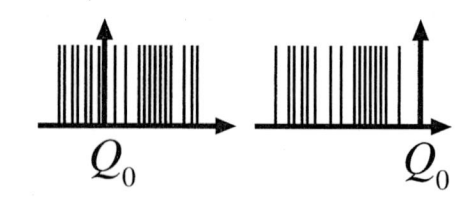

図 6.15: モンテカルロ有意性検定法.
帰無仮説を棄却できる場合(右) と棄却できない場合 (左)．矢印記号のついた線分がオリジナルデータに対して推定された特徴量 Q_0 を表し，短い線分がサロゲートデータに対して推定された特徴量 Q_{H_i} を表す．

6.4 サロゲートデータ法の応用例

ここまでは，主として，どのようにしてサロゲートデータを作成するかという観点から議論を行なってきた．ここからは，実際に時系列信号に適用した場合の結果例を示そう．ここで示すのは，フラクタル次元解析 [143]，リアプノフスペクトラム解析 [147]，決定論的非線形予測 [133] の場合である．この他に，第 4 章で述べたリカレンスプロット [153] や決定論性の検定法 [152] 等を含む他の手法にも用いることができる．また，不安定周期軌道の抽出 [80] 等にも使うことができるが，用いる統計量の性質も充分に考慮する必要がある [330, 294]．

6.4.1 フラクタル次元解析

図 6.16 と図 6.17 は，第 2 章で示した NH_3 レーザの発振データ (A.dat) [352] と日本語母音「あ」に対するフラクタル次元解析を用いた場合のサロゲートデー

6.4 サロゲートデータ法の応用例

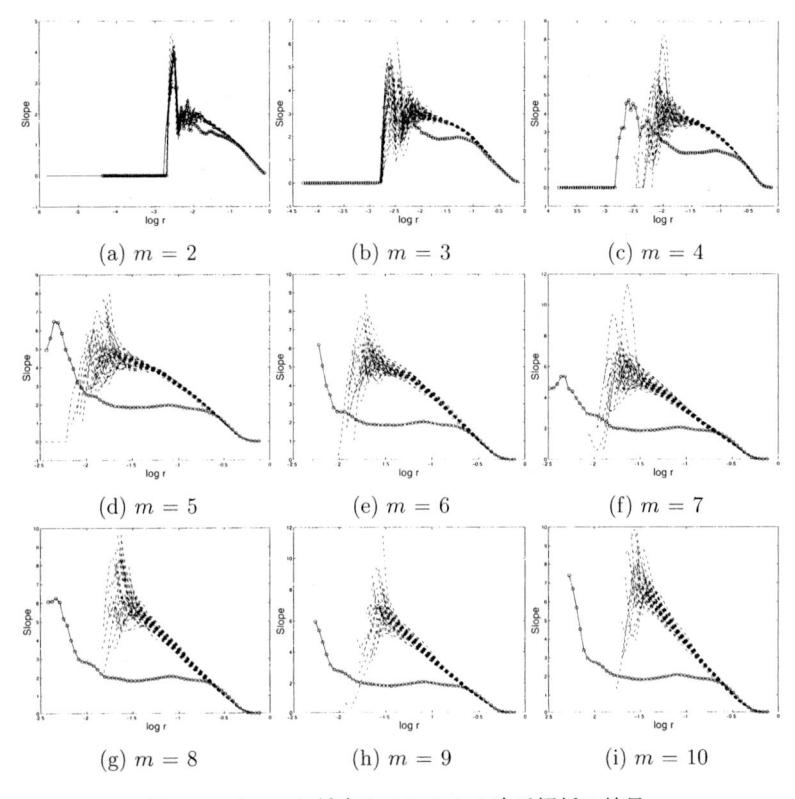

(a) $m = 2$ (b) $m = 3$ (c) $m = 4$

(d) $m = 5$ (e) $m = 6$ (f) $m = 7$

(g) $m = 8$ (h) $m = 9$ (i) $m = 10$

図 6.16: A.dat に対するフラクタル次元解析の結果．AAFTサロゲートを用いた場合．m は再構成状態空間の次元を表わす．

タ法の適用例 [148, 143] を，また，図 6.18と図 6.19は太陽黒点の年平均データに対するフラクタル次元解析でのサロゲートデータ法の適用例を示している．更に，図 6.20，図 6.21 では，疑似乱数に平滑化フィルタを施した後のデータをオリジナルデータとした場合，そして，図 6.22 は，疑似乱数に平滑化フィルタを施した後のデータに静的な単調非線形関数を観測関数として用いることで得たデータをオリジナルデータとした場合の解析結果である．いずれの場合も，オリジナルデータとサロゲートデータに対して，相関積分を計算し，その局所的な傾きを算出した後に，基準サイズからのスケーリングによる比較としている

(a) $m = 2$ (b) $m = 3$ (c) $m = 4$

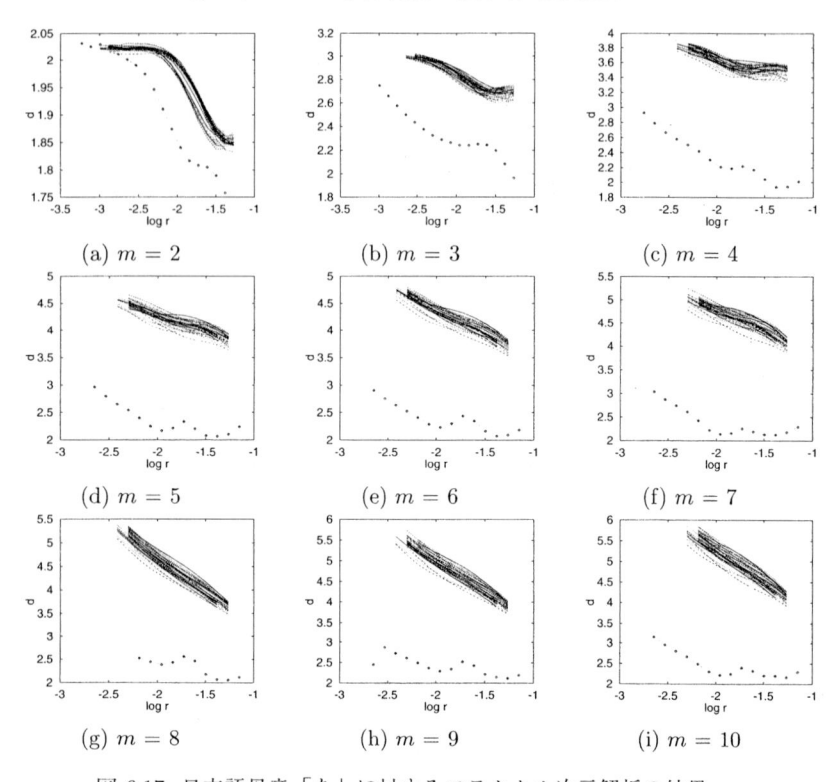

(d) $m = 5$ (e) $m = 6$ (f) $m = 7$

(g) $m = 8$ (h) $m = 9$ (i) $m = 10$

図 6.17: 日本語母音「あ」に対するフラクタル次元解析の結果．AAFTサロゲートを用いた場合．mは再構成状態空間の次元を表わす．[T.Ikeguchi & K.Aihara: *Journal of Intelligent & Fuzzy Systems*, 5, 1, 33–52, 1997 より抜粋．]

[148]. なお，サロゲートデータの数はいずれの場合も 39 個とした．従って，オリジナルデータの $\log r$ 対 局所的な傾きの関係が，サロゲートデータの $\log r$ 対局所的な傾きの関係の束に含まれなければ，帰無仮説を棄却することができる．

(1) 図 6.16 は，NH_3 レーザの発振データ (A.dat) に対して，サロゲートデータ作成のアルゴリズムとして AAFT アルゴリズムを用いたフラクタル次元解析の結果である．次元推定には，GP 法を用いている．これを見ると，$r \to 0$ において，どのような $\log r$ においても，オリジナルデータとサロゲートデータは異なる収束傾向を示している．この結果から，A.dat のデータは少なくとも AAFT で提示する帰無仮説を棄却できることが

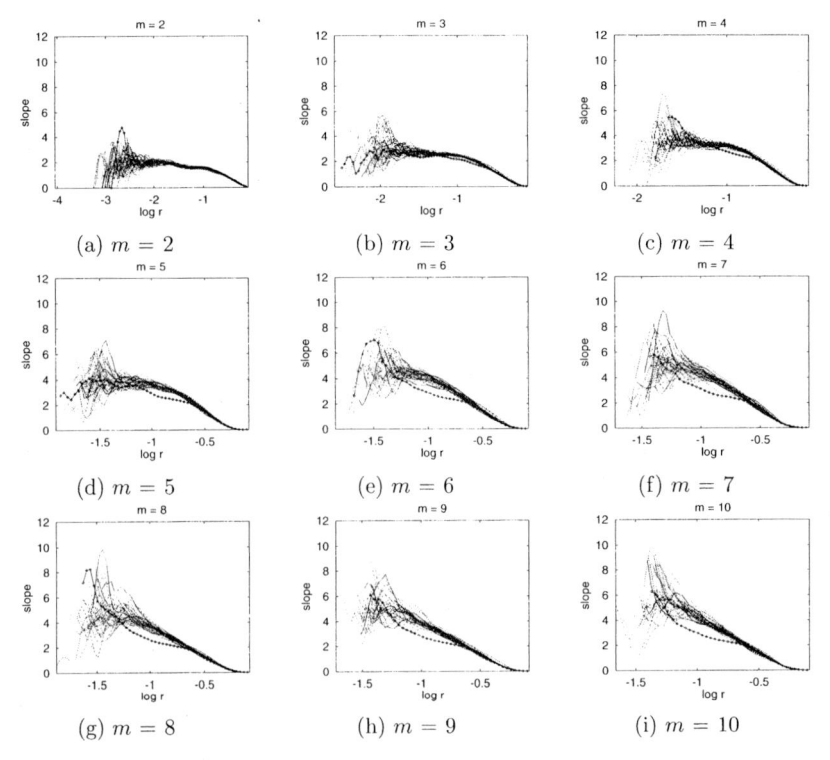

図 6.18: 太陽黒点データに対するフラクタル次元解析の結果.
AAFTサロゲートを用いた場合の結果である. m は再構成状態空間の次元.
[T.Ikeguchi & K.Aihara : *IEICE Trans. Fundamentals*, E80–A, 5, 859–868, 1997
より抜粋.]

わかるであろう [148].

(2) 図 6.17 は, 日本語母音「あ」に対して, AAFT アルゴリズムにより作成したサロゲートデータを用いて, フラクタル次元解析した結果を示している. フラクタル次元の推定法には, 第4章で紹介した J 法を用いている. 図 6.16 と同様に, 再構成状態空間の次元を上昇させるにつれて, オリジナルデータ (◇+点線) の結果は, サロゲートデータ (実線) の結果と異なる収束傾向を示していることがわかる [143]. これらの結果より, この日本語母音「あ」に対する, 線形性を基盤とした帰無仮説は棄却できる.

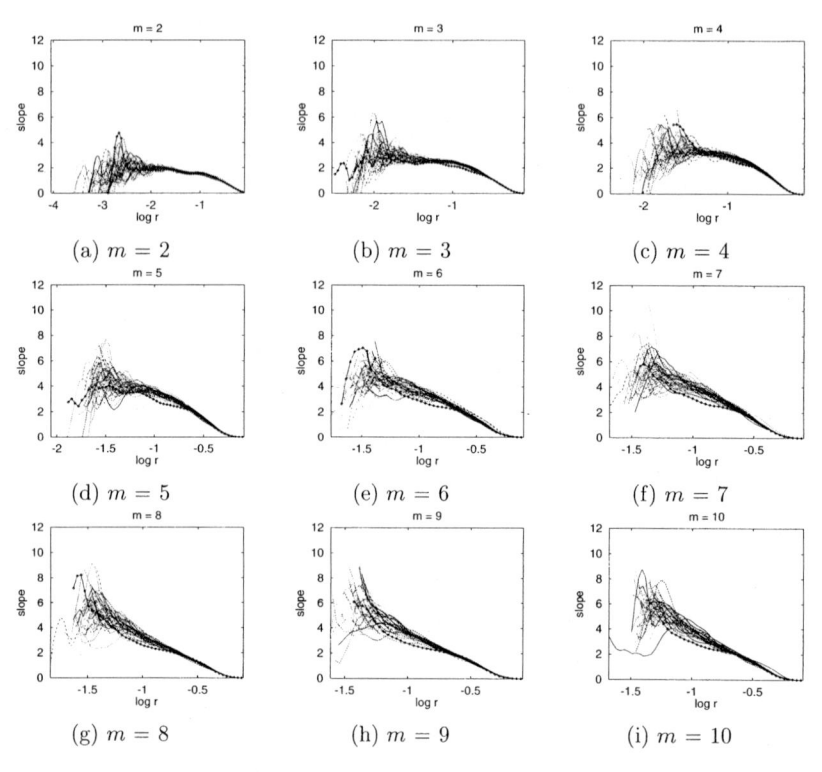

(a) $m = 2$ (b) $m = 3$ (c) $m = 4$
(d) $m = 5$ (e) $m = 6$ (f) $m = 7$
(g) $m = 8$ (h) $m = 9$ (i) $m = 10$

図 6.19: 太陽黒点データに対するフラクタル次元解析の結果．IAAFTサロゲートを用いた場合．mは再構成状態空間の次元．

(3) 一方，図 6.18 によれば，太陽黒点データの場合はいずれも帰無仮説は棄却されないことが示唆される．但し，AAFT を用いた場合には，$\log r$ が中程度の範囲において，オリジナルデータの傾きとサロゲートデータ群の傾きとが若干異なっている．しかし，IAAFTサロゲートを用いることでその差が減少することがわかる (図 6.19)．この結果からは，提示した帰無仮説を棄却することはできない．

(4) 図 6.20–図 6.22 は，フィルタリングされたランダムノイズを対象とした場合である．図 6.20と図 6.21 は乱数に平滑化フィルタを施したデータを観測データとした場合である．なお，平滑化フィルタは，文献 [265] に

6.4 サロゲートデータ法の応用例

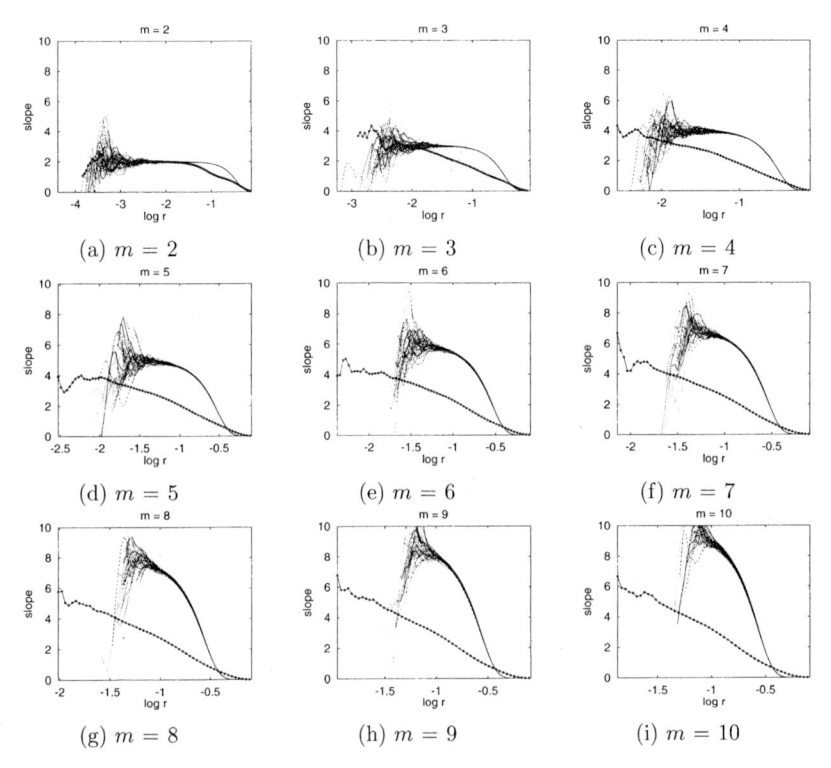

(a) $m = 2$
(b) $m = 3$
(c) $m = 4$
(d) $m = 5$
(e) $m = 6$
(f) $m = 7$
(g) $m = 8$
(h) $m = 9$
(i) $m = 10$

図 6.20: フィルタリングされたランダムノイズに対する結果．RS サロゲートを用いた場合．m は再構成状態空間の次元を表わす．

示されているように，文献 [251] に記述があるものを用いた．
まず，図 6.20 は，RS サロゲートを用いた場合であるが，この場合，オリジナルデータとサロゲートデータのスケーリング特性は異なっており，この結果から帰無仮説を棄却することができる．一方，図 6.20 に示すように，FT サロゲートを用いた場合には，帰無仮説は棄却できない．オリジナルデータとサロゲートデータのスケーリング特性は同じである．実際，両者は重なっているため判別できない．これらの結果は，オリジナルデータがフィルタリングされたランダムノイズであり，少なくとも白色ノイズでは無いこと，また，FT サロゲートデータ作成の際の帰無

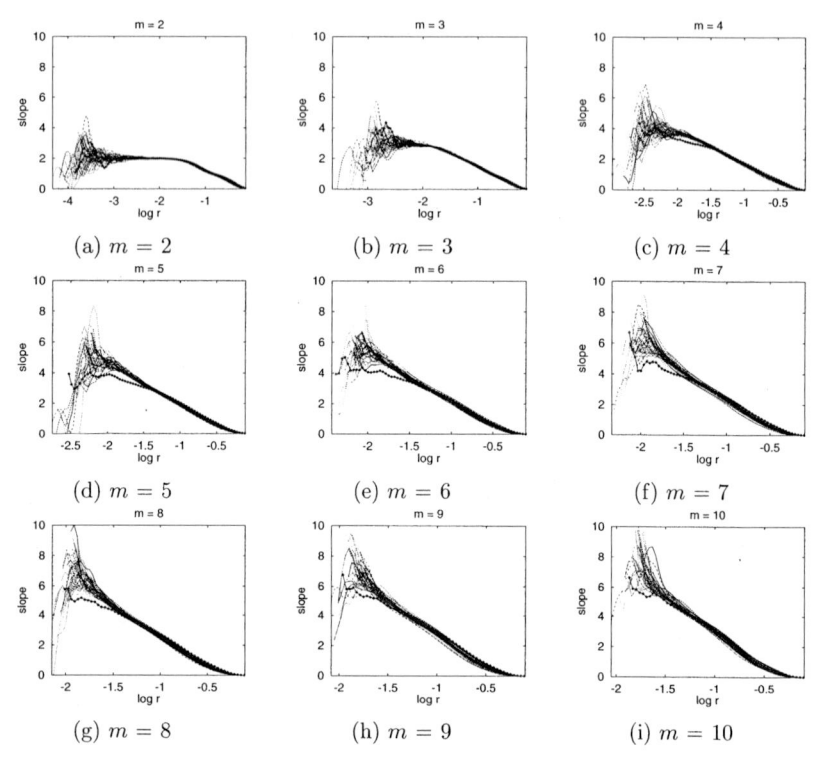

(a) $m = 2$ (b) $m = 3$ (c) $m = 4$
(d) $m = 5$ (e) $m = 6$ (f) $m = 7$
(g) $m = 8$ (h) $m = 9$ (i) $m = 10$

図 6.21: フィルタリングされたランダムノイズに対する結果.
FTサロゲートを用いた場合. m は再構成状態空間の次元を表わす.

仮説とは矛盾しないことから得られる結果である [143].
次に，図 6.22は，上述のフィルタリングされた乱数を更に静的な非線形単調関数で変換したデータをオリジナルデータとした場合である．図 6.22は，AAFTを用いた場合であるが，オリジナルとサロゲートは同じ傾向を示しており，この場合も帰無仮説は棄却できないことがわかる．ここでのオリジナルデータの作成は，AAFTサロゲートデータに対応する帰無仮説と矛盾しないため，納得できる結果である．
ところで，これらの図 6.21, 図 6.22 における解析は，サロゲートデータ法を用いる上で重要なことを示唆している．つまり，対象とする帰無仮

6.4 サロゲートデータ法の応用例

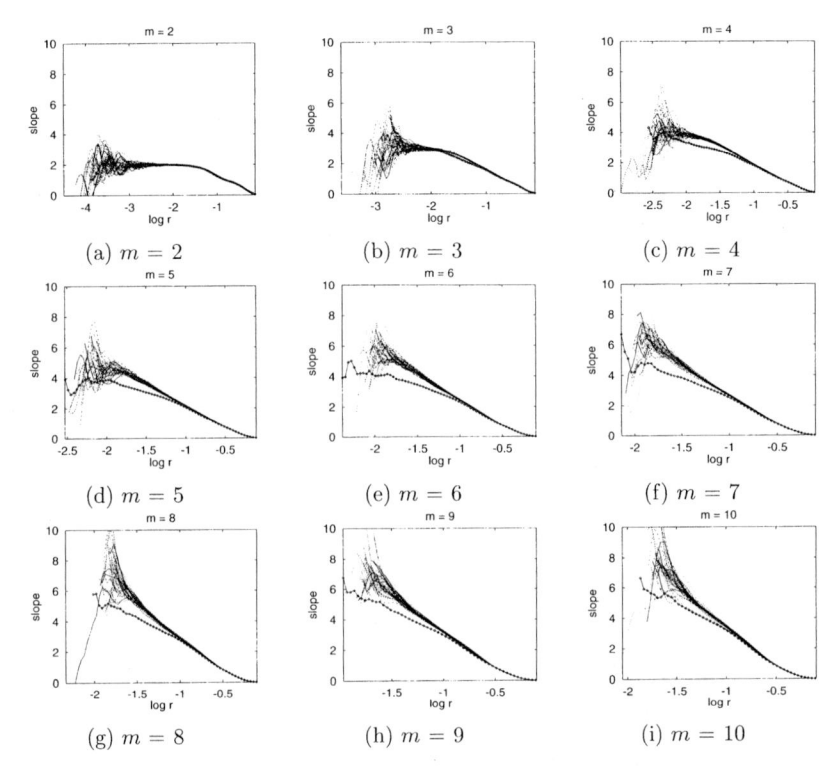

(a) $m=2$ (b) $m=3$ (c) $m=4$
(d) $m=5$ (e) $m=6$ (f) $m=7$
(g) $m=8$ (h) $m=9$ (i) $m=10$

図 6.22: フィルタリングされたランダムノイズを静的な単調非線形関数で変換したデータに対する結果.

AAFT サロゲートを用いた場合. m は再構成状態空間の次元を表わす.

説に沿うデータの場合は，帰無仮説を棄却できない結果となるべきだ，ということである．特に，サロゲートデータ法を実現しようとする場合，プログラムミスによる誤った棄却 (false rejection) が非常に多いことも指摘されている [265]．GP 法を用いて複雑な挙動を示す時系列信号のフラクタル次元を推定し，何でもカオスであると述べる人が多数存在した時代があって，そのような状況は危険であると指摘された [275, 265, 263] ことと同様に，誤った棄却によるによるカオス性の主張も強く避けなければならない．この意味において，図 6.21, 図 6.22 に示したテストは，セルフチェックとして行なうことが必要であると言えるだろう．

6.4.2 リアプノフスペクトラム解析

第4章で説明したように，コバルトのγ線放射の時間間隔信号に対してリアプノフスペクトラム解析を適用すると，偽の正のリアプノフ指数が推定されてしまう．これは，対象データの背後における非線形力学系の存在を仮定し，従って，局所線形モデルにより記述できるとした場合の結果である．ここでは，サロゲート法を用いた場合にどのようになるかを見てみよう．

結果を見ると，RSサロゲートの場合には，オリジナルデータの最大リアプノフ指数は，サロゲートデータのそれらの分布の中に含まれており，帰無仮説は

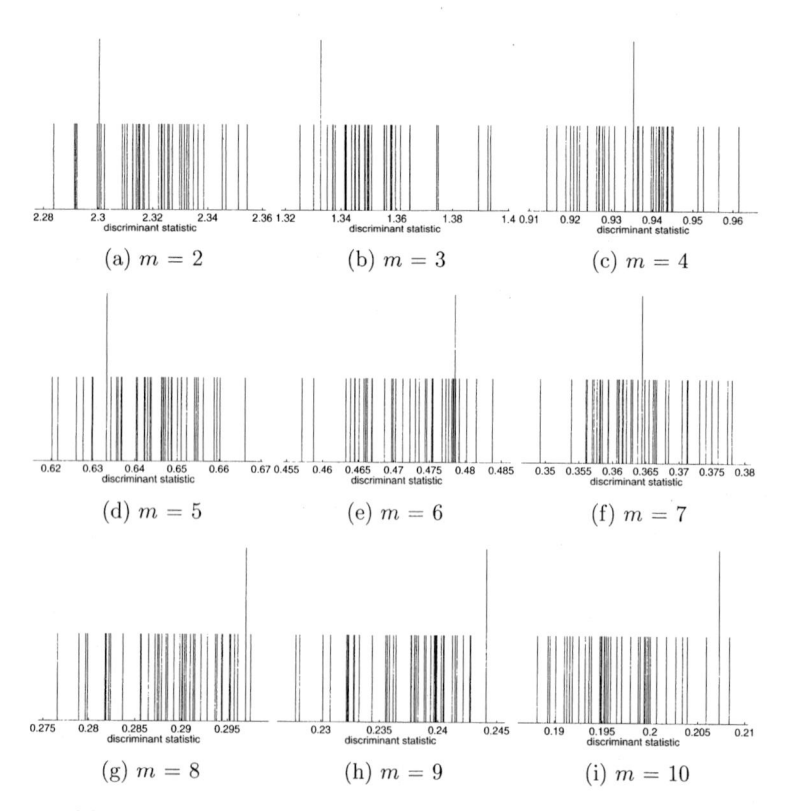

(a) $m = 2$

(b) $m = 3$

(c) $m = 4$

(d) $m = 5$

(e) $m = 6$

(f) $m = 7$

(g) $m = 8$

(h) $m = 9$

(i) $m = 10$

図 6.23: コバルトデータに対するリアプノフスペクトラム解析 I. サロゲートデータ作成のアルゴリズムは RS である．背の高い線がオリジナルデータのリアプノフ指数を示し，背の低い線群はサロゲートデータに対するそれである．m は再構成状態空間の次元である．[T.Ikeguchi & K.Aihara : *International Journal of Bifurcation and Chaos*, 7, 6, 1267–1282, 1997 より抜粋.]

6.4 サロゲートデータ法の応用例

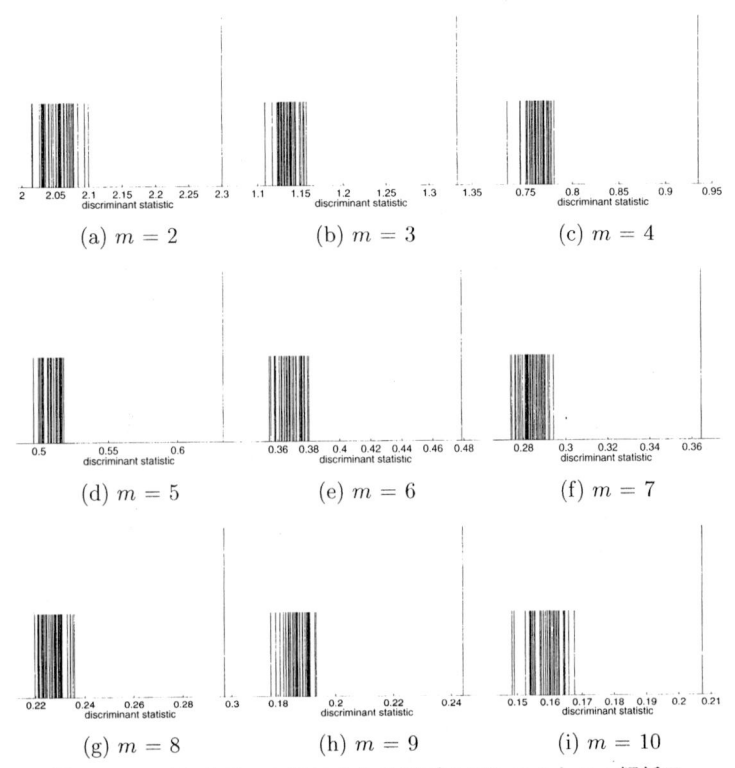

(a) $m = 2$

(b) $m = 3$

(c) $m = 4$

(d) $m = 5$

(e) $m = 6$

(f) $m = 7$

(g) $m = 8$

(h) $m = 9$

(i) $m = 10$

図 6.24: コバルトデータに対するリアプノフスペクトラム解析II. サロゲートデータ作成のアルゴリズムは FT である. [T.Ikeguchi & K.Aihara : *International Journal of Bifurcation and Chaos*, 7, 6, 1267-1282, 1997 より抜粋.]

棄却できないことがわかる. しかし, FT サロゲートデータを用いた場合, オリジナルデータの最大リアプノフ指数は, サロゲートデータのそれらの分布の中に入っておらず, この結果を見るだけでは, 帰無仮説は棄却されてしまうことになる. リアプノフ指数の推定の場合には, これは, コバルトデータの頻度分布はポアソン分布であるが, FT アルゴリズム により作成されたサロゲートデータの頻度分布はガウス分布になるためと考えられる. というのも, FTサロゲートデータを作る時の帰無仮説は, データの正規分布性を仮定しているからである. リアプノフ指数等を推定する場合は, このような分布の変化がその推定精度などに大きく影響を与える [147, 266]. 従って, 図 4.36 に示したように,

正しくリアプノフ指数を推定することの重要性を改めて認識する必要があるだろう.このための手法として局所対大域プロット [145, 149] については,既に説明したが,それを用いたリアプノフスペクトラム解析の結果は,本書 4.3.7 節をもう一度参照してほしい.

6.4.3 決定論的非線形予測

(1) 図 6.25 と図 6.26 は,ヤリイカの巨大軸索に対して正弦波刺激を与えた場合の応答に対する決定論的非線形予測を適用した結果である.サロゲー

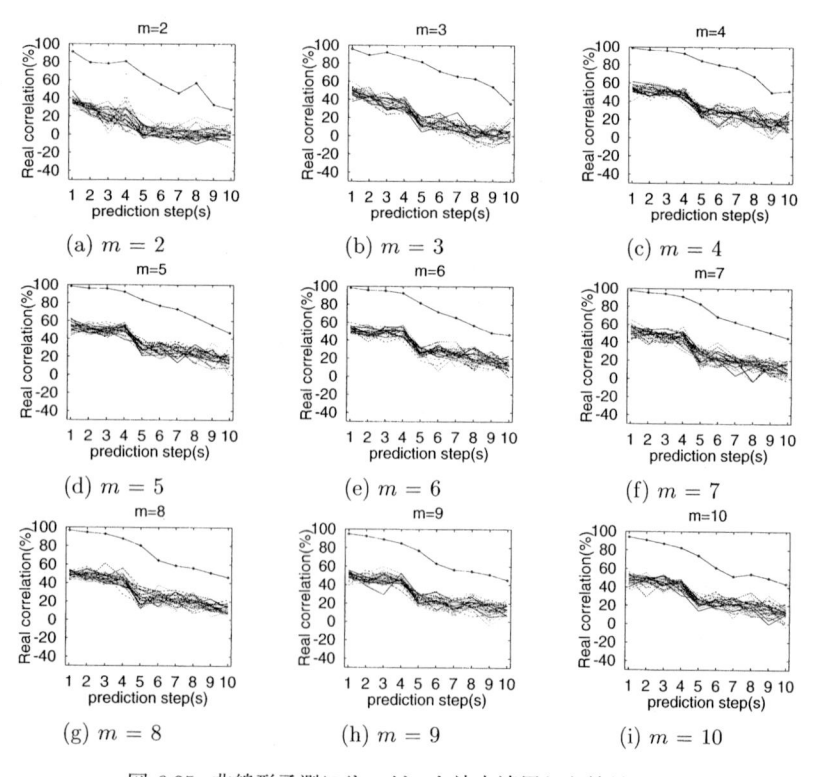

図 6.25: 非線形予測にサロゲート法を適用した結果 I.
ヤリイカ巨大軸索データに対して,AAFT アルゴリズムを用いた例である.非線形予測の評価に実相関係数を用いた場合を示している.m は再構成状態空間の次元である.[T.Ikeguchi, K.Aihara & G.Matsumoto : *International Journal of Chaos Theory and Applications*, 3, 3, 5–20, 1998 より一部抜粋.]

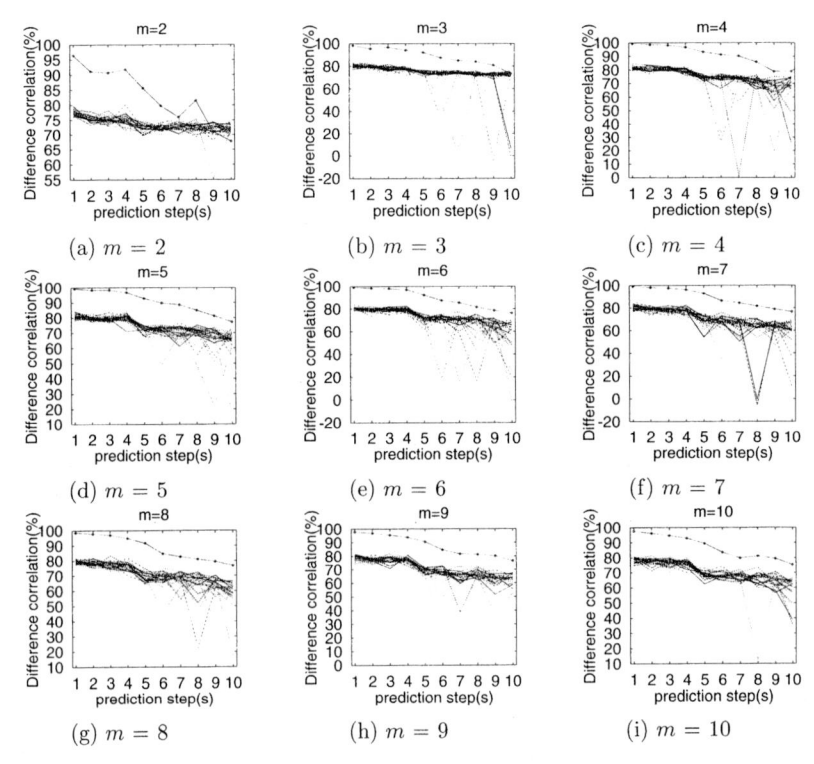

図 6.26: 非線形予測にサロゲート法を適用した結果 II. ヤリイカ巨大軸索データに対して, AAFT アルゴリズムを用いた場合. 非線形予測の評価に差相関係数を用いた場合の結果である. m は再構成状態空間の次元である. [T.Ikeguchi, K.Aihara & G.Matsumoto : *International Journal of Chaos Theory and Applications*, 3, 3, 5–20, 1998 より一部抜粋.]

トアルゴリズムには, AAFT を用いた場合を示している. 統計量としては, 非線形予測を適用した際の, 真の時系列と予測時系列間の実相関係数及び差相関係数を用いた場合を示している [133].

この結果を見ると, いずれの評価値を用いた場合も, オリジナルデータに対して求められた精度変化の結果と, サロゲートデータのそれとは異なっており, 帰無仮説を棄却できることが分かる.

(2) 図 6.27 と図 6.28 は, 積分発火モデルのニューロンに入力刺激を与える

ことで得られるニューロンの発火間隔の系列を対象にした結果を示している [142]. このニューロンに対して,

(i) Lorenz 方程式の第 1 変数

(ii) フラクタルブラウン運動 ($P(f) \propto 1/f^2$)

を刺激入力として, 第 2 章で述べた ISI 再構成を行なう. 図 6.27 は, Lorenz 方程式の第 1 変数について AAFT アルゴリズムを用いた場合を示している. Lorenz 方程式で駆動された場合, 出力として観測される ISI 系列もその特徴を保持していると考えれる. この結果をみると, 状態空間の次元が上昇するにつれて, 図に示した 1–10 ステップの間では, ほぼ帰無仮説が棄却できる結果となっている. 但し, $m = 2$ の場合, 予測精度は全般的に低く, また, 予測ステップ数が $p = 4, 5$ 付近で仮説が棄却されない結果となっている. これは, $m = 2$ では再構成状態空間への変換が 1 対 1 にすらなっていないためであると考えられる.

図 6.28 は, フラクタルブラウン運動を用いた場合の結果である. 図 6.28 では, RS アルゴリズムを用いた結果を示している. この結果をみると帰無仮説を棄却することができるが, フラクタルブラウン運動は少なくとも白色な過程ではないので, 自然な結果となっている.

(3) 図 6.29 は, 時系列間の因果関係を検出するために, 入出力埋め込み定理 [307, 308, 140] に基づいて状態空間を構成し, 非線形予測の精度 (予測精度) 変化に基づいて, 因果性検出の可能性を検討した結果である. 図 6.29 (a) では, 非線形 ARMA モデルにおける入出力因果関係がある場合である. 図 6.29 (b) は, 池田写像に入力として, エノン写像の第 1 変数を用いた場合である. 図 6.29 (a),(b) を見ると, いずれの場合も, 入力信号も用いて状態空間を構成すると (Input and Output), 出力信号のみの状態空間の構成 (Output only) に比べて, 予測精度が向上している. この予測精度の向上を統計的に検証するために, AAFT サロゲートを用いた結果も合わせて示している. これを見ると, 入力信号の AAFT サロゲートと出力信号による状態空間の構成 (Surrogate) と比較しても, 入出力再構成の予測精度は向上しており, 付加情報 (入力信号) が予測精度向上へ寄与していることが示される.

6.4 サロゲートデータ法の応用例

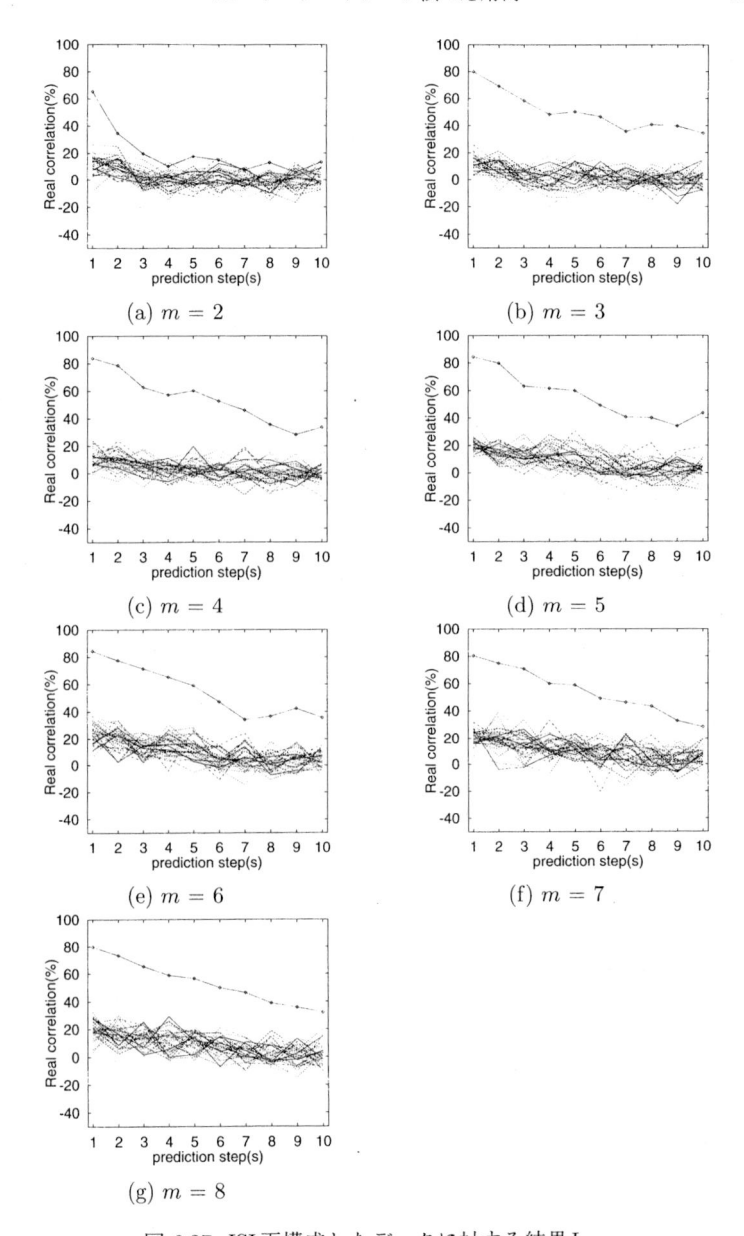

(a) $m=2$

(b) $m=3$

(c) $m=4$

(d) $m=5$

(e) $m=6$

(f) $m=7$

(g) $m=8$

図 6.27: ISI再構成したデータに対する結果 I.
ニューロンに対する入力刺激がローレンツ方程式の第1変数 $x(t)$ の場合である．
AAFTアルゴリズムを用いている．m は再構成状態空間の次元である．

(a) $m = 2$

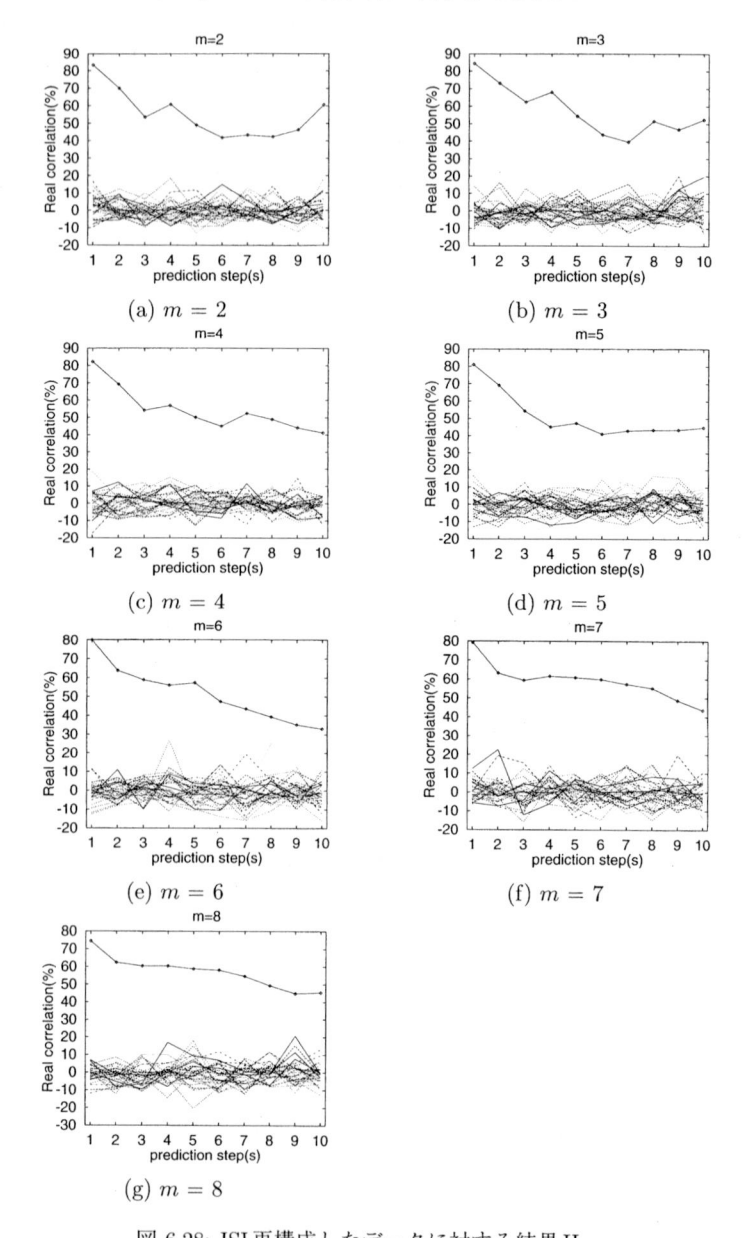

(b) $m = 3$

(c) $m = 4$

(d) $m = 5$

(e) $m = 6$

(f) $m = 7$

(g) $m = 8$

図 6.28: ISI再構成したデータに対する結果II.
ニューロンに対する入力刺激が非整数ブラウン運動 (fBm) の場合で，RS アルゴリズムを用いている．mは再構成状態空間の次元である．

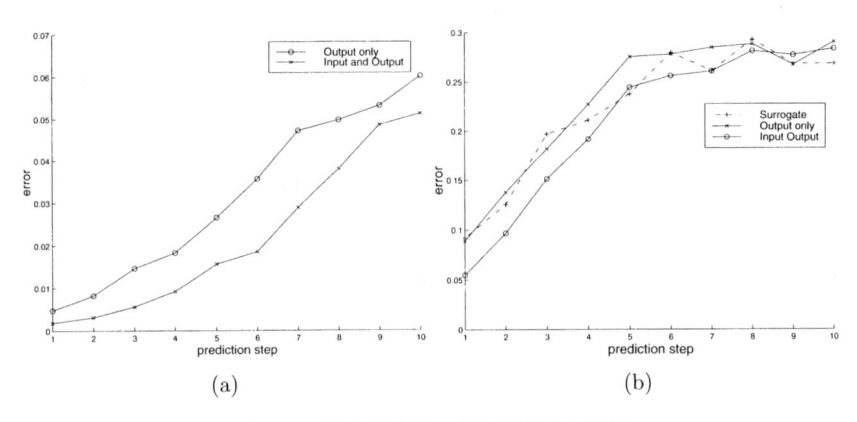

図 6.29: 非線形予測による因果性の解析
状態空間の構成に入出力データを用いた場合と,入力信号の AAFT サロゲートデータを用いた場合の予測精度の比較. (a) 非線形 ARMA モデル, (b) 池田写像での予測精度の変化.

6.5 サロゲートデータ法を用いる場合の注意

本章では,時系列信号を非線形力学系理論の立場から解析する場合において,時系列の線形性を帰無仮説として採用する統計的仮説検定手法であるサロゲートデータ法について述べてきた.

サロゲートデータ法は,不規則信号を決定論的カオスの立場から捉えようとする時系列解析という分野において開発された手法である.統計的性質の項でも述べたように,この手法はある統計量(例えば,相関関数)で定量化される性質を同じに保ち,他の性質(決定論的非線形ダイナミクスを有すること)は異なる時系列信号を実現する方法と考えることもできる.このような,サロゲートデータ法と同種の考えは既にあり,いくつかの報告がなされている.特に,相関関数(パワースペクトラム)が同じ時系列信号は多数作成できるという考えは,しばしば用いられるものである.詳しくは,文献 [327] 及びそこで引用されている文献を参考にしてほしい.

さて,本章で述べたサロゲートデータ法のような解析手法は,現在では必須であろう.実データを対象にして単にカオスということを主張しても(そのように主張するだけでは)あまり意味がない.また,例えば,リアプノフ指数が

推定できたと言っても，単に推定できただけでは意味はない．信頼区間の表示が無いからである．サロゲートデータ法がカオス時系列解析の一手法として確立されている現在では，サロゲートデータ法を含むこの種の統計的コントロール法を用いずに解析している結果はかなり怪しいと言っても過言ではない．

　しかしながら，既に述べたように，サロゲートデータ法自体もその濫用に我々は注意しなければならない．1980年代の後半に，GP法を用いて複雑な挙動を示す時系列信号のフラクタル次元を推定し，ありとあらゆるデータがカオスであると主張する人が多数出現した時代がある．このような状況は危険であると指摘されたが，サロゲートデータ法の適用においても同様のことが言えよう．誤った棄却によるカオス性の主張も強く避けなければならない．例えば，時系列信号に強い周期性分が含まれるときには，FTサロゲートを用いた検定では，非線形性の検出に失敗することもあることが報告されている [306]．また，時系列信号が非定常性を有する場合にも，サロゲートデータとオリジナルデータ間に有意性が検出されることもある [332]．

　このような現状を全て知った上で，サロゲートデータ法を用いることにより，もし対象とするプロセスが，少なくとも線形性のみを考えるだけでは不十分だと示されたのならば，それは未知データをモデリングしようとする上で重要な道標となるだろう．

参考文献

[1] H. D. I. Abarbanel, R. Brown, and M. B. Kennel. "Local Lyapunov Exponents Computed from Observed Data". *Journal of Nonlinear Science*, Vol. 2, pp. 343–365, 1992.

[2] Henry D. I. Abarbanel. *"Analysis of Observed Chaotic Data"*. Springer, October 1995.

[3] Henry D. I. Abarbanel, R. Brown, and M. B. Kennel. "Variation of Lyapunov Exponents on a Strange Attractor". *Journal of Nonlinear Science*, Vol. 1, pp. 175–194, 1991.

[4] HENRY D. I. ABARBANEL, REGGIE BROWN, and M. B. KENNEL. "LYAPUNOV EXPONENTS IN CHAOTIC SYSTEMS : THEIR IMPORTANCE AND THEIR EVALUATION USING OBSERVED DATA". *International Journal of Modern Physics B*, Vol. 5, No. 9, pp. 1347–1375, 1991.

[5] Henry D. I. Abarbanel, Reggie Brown, John J. Sidorowich, and Lev Sh. Tsimring. "The analysis of observed chaotic data in physical systems". *Reviews of Modern Physics*, Vol. 65, No. 4, pp. 1331–1392, October 1993.

[6] Henry D. I. Abarbanel, T. A. Carroll, L. M. Pecora, J. J. Sidorowich, and L. S. Tsimring. "Predicting physical variables in time delay embedding". *Physical Review E*, Vol. 49, No. 3, pp. 1840–1853, March 1994.

[7] Henry D. I. Abarbanel and Matthew B. Kennel. "Local false nearest neighbors and dynamical dimensions from observed chaotic data". *Physical Review E*, Vol. 47, No. 5, pp. 3057–3068, May 1993.

[8] Masaharu Adachi and Makoto Kotani. "Identification of Chaotic Dynamical Systems with Back–Propagation Neural Networks". *Transactions IEICE on Fundamentals of Electronics, Communications and Computer Sciences*, Vol. E77-A, No. 1, pp. 324–334, 1994.

[9] Ramazan Gençay and Tung Liu. "Nonlinear modeling and prediction with feedforward and recurrent networks". *Physica D*, Vol. 108, pp. 119–134, 1997.

[10] Fatihcan M. Atay and Yigit Altinas. "Recovering smooth dynamics from time series with the aid of recurrence plots". *Physical Review E*, Vol. 59, No. 6, pp. 6593–6598, June 1999.

[11] DIRK AEYELS. "GENERIC OBSERVABILITY OF DIFFERENTIAL SYSTEMS". *SIAM Journal of Control and Optimization*, Vol. 19, No. 5, pp. 595–603, September 1981.

[12] Luis Antonio Aguirre. "A nonlinear correlation function for selecting the delay time in dynamical reconstruction". *Physics Letters A*, Vol. 203, pp. 88–94, July 1994.

[13] 合原一幸. "ニューラルコンピュータ 脳と神経に学ぶ". 東京電機大学出版局, April 1988.

[14] 合原一幸 (編). "カオス-カオス理論の基礎と応用-". サイエンス社, September 1990.

[15] 合原一幸. "カオス まったく新しい創造の波". 講談社, October 1993.

[16] 合原一幸(編). "ニューラルシステムにおけるカオス". 東京電機大学出版局, March 1993.

[17] 合原一幸 (編). "応用カオス-カオス そして複雑系へ挑む-". サイエンス社, June 1994.

[18] K. Aihara, T. Ikeguchi, and G. Matsumoto. "Deterministic Nonlinear Dynamics of a Forced Oscillation Experimentally Observed with a Squid Giant Axon". *International Journal of Chaos Theory and its Applications*, Vol. 3, No. 3, pp. 5–20, 1998.

[19] K. AIHARA, T. TAKABE, and M. TOYODA. "CHAOTIC NEURAL NETWORKS". *Physics Letters A*, Vol. 144, No. 6,7, pp. 333–340, 1990.

[20] Y. Aizawa and T. Kohyama. "Asymptotically Non-Stationary Chaos". *Progress Theoretical Physics*, Vol. 71, No. 4, pp. 847–850, 1984.

[21] 赤池弘次, 中川東一郎. "ダイナミックシステムの統計的解析と制御". サイエンス社, 1972.

[22] A. M. Albano, J. Muench, C. Schwartz, and A. I. Mees. "Singular-value decomposition and the Grassberger-Procaccia algorithm". *Physical Review A*, Vol. 38, No. 6, pp. 3017–3026, September 1988.

[23] A. M. Albano, A. Passamante, and Mary Eileen Farrell. "Using higher order correlations to define an embedding window". *Physica D*, Vol. 54, pp. 81–97, 1991.

[24] Zoran Aleksic. "Estimating the embedding dimension". *Physica D*, Vol. 52, pp. 362–368, 1991.

[25] MYLES R. ALLEN and LEONARD A. SMITH. "Monte Carlo SSA: Detecting Irregular Oscillations in the Presence of Colored Noise". *Journal of Climate*, Vol. 9, No. 12, pp. 3373–3404, December 1996.

[26] Myles R. Allen and Leonard A. Smith. "Optimal filtering in singular spectrum analysis". *Physics Letters A*, Vol. 234, No. x, pp. 419–428, October 1997.

[27] Stuart Allie, Alistair Mees, Kevin Judd, and David Watson. "Reconstructing noisy dynamical systems by triangulation". *Physical Review E*, Vol. 55, No. 1, pp. 87–93, January 1997.

[28] 麻生英樹. "ニューラルネットワーク情報処理". 産業図書, June 1988.

[29] P. ATTEN, J. G. CAPUTO, B. MALRAISON, and Y. GAGNE. "Détermination de dimension d'attracteurs pour différents écoulements". *Journal de Mécanique théoriquie et appliquée*, Vol. Numéro spécial, No. 156, pp. 133–156, 1984.

[30] A. BABLOYANZ and A. DESTEXHE. "Low-dimensional chaos in an instance of epilepsy". *Proc. Natl. Acac. Sci. USA*, Vol. 83, pp. 3513–3517, May 1986.

[31] A. BABLOYANZ, J. M. SALAZAR, and C. NICOLIS. "EVIDENCE OF CHAOTIC DYNAMICS OF BRAIN ACTIVITY DURING THE SLEEP CYCLE". *Physics Letters*, Vol. 111A, No. 3, pp. 152–156, November 1985.

[32] R. Badii, G. Broggi, B. Derighetti, M. Ravani, S. Ciliberto, A. Politi, and M. A. Rubio. "Dimension Increase in Filtered Chaotic Signals". *Physical Review Letters*, Vol. 60, No. 11, pp. 979–982, March 1988.

[33] R. Badii and A. Politi. "On the Fractal Dimension of Filtered Chaotic Signals". In G. Mayer-Kress, editor, *"Dimensions and entropies in dynamical systems"*, pp. 67–73, Berlin, 1986. Springer.

[34] Remo Badii and Antonio Politi. "STRANGE ATTRACTORS : ESTIMATING THE COMPLEXITY OF CHAOTIC SIGNALS". In N. B. Abraham, F. R. Arecchi, and L. A. Lugiato, editors, *"Instabilities and Chaos in quantum optics II"*, pp. 335–362, New York, 1988. Plenum.

[35] Mauricio Barahona and Chi-Sang Poon. "Detection of nonlinear dynamics in

short, noisy time series". *Nature*, Vol. 381, pp. 215–217, May 1996.

[36] Gyorgy Barna and Ichiro Tsuda. "A new method for computing Lyapunov exponents". *Physics Letters A*, Vol. 175, No. 6, pp. 421–427, April 1993.

[37] G. A. Barnard. "Discussion on The spectral analysis of point process (by M. S. Bartlett)". *Journal of the Royal Statistical Society B*, Vol. 25, p. 294, 1963.

[38] Gianacarlo Benettien, Luigi Galgani, Antonio Giorsilli, and Jean-Marie Strelcyn. "LYAPUNOV CHARACTERISTIC EXPONENTS FOR SMOOTH DYNAMICAL SYSTEMS AND FOR HAMILTONIAN SYSTEMS ; A METHOD FOR COMPUTING ALL OF THEM PART 1 : THEORY". *Mecannica*, Vol. 15, No. 9, pp. 9–20, March 1980.

[39] Gianacarlo Benettien, Luigi Galgani, Antonio Giorsilli, and Jean-Marie Strelcyn. "LYAPUNOV CHARACTERISTIC EXPONENTS FOR SMOOTH DYNAMICAL SYSTEMS AND FOR HAMILTONIAN SYSTEMS ; A METHOD FOR COMPUTING ALL OF THEM PART 2 : NUMERICAL APPLICATION". *Mecannica*, Vol. 15, No. 9, pp. 21–30, March 1980.

[40] J. Bhattacharya and P. P. Kanjilal. "On the detection of determinism in a time series". *Physica D*, Vol. 132, pp. 100–110, 1999.

[41] G. E. P. Box and G. M. Jenkins. *"Time Series Analysis, Forecasting and Control"*. Holden-Day, San Francisco, 1970.

[42] Keith Briggs. "An improved method for estimating Liapunov exponents of chaotic time series". *Physics Letters A*, Vol. 151, No. 1,2, pp. 27–32, November 1990.

[43] J. Brindley, T. Kapitaniak, and M. S. El Naschie. "Analytical conditions for strange chaotic and nonchaotic attractors of the quasiperiodically forced van der Pol equation". *Physica D*, Vol. 51, pp. 28–38, 1991.

[44] D. S. Broomhead, J. P. Huke, and M. R. Muldoon. "Linear Filters and Non-linear systems". *J. R. Stat. Soc. B*, Vol. 54, No. 2, pp. 373–382, March 1992.

[45] D. S. BROOMHEAD and Gregory P. KING. "EXTRACTING QUALITATIVE DYNAMICS FROM EXPERIMENTAL DATA". *Physica*, Vol. 20D, pp. 217–236, 1986.

[46] D. S. Broomhead and David Lowe. "Multivariable Functional Interpolation and Adaptive Networks". *Complex Systems*, Vol. 2, pp. 321–355, 1988.

[47] David Broomhead and J. Huke. "Dynamical systems reconstruction using state dependent sampling and interspike intervals", 1998. A Newton Institute Work-

shop: Nonlinear Dynamics and Statistics.

[48] Reggie Brown, Paul Bryant, and Henry D. I. Abarbanel. "Computing the Lyapunov spectrum of a dynamical system from an observed time series". *Physical Review A*, Vol. 43, No. 6, pp. 2787–2806, March 1991.

[49] Paul Bryant, Reggie Brown, and Henry D. I. Abarbanel. "Lyapunov Exponents from Observed Time Series". *Physical Review Letters*, Vol. 65, No. 13, pp. 1523–1526, September 1990.

[50] M. J. Bünner, M. Popp, Th. Meyer, A. Kittel, and J. Parisi. "Tool to recover scalar time–delay systems from experimental time series". *Physical Review E*, Vol. 54, No. 4, pp. R3082–R3085, October 1996.

[51] M. J. Bünner, M. Popp, Th. Meyer, A. Kittel, U. Rau, and J. Parisi. "Recovery of scalar time–delay systems from time series". *Physics Letters A*, Vol. 211, pp. 345–349, March 1996.

[52] T. Buzug and G. Pfister. "Comparison of algorithms calculating optimal embedding parameters for delay time coordinates". *Physica D*, Vol. 58, pp. 127–137, 1992.

[53] Th. Buzug and G. Pfister. "Optimal delay time and embedding dimension for delay-time coordinates by analysis of the global static and local dynamical behavior of strange attractors". *Physical Review A*, Vol. 45, No. 10, pp. 2073–7084, May 1992.

[54] TH. BUZUG, T. REIMERS, and G. PFISTER. "Optimal Reconstruction of Strange Attractors from Purely Geometrical Arguments". *Europhysics Letters*, Vol. 13, No. 7, pp. 605–610, December 1990.

[55] Liangyue Cao. "Practical method for determining the minimum embedding dimension of a scalar time series". *Physica D*, Vol. 110, pp. 43–50, 1997.

[56] Liangyue Cao, Yiguang Hong, Haiping Fang, and Guowei He. "Predicting chaotic time series with wavelet networks". *Physica D*, Vol. 85, pp. 225–238, 1995.

[57] Liangyue Cao, Alistair Mees, and Kevin Judd. "Dynamics from multivariate time series". *Physica D*, Vol. 121, pp. 75–88, 1998.

[58] J. G. Caputo, B. Malraison, and P. Atten. "Determination of attractor dimension and entropy for various flows: An experimentalist's view point". In G. Mayer-Kress, editor, *"Dimensions and entropies in chaotic systems"*, pp. 180–190, Berlin, 1986. Springer.

[59] M. Casdagli. "Chaos and Deterministic Versus Stochastic Nonlinear Modeling". *Journal of the Royal Statistical Society B*, Vol. 54, No. 2, pp. 303–328, March 1992.

[60] M. C. Casdagli. "Recurrence plots revisited". *Physica D*, Vol. 108, pp. 12–44, 1997.

[61] Martin CASDAGLI. "NONLINEAR PREDICTION OF CHAOTIC TIME SERIES". *Physica D*, Vol. 35, pp. 335–356, 1989.

[62] Martin Casdagli. "A Dynamical Systems Approach to Modeling Input–Output Systems". In M. Casdagli and S. Eubank, editors, *Nonlinear Modeling and Forecasting*, Vol. XII, pp. 265–281. Addison-Wesley, 1992.

[63] Martin Casdagli and Stephen Eubank, editors. *"NONLINEAR MODELING AND FORECASTING"*. ADDISON WESLEY, 1992. A PROCEEDINGS VOLUME IN THE SANTA FE INSTITUTE STUDIES IN THE SCIENCE OF COMPLEXITY.

[64] Martin Casdagli, Stephen Eubank, J. Doyne Farmer, and John Gibson. "State space reconstruction in the presence of noise". *Physica D*, Vol. 51, pp. 52–98, 1991.

[65] Rolando Castro and Tim Sauer. "Correlation dimension of attractors through interspike intervals". *Physical Review E*, Vol. 55, No. 1, 1997.

[66] Rolando Castro and Tim Sauer. "Reconstructing chaotic dynamics through spike filters". *Physical Review E*, Vol. 59, No. 3, March 1999.

[67] BERNARD CAZELLES and REGIS H. FERRIERE. "How predictable is chaos". *Nature*, Vol. 355, pp. 25–26, January 1992.

[68] Taeun Chang, Tim Sauer, and Steven J. Schiff. "Tests for nonlinearity in short stationary time series". *Chaos*, Vol. 5, No. 1, pp. 118–126, 1995.

[69] Taeun Chang, Steven J. Schiff, Tim Sauer, Jean-Pierre Gossard, and Robert E. Burke. "Stochastic Versus Deterministic Variability in Simple Neuronal Circuits:I. Monosynaptic Spinal Cord Reflexes". *Biophysical Journal*, Vol. 67, pp. 671–683, August 1994.

[70] L. O. Chua, M. Komuro, and T. Matsumoto. "The Double Scroll family". *IEEE Transactions, Circuits and Systems*, Vol. CAS33, pp. 1073–1118, 1986.

[71] M. Damming and M. Mitschke. "Estimating of Lyapunov exponents from time series: the stochastic case". *Physics Letters A*, Vol. 178, No. 5,6, pp. 385–394,

[72] A. G. Darbyshire and D. S. Broomehead. "Robust estimation of tangent maps and Liapunov spectra". *Physica D*, Vol. 89, pp. 287–305, 1996.

[73] M. E. Davies. "Reconstructing attractors from filtered time series". *Physica D*, Vol. 101, pp. 195–206, 1997.

[74] MIKE DAVIES. "NOISE REDUCTION BY GRADIENT DESCENT". *International Journal of Bifurcation and Chaos*, Vol. 3, No. 1, pp. 113–118, 1992.

[75] H. Degn, A. V. Holden, and L. F. Olsen, editors. *"Chaos in Biological Systems"*, N.Y., 1987. Plenum Press.

[76] Mingzhou Ding, Celso Grebogi, Edward Ott, Tim Sauer, and James A. Yorke. "Estimating correlation dimension from a chaotic time series: when does plateau onset occur?". *Physica D*, Vol. 69, pp. 404–424, 1993.

[77] Mingzhou Ding, Celso Grebogi, Edward Ott, Tim Sauer, and James A. Yorke. "Plateau Onset for Correlation Dimension : When Does it Occur". *Physical Review Letters*, Vol. 70, No. 25, pp. 3872–3875, June 1993.

[78] R. Doerner, B. Hübinger, and W. Martienssen. "Advanced chaos forecasting". *Physical Review E*, Vol. 50, No. 1, pp. R12–R15, July 1994.

[79] R. DOERNER, B. HÜBINGER, W. MATIENSSEN, S. GROSSMAN, and S. THOMAS. "Predictability Portraits for Chaotic Motions". *Chaos, Solitons and Fractals*, Vol. 1, No. 6, pp. 553–571, 1991.

[80] Kevin Dolan, Annette Witt, Mark L. Spano, Alexander Neiman, and Frank Moss. "Surrogates for finding unstable periodic orbits in noisy data sets". *Physical Review E*, Vol. 59, No. 5, pp. 5235–5241, May 1999.

[81] Ivan DVORAK and Jan KLASCHKA. "MODIFICATION OF THE GRASSBERGER-PROCACCIA ALGORITHM FOR ESTIMATING THE CORRELATION EXPONENT OF CHAOTIC SYSTEMS WITH HIGH EMBEDDING DIMENSION". *Physics Letters A*, Vol. 145, No. 5, pp. 225–231, April 1990.

[82] J. P. Eckmann, S. Oliffson Kamphorst, D. Ruelle, and S. Ciliberto. "Liapunov exponents from time series". *Physical Review A*, Vol. 34, No. 6, pp. 4971–4979, December 1986.

[83] J. P. ECKMANN, S. OLIFFSON KAMPHORST, and D. RUELLE. "Recurrence Plots of Dynamical Systems". *Europhysics Letters*, Vol. 4, No. 9, pp. 973–977, November 1987.

[84] J. P. Eckmann and D. Ruelle. "Ergodic theory of chaos and strange attractors". *Reviews of Modern Physics*, Vol. 57, No. 3, Part. 1, pp. 617–656, July 1985.

[85] J. P. Eckmann and D. Ruelle. "Fundamental limitations for estimating dimensions and Lyapunov exponents in dynamical systems". *Physica D*, Vol. 56, pp. 185–187, 1992.

[86] Stephen P. Ellner, Bruce E. Kendall, Simon N. Wood, Edward McCauley, and Cheryl J. Briggs. "Inferring mechanism from time–series data: Delay–differential equations". *Physica D*, Vol. 110, pp. 182–194, 1997.

[87] J. Doyne Farmer and John J. Sidorowich. "Predicting Chaotic Time Series". *Physical Review Letters*, Vol. 59, No. 8, pp. 845–848, August 1987.

[88] J. Doyne Farmer and John J. Sidorowich. "Exploiting Chaos to Predict the Future and Reduce Noise". In Y. C. Lee, editor, *"Evolution Learning and Cognition"*, pp. 277–330, Singapore, 1988. World Scientific.

[89] J. Doyne Farmer and John J. Sidorowich. "Prediction chaotic dynamics". In J. A. S. Kelso, A. J. Mandell, and M. F. Shelsiger, editors, *"Dynamic patterns in complex systems"*, pp. 265–292, Singapore, 1988. World Scientific.

[90] J. Doyne FARMER and John J. SIDOROWICH. "OPTIMAL SHADOWING AND NOISE REDUCTION". *Physica D*, Vol. 47, pp. 373–392, 1991.

[91] PHILIPPE FAURE and HENRI KORN. "A nonrandom dynamic component in the synaptic noise of a central neuron". *Proceedings of the National Academy of Sciences, U.S.A.*, Vol. 94, pp. 6501–6511, June 1997.

[92] Philippe Faure and Henri Korn. "A new method to estimate the Kolmogorov entropy from recurrence plots: its application to neuronal signals". *Physica D*, Vol. 122, pp. 265–279, 1998.

[93] R. FitzHugh. "Mathematical models of excitation and propagation in nerve". In H. P. Schwan, editor, *Biological Engineering*, pp. 1–85, New York, 1969. McGraw-Hill.

[94] A. C. Fowler and G. Kember. "Delay recognition in chaotic time series". *Physics Letters A*, Vol. 175, No. 6, pp. 402–408, April 1993.

[95] Klaus Fraedrich and Risheng Wang. "Estimating the correlation dimension of an attractor from noisy and small data based on re–embedding". *Physica D*, Vol. 65, pp. 373–398, 1993.

[96] ANDREW M. FRASER. "Information and Entropy in Strange Attractors".

IEEE TRANSACTIONS ON INFORMATION THEORY, Vol. 35, No. 2, pp. 245–262, March 1989.

[97] Andrew M. FRASER. "RECONSTRUCTING ATTRACTORS FROM SCALAR TIME SERIES : A COMPARISON OF SINGULAR SYSTEM AND REDUNDANCY CRITERIA". *Physica D*, Vol. 34, pp. 391–404, 1989.

[98] Andrew Fraser and Harry L. Swinney. "Independent coordinates for strange attractors from mutual information". *Physical Review A*, Vol. 33, No. 2, pp. 1134–1140, February 1986.

[99] PAUL FREDERICKSON, JAMES L. KAPLAN, ELLEN D. YORKE, and JAMES A. YORKE. "The Liapunov Dimension of Strange Attractors". *JOURNAL OF DIFFERENTIAL EQUATIONS*, Vol. 49, pp. 185–207, 1983.

[100] WALTER J. FREEMAN. "Strange Attractors that Govern Mammalian Brain Dynamics Shown by Trajectories of Electroencephalographic (EEG) Potentials". *Transactions of IEEE on Circuit and Systems*, Vol. CAS-35, No. 7, pp. 781–783, July 1988.

[101] Gary Froyland, Kevin Judd, and Alistair I. Mees. "Estimation of Lyapunov exponents of dynamical systems using a measure average". *Physical Review E*, Vol. 51, No. 4, pp. 2844–2855, April 1995.

[102] A. Galka, T. Maass, and G. Pfister. "Estimating the dimension of high-dimensional attractors: A comparison between two algorithms". *Physica D*, Vol. 121, pp. 237–251, 1998.

[103] Jianbo Gao and Zhemin Zheng. "Direct dynamical test for deterministic chaos and optimal embedding of a chaotic time series". *Physical Review E*, Vol. 49, No. 5, pp. 3807–3814, May 1994.

[104] Karlheinz GEIST, Ulrich PARLITZ, and Werner LAUTERBORN. "Comparison of Different Methods for Computing Lyapunov Exponents". *Progress Theory of Physics*, Vol. 83, No. 5, pp. 875–893, May 1990.

[105] Ramazan Gencay. "Nonlinear prediction of noisy time series with feedforward networks". *Physics Letters A*, Vol. 187, pp. 397–403, May 1994.

[106] John F. Gibson, J. Doyne Farmer, Martin Casdagli, and Stephen Eubank. "An analytic approach to practical state space reconstruction". *Physica D*, Vol. 57, pp. 1–30, 1992.

[107] Leon Glass and Michael C. Mackey. *"From Clocks to Chaos The Rhythm of*

Life". Princeton University Press, Princeton, N.J., 1988.
[108] P. GRASSBERGER. "ON THE FRACTAL DIMENSION OF THE HENON ATTRACTOR". *Physics Letters*, Vol. 97A, No. 6, pp. 224–226, September 1983.
[109] P. GRASSBERGER. "GENERALIZATIONS OF THE HAUSDORFF DIMENSION OF FRACTAL MEASURES". *Physics Letters*, Vol. 107A, No. 3, pp. 101–105, January 1985.
[110] P. Grassberger. "Do climatic attractors exist?". *Nature*, Vol. 323, pp. 609–612, October 1986.
[111] P. Grassberger, R. Hegger, H. Kantz, C. Schaffrath, and T. Schreiber. "On noise reduction methods for chaotic data". *Chaos*, Vol. 3, p. 127, 1993.
[112] P. Grassberger and I. Procaccia. "Measuring the strangeness of strange attractors". *Physica*, Vol. 9D, pp. 189–208, 1983.
[113] Peter Grassberger and Itamar Procaccia. "Characterization of Strange Attractors". *Physical Review Letters*, Vol. 50, No. 5, pp. 346–349, January 1983.
[114] PETER GRASSBERGER, THOMAS SCHREIBER, and CARSTEN SCHAFFRATH. "NONLINEAR TIME SEQUENCE ANALYSIS". *International Journal of Bifurcation and Chaos*, Vol. 1, No. 3, pp. 521–547, 1991.
[115] Celso GREBOGI, Edward OTT, Steven PELIKAN, and James A. Yorke. "STRANGE ATTRACTORS THAT ARE NOT CHAOTIC". *Physica*, Vol. 13D, pp. 261–268, 1984.
[116] H. S. Greenside, A. Wolf, J. Swift, and T. Pignataro. "Impracticality of a boxcounting algorithm for the dimensionality of strange attractors". *Physical Review A*, Vol. 25, No. 6, pp. 3453–3456, June 1982.
[117] J. Guckenheimer. "Noise in chaotic systems". *Nature*, Vol. 298, pp. 358–361, 1983.
[118] Stephen M. Hammel. "A noise reduction method for chaotic systems". *Physics Letters A*, Vol. 148, No. 8,9, pp. 421–428, September 1990.
[119] Xiangdong He and Alan Lapedes. "Nonlinear modeling and prediction by successive approximation". *Physica D*, Vol. 70, pp. 289–301, 1993.
[120] M. Hénon. "A Two-dimensional Mapping with a Strange Attractor". *Communications in Mathematical Physics*, Vol. 50, pp. 69–77, 1976.
[121] Hanspeter Herzel. "Bifurcations and chaos in voice signals". *Applied Mech*

Review, Vol. 46, No. 7, pp. 399–413, July 1993.

[122] 日野幹雄. "スペクトル解析". 朝倉書店, 1977.

[123] A. L. Hodgkin and A. F. Huxley. "A quantitative description of membrane current and its application to conduction and excitation in nerve". *J. Physiol.*, Vol. 117, pp. 500–544, 1952.

[124] JOACHIM HOLZFUSS and JAMES KADTKE. "GLOBAL NONLINEAR NOISE REDUCTION USING RADIAL BASIS FUNCTIONS". *International Journal of Bifurcation and Chaos*, Vol. 3, No. 3, pp. 589–596, 1993.

[125] Adery C. A. Hope. "A Simplified Monte Carlo Significance Test Procedure". *Journal of the Royal Statistical Society B*, Vol. 30, pp. 582–598, 1968.

[126] BRIAN R. HUNT, TIM SAUER, and JAMES A. YORKE. "PREVALENCE: A TRANSLATION INVARIANT "ALMOST EVERY" ON INFINITE-DIMENSIONAL SPACES". *BULLETIN (New Series) OF THE AMERICAN MATHEMATICAL SOCIETY*, Vol. 27, No. 2, pp. 217–238, October 1992.

[127] Norman F. Hunter. "Application of Nonlinear Time-Series Models to Driven Systems". In M. Casdagli and S. Eubank, editors, *Nonlinear Modeling and Forecasting*, Vol. XII, pp. 467–491. Addison-Wesley, 1992.

[128] 伊福部達, 柳場参生, 松島純一. "母音の自然性における「波形ゆらぎ」の役割". 日本音響学会誌, Vol. 47, No. 12, pp. 903–910, 1991.

[129] Kensuke IKEDA. "MULTIPLE-VALUED STATIONARY STATE AND ITS INSTABILITY OF THE TRANSMITTED LIGHT BY A RING CAVITY SYSTEM". *OPTICS COMMUNICATIONS*, Vol. 30, No. 2, pp. 257–261, August 1979.

[130] 池口徹. "時系列信号データベース". http://www.nls.ics.saitama-u.ac.jp/~timesrs/.

[131] 池口徹, 合原一幸, 伊東晋, 宇都宮敏男. "カオスニューラルネットワークの次元解析". 電子情報通信学会論文誌, Vol. J73-A, No. 3, pp. 486–494, March 1990.

[132] 池口徹, 合原一幸. "脳波のカオス". 合原一幸 (編), ニューラルシステムにおけるカオス, 東京, 1993. 東京電機大学出版局.

[133] 池口徹. "脳波とカオス". 数理科学, Vol. 381, pp. 36–43, 1995.

[134] 池口徹, 合原一幸. "カオスと時系列解析 (電子情報通信学会誌講座— 非線形現象の解析手法 —)". 電子情報通信学会誌, Vol. J79, No. 8, pp. 814–819, August 1996.

[135] 池口徹, 合原一幸. "力学系の埋め込み定理と時系列データからのアトラクタ再構成". 日本応用数理学会誌, Vol. 7, No. 4, pp. 260–270, December 1997.

[136] 池口徹, 合原一幸. "実世界カオスとモデリング". 数理科学, Vol. 423, pp. 56–61, September 1998.

[137] 池口徹, 合原一幸. "時空間局所モデリングを用いた非定常・非線形データの解析". Technical report of IEICE, Vol. 98, No. 582(NLP98–98), pp. 11–18, February 1999.

[138] T. Ikeguchi and K. Aihara. "Nonlinear modeling of biological time series". In M. Yamaguti, editor, Towards the Harnessing of Chaos, pp. 357–360, Amsterdam, Holland, 1994. Elsevier.

[139] T. Ikeguchi, K. Aihara, S. Itoh, and T. Utsunomiya. "An Analysis on the Lyapunov Spectrum of Electroencephalographic (EEG) potentials". Trans. IEICE, Vol. E73, No. 6, pp. 842–847, June 1990.

[140] Tohru Ikeguchi. "Detecting Nonlinear Causality via Nonlinear Modeling". Proceedings of the Fourth International Conference on Artificial Life and Robotics (AROB 4th '99), Beppu, B-Con Plaza, January 19–22, Vol. 1, pp. 94–97, January 1999.

[141] Tohru Ikeguchi. "Embedding Theorem for Input-Output Systems and Nonlinear Causal Relation". Proceedings of the International Symposium on Nonlinear Theory and Its Applications, Hawaii, U.S.A., November 28 – December 3, December 1999.

[142] Tohru Ikeguchi and Kazuyuki Aihara. "Nonlinear Prediction of Interspike Intervals Produced from Dynamical Systems". Proceedings of 1995 International Symposium on Nonlinear Theory and Its Applications (Las Vegas, U.S.A., December 10 – 14, 1995), Vol. 1, pp. 121–126, 1993.

[143] Tohru Ikeguchi and Kazuyuki Aihara. "Estimating correlation dimension of biological time series with a reliable method". Journal of Intelligent and Fuzzy Systems, Vol. 5, No. 1, pp. 33–52, 1995.

[144] Tohru Ikeguchi and Kazuyuki Aihara. "Prediction of Chaotic Time Series with Noise". IEICE Transactions on Fundamentals of Electronics, Communications and Computer Sciences, Vol. E78-A, No. 10, pp. 1291–1298, 1995.

[145] Tohru Ikeguchi and Kazuyuki Aihara. "Local versus Global Plots on Lyapunov Spectra". Technical Report of IEICE, Vol. 96, No. 477, pp. 97–104, 1996.

[146] Tohru Ikeguchi and Kazuyuki Aihara. "Difference correlation can distinguish deterministic chaos from $1/f^\alpha$ type colored noise". *Physical Review E*, Vol. 55, No. 3, pp. 2530–2538, 1997.

[147] Tohru Ikeguchi and Kazuyuki Aihara. "Lyapunov Spectral Analysis on Random Data". *International Journal of Bifurcation and Chaos*, Vol. 7, No. 6, 1997.

[148] Tohru Ikeguchi and Kazuyuki Aihara. "On dimension estimates with surrogate data sets". *IEICE Transactions on Fundamentals of Electronics, Communications and Computer Sciences*, Vol. E80-A, No. 5, pp. 859–868, 1997.

[149] Tohru Ikeguchi and Kazuyuki Aihara. "Local and Global Modeling for Complex Time Series". *Proceedings of the Third International Symposium on Artificial Life and Robotics (AROB 3rd '98), Beppu, B-Con Plaza, January 19–21*, Vol. 1, pp. 342–345, 1998.

[150] Tohru Ikeguchi and Kazuyuki Aihara. "Stationary versus Nonstationary modeling for Nonlinear Time Series". *Proceedings of 1998 International Symposium on Nonlinear Theory and Its Applications (Crans-Montana, Switzerland, September 14 – 17, 1998)*, Vol. 2, pp. 711–714, 1998.

[151] Tohru Ikeguchi, Kazuyuki Aihara, and Takeshi Matozaki. "The f(α) spectrum of a chaotic neuron model". *Transactions of IEICE*, Vol. E74, No. 6, pp. 1476–1478, June 1991.

[152] Tohru Ikeguchi, Chifumi Kitawaki, and Kazuyuki Aihara. "Nonlinear Analysis on Pulsation of Human Capillary Vessels". *Proceedings of 1997 NOLTA*, Vol. 2, pp. 1169–1172, 1997.

[153] Tohru Ikeguchi, Miwako Nakashima, Mikio Hasegawa, Takeshi Matozaki, and Kazuyuki Aihara. "Quantifying Recurrence Plots by Texture Analysis". *"Technical Report of IEICE."*, Vol. 95, No. 505 (NLP95-101), pp. 23–30, March 1996.

[154] Tohru Ikeguchi, Masayuki Takakuwa, and Kazuyuki Aihara. "Reconstructing Attractors with Higher Order Correlation". *Proceedings of International Symposium on Nonlinear Theory and Its Applications*, Vol. 2, pp. 1149–1152, December 1997.

[155] Ben H. Jansen and Michael E. Brandt, editors. *"NONLINEAR DYNAMICAL ANALYSIS OF THE EEG"*, Singapore, 1993. World Scientific.

[156] J. Jiménez, J. A. Moreno, and G. J. Ruggeri. "Forecasting on chaotic time series : A local optimal linear-reconstruction method". *Physical Review A*, Vol. 45,

No. 6, pp. 3553–3557, March 1992.
[157] J. Jiménez, J. Moreno, and R. J. Ruggeri. "Detecting chaos with local associative memories". *Physics Letters A*, Vol. 169, pp. 25–30, September 1992.
[158] RUSSELL A. JOHNSON, KENNETH J. PALMER, and GEORGE R. SELL. "ERGODIC PROPERTIES OF LINEAR DYNAMICAL SYSTEMS". *SIAM J. Math. Anal.*, Vol. 18, pp. 1–33, 1987.
[159] K. Judd and A. I. Mees. "Estimating dimensions with confidence". *International Journal of Bifurcation and Chaos*, Vol. 1, No. 2, pp. 467–470, 1991.
[160] Kevin Judd. "An improved estimator of dimension and some comments on providing confidence intervals". *Physica D*, Vol. 56, pp. 216–228, 1992.
[161] Kevin Judd. "Estimating dimension from small samples". *Physica D*, Vol. 71, pp. 421–429, 1994.
[162] Kevin Judd and Alistair Mees. "On selecting models for nonlinear time series". *Physica D*, Vol. 82, No. 2, pp. 426–444, 1995.
[163] Kevin Judd and Alistair Mees. "Modeling chaotic motions of a string from experimental data". *Physica D*, Vol. 92, pp. 221–236, 1996.
[164] Kevin Judd and Alistair Mees. "Embedding as a modeling problem". *Physica D*, 1998. to appear.
[165] R. E. Kalman. "Nonlinear Aspects of sampled–data control systems". *Proc. Symp. Nonlinear Circuit Analysis VI*, Vol. VI, pp. 273–313, 1956.
[166] Paweł Kałużny and Remiguisz Tarnecki. "Recurrence plots of neuronal spike trains". *Biological Cybernetics*, Vol. 68, pp. 527–534, 1993.
[167] Holger Kantz. "A robust method to estimate the maximal Lyapunov exponent of a time series". *Physics Letters A*, Vol. 185, pp. 77–87, January 1994.
[168] Holger Kantz and Eckehard Olbrich. "Scalar observation from a class of high-dimensional chaotic systems: Limitations of the time delay embedding". *Chaos*, Vol. 7, No. 3, pp. 423–429, 1997.
[169] D. T. Kaplan and C. D. Cutler, editors. *"Nonlinear Dynamics and Time Series: Building a Bridge between the natural and statistical sciences"*. American Mathematical Society, 1997. "Fields Institute Communications, Vol. 11".
[170] 寶来 俊介, 山田 泰司, 合原 一幸. "同方向性リカレンスプロットによる決定論性解析". 電気学会論文誌 C, Vol.122, No.1, pp.141–147, 2002.
[171] D. T. Kaplan and L. Glass. "Direct Test for Determinism in a Time Series".

Physical Review Letters, Vol. 68, No. 4, pp. 427–430, January 1992.

[172] Daniel T. Kaplan and Richard J. Cohen. "Is Fibrillation Chaos?". Circulation Research, Vol. 67, No. 4, pp. 886–892, October 1990.

[173] Daniel T. Kaplan and Leon Glass. "Coase–grained embeddings of time series : random walks, Gaussian random processes, and deterministic chaos". Physica D, Vol. 64, pp. 431–454, 1993.

[174] JAMES L. KAPLAN and JAMES A. YORKE. "CHAOTIC BEHAVIOR OF MULTIDIMENSIONAL DIFFERENCE EQUATIONS". In H. O. Peitgen and H. O. Walther, editors, *"Functional Differential Equations and Approximations of Fixed Points"*, Vol. 730 of Lecture Notes in Mathematics, pp. 204–227, Berlin, 1979. Springer.

[175] Shigetoshi Katsura and Wataru Fukuda. "EXACTLY SOLVABLE MODELS SHOWING CHAOTIC BEHAVIOR". Physica, Vol. 130A, pp. 597–605, 1985.

[176] 川上博. "カオス CG コレクション". サイエンス社, 1990.

[177] 川上博, 上田哲史. "C によるカオス CG". サイエンス社, 1994.

[178] G. Kember and A. C. Fowler. "A correlation function for choosing time delays in phase portrait reconstructions". Physics Letters A, Vol. 179, No. 2, pp. 72–80, August 1993.

[179] Matthew B. Kennel and Henry D. I. Abarbanel. "False Neighbors and False Strands: A Reliable Minimum Embedding Dimension Algorithm", 1995. preprint.

[180] Matthew B. Kennel, Reggie Brown, and Henry D. I. Abarbanel. "Determining embedding dimension for phase-space reconstruction using a geometrical construction". Physical Review A, Vol. 45, No. 6, pp. 3403–3411, March 1992.

[181] Matthew B. Kennel and Steven Isabelle. "Method to distinguish possible chaos from colored noise and to determine embedding parameters". Physical Review A, Vol. 46, No. 6, pp. 3111–3118, September 1992.

[182] H. S. Kim, R. Eykholt, and J. D. Salas. "Nonlinear dynamics, delay times and embedding windows". Physica D, Vol. 127, pp. 48–60, 1999.

[183] 木本昌秀. "天気予報とカオス". 合原一幸 (編), "応用カオス", 東京, 1994. サイエンス社.

[184] G. P. King, R. Jones, and D. S. Broomhead. "Phase portraits from a time series : a singular system approach". Nucl. Phys. B, Vol. 2, p. 379, 1987.

[185] Matthew Koebbe and Gottfried Mayer-Kress. "Use of Recurrence Plots in the

Analysis of Time-Series Data". In Martin Casdagli and Stephen Eubank, editors, *"NONLINEAR MODELING AND FORECASTING"*, pp. 361–378. ADDISON WESLEY, 1992. A PROCEEDINGS VOLUME IN THE SANTA FE INSTITUTE STUDIES IN THE SCIENCE OF COMPLEXITY.

[186] 小室元政. "カオスの定義". 合原一幸 (編), "カオスセミナー (第 1 章)". 海文堂, 1994.

[187] M. Komuro. "Normal forms of continuous piecewise-linear vector fields and chaotic attractors: Part I". *Japan Journal of Applied Mathematics*, Vol. 5, pp. 257–304, 1988.

[188] M. Komuro. "Normal forms of continuous piecewise-linear vector fields and chaotic attractors: Part II". *Japan Journal of Applied Mathematics*, Vol. 5, pp. 503–549, 1988.

[189] M. Komuro, R. Tokunaga, T. Matsumoto, L. O. Chua, and A. Hotta. "A global bifurcation analysis of the Double Scroll circuit". *International Journal of Bifurcation and Chaos*, Vol. 1, pp. 139–182, 1991.

[190] Eric J. Kostelich and James A. Yorke. "NOISE REDUCTION : FINDING THE SIMPLEST DYNAMICAL SYSTEM CONSISTENT WITH THE DATA". *Physica D*, Vol. 41, pp. 183–196, 1990.

[191] D. Kugiumtzis. "State space reconstruction parameters in the analysis of chaotic time series – the role of the time window length". *Physica D*, Vol. 95, pp. 13–28, 1996.

[192] D. Kugiumtzis, O. C. Lingjærde, and N. Chrisophersen. "Regularized local linear prediction of chaotic time series". *Physica D*, Vol. 112, pp. 344–360, 1998.

[193] Arun Kumar and S. K. Mullich. "Nonlinear dynamical analysis of speech". *Journal of the Acoustical Society of America*, Vol. 100, No. 1, pp. 615–629, July 1996.

[194] P. S. LANDA and M. G. ROSENBLUM. "TIME SERIES ANALYSIS FOR SYSTEM IDENTIFICATION AND DIAGNOSTICS". *Physica D*, Vol. 48, pp. 232–254, 1991.

[195] W. F. Langford. "Numerical Studies of torus bifurcations". *International Series of Numerical Mathematics*, Vol. 70, pp. 285–295, 1984.

[196] A. S. Lapedes and R. Farber. "Nonlinear Signal Processing Using Neural Networks : Prediction and System Modeling". Technical report, Los Alamos National

Laboratory, 1987.

[197] S. P. Layne, G. Mayer-Kress, and J. Holzfuss. "Problems Associates with Dimensional Analysis of Electroencephalogram Data". In G. Mayer-Kress, editor, *"Dimensions and entropies in chaotic systems"*, pp. 63–66, N.Y., 1986. Springer-Verlag.

[198] M. Lefranc, D. Hennequin, and P. Glorieux. "Improved correlation dimension estimates through change of variable". *Physics Letters A*, Vol. 163, No. 4, pp. 269–274, March 1992.

[199] W. LIEBERT, K. PAWEILZIK, and H. G. SHUSTER. "Optimal Embeddings of Chaotic Attractors from Topological Considerations". *Europhysics Letters*, Vol. 14, No. 6, pp. 521–526, March 1991.

[200] TIEN-YIEN LI and JAMES A. YORKE. "PERIOD THREE IMPLIED CHAOS". *American Mathematical Monthly*, Vol. 82, pp. 985–992, 1975.

[201] W. LIEBERT and H. G. SCHUSTER. "PROPER CHOICE OF THE TIME DELAY FOR THE ANALYSIS OF CHAOTIC TIME SERIES". *Physics Letters A*, Vol. 142, No. 2&3, pp. 107–111, December 1989.

[202] P. S. Linsay. "An efficient method of forecasting chaotic time series using linear interpolation". *Physics Letters A*, Vol. 153, No. 6&7, pp. 353–356, 1991.

[203] EDWARD N. LORENZ. "Deterministic Nonperiodic Flow". *JOURNAL OF THE ATMOSPHERIC SCIENCES*, Vol. 20, pp. 130–141, March 1963.

[204] EDWARD N. LORENZ. "Atmospheric Predictability as Revealed by Naturally Occurring Analogues". *Journal of the Atmospheric Sciences*, Vol. 26, pp. 636–646, July 1969.

[205] M. C. Mackey and L. Glass. "Oscillation and Chaos in Physiological Control Systems". *Science*, Vol. 197, pp. 278–289, 1977.

[206] B. Malraison, P. Atten, and M. Dubois. "Dimension of strange attractors : an experimental determination for the chaotic regime of two convective systems". *J. Physique LETTERS*, Vol. 44, pp. L–897–L–902, November 1983.

[207] R. Mañé. "On the dimension of the compact invariant sets of certain non-linear maps". In D. A. Rand and B. S. Young, editors, *"Dynamical Systems of Turbulence"*, Vol. 898 of *Lecture Notes in Mathematics*, pp. 230–242, Berlin, 1981. Springer-Verlag.

[208] T. Matsumoto, L. O. Chua, and K. Ayaki. "Reality of chaos in the Double

Scroll circuit: A computer assisted proof". *IEEE Transactions, Circuits and Systems*, Vol. CAS35, pp. 909–925, 1988.

[209] T. Matsumoto, L. O. Chua, and M. Komuro. "The Double Scroll". *IEEE Transactions, Circuits and Systems*, Vol. CAS32, pp. 797–818, 1985.

[210] T. Matsumoto, L. O. Chua, and M. Komuro. "Birth and death of the Double Scroll". *Physica D*, Vol. 24, pp. 97–124, 1987.

[211] T. Matsumoto, M. Komuro, H. Kokubu, and R. Tokunaga. *"Bifurcations. Sights, Sounds and Mathematics"*. Springer-Verlag, 1993.

[212] Robert M. May. "Simple mathematical models with very complicated dynamics". *Nature*, Vol. 261, pp. 459–467, June 1976.

[213] GOTTFRIED MAYER-KRESS and SCOTT P. LAYNE. "Dimensionality of the Human Electroencephalogram". *ANNALS OF THE NEW YORK ACADEMY OF SCIENCES*, Vol. 504, pp. 62–87, July 1987.

[214] DANIEL McCAFFREY, STEPHEN ELLNER, A. RONALD GALLANT, and DOUGLAS NYCHKA. "Estimating the Lyapunov Exponent of a Chaotic System With Nonparametric Regression". *Journal of the American Statistical Association*, Vol. 87, No. 419, pp. 682–695, September 1993.

[215] A. I. Mees, P. E. Rapp, and L. E. Jennings. "Singular-value decomposition and embedding dimension". *Physical Review A*, Vol. 36, No. 1, pp. 340–346, July 1987.

[216] A. Mees, K. Aihara, M. Adachi, K. Judd, T. Ikeguchi, and G. Matsumoto. "Deterministic prediction and chaos in squid axon response". *Physics Letters A*, Vol. 169, No. 1 & 2, pp. 41–45, September 1992.

[217] ALISTAIR MEES. "PARSIMONIOUS DYNAMICAL RECONSTRUCTION". *International Journal of Bifurcation and Chaos*, Vol. 3, No. 3, pp. 669–675, 1993.

[218] Alistair I. Mees. "Modeling Complex Systems". In T. Vincent, L. S. Jennings, and A. I. Mees, editors, *"Dynamics of Complex Interconnected Biological Systems"*, pp. 104–124, Boston, 1990. Birkhauser.

[219] Alistair I. Mees. "Modeling dynamical systems from real-world data". In N. B. Abraham, A. M. Alabano, A. Passamante, and P. E. Rapp, editors, *"Measures of Complexity and Chaos"*, pp. 345–359, New York, 1990. Plenum.

[220] Alistair I. Mees. "Dynamical systems and tesselations: detecting determinism

in data". *International Journal of Bifurcation and Chaos*, Vol. 1, No. 4, pp. 777–794, 1991.

[221] Alistair I. Mees, M. F. Jackson, and Leon O. Chua. "Device Modeling by Radial Basis Functions". *IEEE Transactions on Circuits and Systems I:Fundamental Theory and Applications*, Vol. 39, No. 1, pp. 19–27, January 1992.

[222] Alistair. I. Mees and Kevin. Judd. "Dangers of geometric filtering". *Physica D*, Vol. 68, pp. 427–436, 1993.

[223] W. MENDE, H. HERZEL, and K. WERMKE. "BIFURCATION AND CHAOS IN NEWBORN INFANT CRIES". *Physics Letters A*, Vol. 145, No. 8,9, pp. 418–424, April 1990.

[224] F. Mitschke. "Acausal filters for chaotic signals". *Physical Review A*, Vol. 41A, pp. 1169–1171, December 1990.

[225] F. Mitschke, M. Moller, and W. Lange. "Measuring filtered chaotic signals". *Physical Review A*, Vol. 37, No. 11, pp. 4518–4521, June 1988.

[226] 宮野尚哉, 紫冨田浩, 中嶋研, 池永泰治. "動径基底関数ネットワークによるカオス炉況の短期予測". 電子情報通信学会論文誌 A, Vol. J79–A, No. 1, pp. 38–46, 1996.

[227] Takaya Miyano, Sanae Kimoto, Hiroshi Shibuta, Ken Nakashima, Yasuharu Ikenaga, and Kazuyuki Aihara. "Time series analysis and prediction on complex dynamical behavior observed in a blast furnace", 1999. to appear in Physica D.

[228] Hazime MORI. "Fractal Dimensions of Chaotic Flows of Autonomous Dissipative Systems". *Progress Theory of Physics*, Vol. 63, No. 3, pp. 1044–1047, March 1980.

[229] J. NAGUMO, S. ARIMOTO, and S. YOSHIZAWA. "An Active Pulse Transmission Line Simulating Nerve Axon". *Proceedings of the IRE*, Vol. 50, pp. 2061–2070, 1962.

[230] Shrikanth S. Narayana and Abeer A. Alwan. "A Nonlinear dynamical systems analysis of fricative consonants". *Journal of the Acoustical Society of America*, Vol. 97, No. 4, pp. 2511–2524, April 1995.

[231] 西藤聖二, 平川一美, 原田康平. "脳波の相関次元". 電子情報通信学会論文誌, Vol. J75-A, No. 6, pp. 1045–1053, June 1992.

[232] LYLE NOAKES. "THE TAKENS EMBEDDING THEOREM". *International*

Journal of Bifurcation and Chaos, Vol. 1, pp. 867–872, 1991.

[233] Satoshi Ogawa, Tohru Ikeguchi, Takeshi Matozaki, and Kazuyuki Aihara. "Nonlinear modeling by radial basis function networks". *IEICE Transactions on Fundamentals of Electronics, Communications and Computer Sciences*, Vol. E78-A, pp. 1608–1617, 1996.

[234] N. N. Oiwa and N. Fiedler-Ferrara. "A moving–box algorithm to estimate generalized dimensions and the f(alpha) spectrum". *Physica D*, Vol. 124, pp. 210–224, 1998.

[235] Yasunori OKABE and Takashi OOTSUKA. "Application of the theory of KM_2O-Langevin equations to the non-linear prediction problem for the one-dimensional strictly stationary time series". *Journal of Mathematical Society Japan*, Vol. 47, No. 2, 1995.

[236] Sakse Ørstavik and Jaroslav Stark. "Reconstruction and cross–prediction in coupled map lattices using spatio–temporal embedding techniques". *Physics Letters A*, Vol. 247, pp. 145–160, October 1998.

[237] A. R. OSBORNE and A. PROVENZALE. "FINITE CORRELATION DIMENSION FOR STOCHASTIC SYSTEMS WITH POWER-LAW SPECTRA". *Physica D*, Vol. 35, pp. 357–381, 1989.

[238] V. I. OSELEDEC. "A MULTIPLICATIVE ERGODIC THEOREM. LJAPUNOV CHARACTERISTIC NUMBERS FOR DYNAMICAL SYSTEMS". *Trans. Moscow Math. Soc.*, Vol. 119, pp. 197–231, 1968.

[239] E. Ott, C. Grebogi, and J. A. Yorke. "Controlling chaos". *Physical Review Letters*, Vol. 64, p. 1196, 1990.

[240] Edward Ott, Tim Sauer, and James A. Yorke, editors. *"COPING WITH CHAOS Analysis of Chaotic Data and The Exploitation of Chaotic Systems"*. John Wiley & Sons, 1994.

[241] T. Ozaki and H. Oda. "Non–linear time series model identification by Akaike's information criterion". In *"Proceedings of IFAC Workshop on Information and Systems"*, Compiegn, France, 1978.

[242] N. H. Packard, J. P. Crutchfield, J. D. Farmar, and R. S. Shaw. "Geometry from a Time Series". *Physical Review Letters*, Vol. 45, No. 9, pp. 712–716, September 1980.

[243] Milan Paluš and Ivan Dvořák. "Singular-value decomposition in attractor recon-

struction : pitfalls and precautions". *Physica D*, Vol. 55, pp. 221–234, 1992.

[244] T. S. Parker and L. O. Chua. *"Practical Numerical Algorithms for Chaotic Systems"*. Springer-Verlag, 1989.

[245] THOMAS S. PARKER and LEON O. CHUA. "Chaos : A Tutorial for Engineers". *Proceedings of IEEE*, Vol. 75, No. 8, pp. 982–1008, August 1987.

[246] U. Parlitz. "Predicting low–dimensional spatiotemporal dynamics using discrete wavelet transforms". *Physical Review E*, Vol. 51, No. 4, pp. R2709–R2711, April 1995.

[247] ULRICH PARLITZ. "IDENTIFICATION OF TRUE AND SPURIOUS LYAPUNOV EXPONENTS FROM TIME SERIES". *International Journal of Bifurcation and Chaos*, Vol. 2, No. 1, pp. 155–165, 1992.

[248] T. Poggio and F. Girosi. "Networks for approximation and learning". *Proceedings of IEEE*, Vol. 78, pp. 1481–1497, 1990.

[249] Alexei Potapov and Jürgen Kurth. "Correlation integral as a tool for distinguishing between dynamics and statistics in time series data". *Physica D*, Vol. 120, pp. 369–385, 1998.

[250] M. J. D. Powell. "Radial basis function for multivariable interpolation: a review". In *"Algorithm for Approximation"*. Clarendon, Oxford, 1987.

[251] Willaim H. Press, Saul A. Teukolsky, William T. Vetterling, and Brian P. Flannery(丹慶他訳). *"Numerical Recipes in C"*. 技術評論社, 1993.

[252] Dean Prichard and James Theiler. "Generating Surrogate Data for Time Series with Several Simultaneously Measured Variables". *Physical Review Letters*, Vol. 73, No. 7, pp. 951–954, August 1994.

[253] M. B. Priestley. "STATE DEPENDENT MODELS : A GENERAL APPROACH TO NON-LINEAR TIME SERIES ANALYSIS". *Journal of Time Series Analysis*, Vol. 1, No. 1, pp. 47–71, 1980.

[254] M. B. Priestly. *"Spectral Analysis and Time Series"*, Vol. 1: Univariate Series. Academic Press, London, 1981.

[255] M. B. Priestly. *"Spectral Analysis and Time Series"*, Vol. 2: Multivariate Series, Prediction and Control. Academic Press, London, 1981.

[256] M. B. Priestly. *"Non-linear and Non-stationary Time Series Analysis"*. Academic Press, London, 1988.

[257] Itamar Procaccia. "Complex or just complicated?". *Nature*, Vol. 333, pp. 498–

499, June 1988.

[258] Michel Le Van Quyen, Jaques Matinerie, Claude Adam, and Francisco J. Varela. "Nonlinear analyses of interictal EEG map the brain interdependencies in human focal epilepsy". *Physica D*, Vol. 127, pp. 250–266, 1999.

[259] D. M. Racicot and A.Longtin. "Reconstructing dynamics from neural spike trains". *Proceedings of 1996 Engineering in Medicine and Biology 17th Annual International Conference*, No. 560, 1995.

[260] Daniel M. Racicot and André Longtin. "Interspike interval attractors from chaotical driven neuron models". *Physica D*, Vol. 104, , 1997.

[261] K. Ramasubramanian and M. S. Sriram. "Alternative algorithm for the computation of Lyapunov spectra of dynamical systems". *Physical Review E*, Vol. 60, No. 2, pp. R1126–R1129, August 1999.

[262] Govindan Rangarajan, Salman Habib, and Robert D. Ryne. "Lyapunov Exponents without Rescaling and Reorthogonalization". *Physical Review Letters*, Vol. 80, No. 17, pp. 3747–3750, April 1998.

[263] P. E. Rapp. "Chaos in the neurosciences : cautionary tales from the frontier". *Biologist*, Vol. 40, No. 2, pp. 89–94, 1993.

[264] P. E. Rapp, A. M. Alabano, and A. I. Mees. "Calculation of correlation dimension from experimental data : Progress and problems". In J. A. Kelso, A. J. Mandell, and M. F. Schlesinger, editors, *"Dynamics patterns in Complex Systems"*, pp. 191–205, Singapore, 1988. World Scientific.

[265] P. E. Rapp, A. M. Albano, T. I. Schmah, and L. A. Farwell. "Filtered noise can mimic low-dimensional chaotic attractors". *Physical Review E*, Vol. 47, No. 4, pp. 2289–2297, April 1993.

[266] P. E. Rapp, A. M. Albano, I. D. Zimmerman, and M. A. Jiménez-Montanõ. "Phase–randomized surrogates can produce spurious identifications of non–random structure". *Physics Letters A*, Vol. 192, pp. 27–33, August 1994.

[267] P. E. Rapp, T. I. Schmah, and A. I. Mees. "Models of knowing and the investigation of dynamical systems". *Physica D*, Vol. 132, pp. 133–149, 1999.

[268] Paul E. Rapp, Theodore R. Bashore, Jacques M. Martirie, A. M. Albano, I. D. Zimmerman, and Alistair I. Mees. "Dynamics of Brain Electrical Activity". *Brain Topography*, Vol. 2, No. 1/2, pp. 99–117, 1989.

[269] P. L. Read. "Phase portrait reconstruction using multivariate singular systems

analysis". *Physica D*, Vol. 69, pp. 353–365, 1993.

[270] Marcus Richter and Thomas Schreiber. "Phase space embedding of electrocardiograms". *Physical Review E*, Vol. 58, No. 5, pp. 6392–6398, November 1998.

[271] O. E. RÖSSLER. "AN EQUATION FOR CONTINUOUS CHAOS". *Physics Letters*, Vol. 57A, No. 5, pp. 397–398, 1976.

[272] O. E. RÖSSLER. "AN EQUATION FOR HYPERCHAOS". *Physics Letters*, Vol. 71A, No. 2,3, pp. 155–157, 1976.

[273] Filipe J. ROMEIRAS, Anders BONDESON, Edward OTT, Thomas M. ANTONSEN Jr, and Celso GREGOBI. "QUASIPERIODICALLY FORCED DYNAMICAL SYSTEMS WITH STRANGE NONCHAOTIC ATTRACTORS". *Physica*, Vol. 26D, pp. 277–294, 1987.

[274] Michael T. Rosenstein, James J. Collins, and Carlo J. De Luca. "Reconstruction expansion as a geometry based frame work for choosing proper delay time". *Physica D*, Vol. 73, pp. 82–98, 1994.

[275] D. RUELLE. "Deterministic chaos : the science and the fiction". *Proc. R. Soc. Lond. A*, Vol. 427, pp. 241–248, 1990.

[276] David Ruelle. *"Chaotic Evolution and Strange Attractors"*. Cambridge University Press, Cambridge, 1989.

[277] Nikolai Rulkov, Mikhail M. Sushchik, Lev S. Tsimring, and Henry D. I. Abarbanel. "Generalized synchronization of chaos in directionary coupled chaotic systems". *Physical Review E*, Vol. 51, No. 2, pp. 980–994, February 1995.

[278] Liming W. Salvino, Robert Cawley, Celso Grebogi, and James A. Yorke. "Predictability in time series". *Physics Letters A*, Vol. 209, pp. 327–332, December 1995.

[279] M. Sano and Y. Sawada. "Measurement of the Lyapunov Spectrum from a Chaotic Time Series". *Physical Review Letters*, Vol. 55, No. 10, pp. 1082–1085, September 1985.

[280] Shinichi SATO, Masaki SANO, and Yasuji SAWADA. "Practical Methods of Measuring the Generalized Dimension and the Largest Lyapunov Exponent in High Dimensional Chaotic Systems". *Progress Theory of Physics*, Vol. 77, No. 1, pp. 1–5, January 1987.

[281] T. Sauer. "A noise reduction method for signals from nonlinear systems". *Physica D*, Vol. 58, pp. 193–201, 1992.

[282] Tim Sauer. "Time Series Prediction by Using Delay Coordinate Embedding". In A. S. WEIGEND and N. A. GERSHENFELD, editors, *Time Series Prediction: Forecasting the Future and Understanding the Past*, Vol. XV, pp. 175–193. Addison Wesley, 1993. SFI Studies in the Science of Complexity, Proc.

[283] Tim Sauer. "Reconstruction of Dynamical Systems from Interspike Intervals". *Physical Review Letters*, Vol. 72, No. 24, pp. 3811–3814, August 1994.

[284] Tim Sauer. "Reconstruction of Integrate–and–Fire Dynamics". In C. Cutler and D. Kaplan, editors, *Nonlinear Dynamics and Time Series*. Fields Institute Publications, American Mathematical Society, 1997.

[285] Tim Sauer, James A. Yorke, and Martin Casdagli. "Embedology". *Journal of Statistical Physics*, Vol. 65, No. 3/4, pp. 579–616, 1991.

[286] Timothy D. Sauer, Joshua A. Tempkin, and James A. Yorke. "Spurious Lyapunov exponents in attractor reconstruction". *Physical Review Letters*, Vol. 81, No. 20, pp. 4341–4344, 1998.

[287] Timothy D. Sauer and James A. Yorke. "Reconstructing the Jacobian from data with observation noise". *Physical Review Letters*, Vol. 83, No. 7, pp. 1331–1334, August 1999.

[288] Andreas Schmitz and Thomas Schreiber. "Testing for nonlinearity in unevenly sampled time series". *Physical Review E*, Vol. 59, No. 4, pp. 4044–4047, April 1999.

[289] Jaap C. Schouten, Floris Takens, and Cor M. van den Bleek. "Estimation of the dimension of a noisy attractor". *Physical Review E*, Vol. 50, No. 3, pp. 1851–1861, September 1994.

[290] T. Schreiber. "Detecting and analyzing nonstationarity in a time series using nonlinear cross predictions". *Physical Review Letters*, Vol. 78, pp. 843–846, 1997.

[291] Thomas Schreiber. "Constrained Randomization of Time Series Data". *Physical Review Letters*, Vol. 80, No. 10, pp. 2105–2108, March 1998.

[292] Thomas Schreiber and Peter Grassberger. "A simple noise-reduction method for real data". *Physics Letters A*, Vol. 160, No. 5, pp. 411–418, December 1991.

[293] Thomas Schreiber and Andreas Schmitz. "Improved Surrogate Data for Nonlinearity Tests". *Physical Review Letters*, Vol. 77, No. 4, pp. 635–638, 1996.

[294] Thomas Schreiber and Andreas Schmitz. "Discrimination power of measures for

nonlinearity in a time series". *Physical Review E*, Vol. 55, No. 5, pp. 5443–5447, May 1997.

[295] H. Schuster. "Extraction of models from complex data". In N. B. Abraham, A. M. Albano, A. Passamante, and P. E. Rapp, editors, *"Measures of Complexity and Chaos"*, pp. 349–358, N.Y., 1988. Plenum Press.

[296] R. S. Shaw. *"The Dripping Faucet as a Model Chaotic System"*. Aerial, Santa Cruz, CA, 1985.

[297] Ippei SHIMADA and Tomomasa NAGASHIMA. "A Numerical Approach to Ergodic Problem of Dissipative Dynamical Systems". *Progress Theory of Physics*, Vol. 61, No. 6, pp. 1605–1616, June 1979.

[298] T. Shinbrot, W. Ditto, C. Grebogi, E. Ott, M. Spano, and J. A. Yorke. "Using the sensitive dependence of chaos (the "butterfly effect") to direct trajectories in an experimental chaotic systems". *Physical Review Letters*, Vol. 68, p. 2863, 1990.

[299] T. Shinbrot, C. Grebogi, E. Ott, and J. A. Yorke. Control of chaos. *Nature*, Vol. 363, p. 411, 1993.

[300] Michael Small and Kevin Judd. "Comparison of new nonlinear modeling techniques with applications to infant respiration". *Physica D*, Vol. 117, pp. 283–298, 1998.

[301] Leonard A. SMITH. "INTRINSIC LIMITS ON DIMENSION CALCULATIONS". *Physics Letters A*, Vol. 133, No. 6, pp. 283–288, November 1988.

[302] Leonard A. Smith. "Does a Meeting in Santa Fe Imply Chaos?". In A. S. WEIGEND and N. A. GERSHENFELD, editors, *"Time Series Prediction: Forecasting the Future and Understanding the Past"*, Vol. XV, pp. 323–343. Addison Wesley, 1993. SFI Studies in the Science of Complexity, Proc.

[303] LEONARD A. SMITH. "Local optimal prediction: exploiting strangeness and the variation of sensitivity to initial condition". *Philosophical Transactions of the Royal Society London A*, Vol. 348, pp. 371–381, 1994.

[304] R. L. Smith. "Optimal estimation of fractal dimensions". In M. Casdagli and S. Eubank, editors, *"Nonlinear modeling and forecasting"*, Vol. XII of *Santa Fe Institute studies in the Science of Complexity*, pp. 115–116, N.Y., 1989. Addison-Wesley.

[305] R. L. Smith. "Estimating Dimension in Noisy Chaotic Time Series". *Journal of*

the Royal Statistical Society, Vol. B54, No. 2, pp. 329–351, 1992.
[306] C. J. Stam, J. P. M. Pijn, and W. S. Pritchad. "Reliable detection of nonlinearity in experimental time series with strong periodic components". *Physica D*, Vol. 112, pp. 361–380, 1998.
[307] Jaroslav Stark. "Takens Embedding Theorems for Forced and Stochastic Systems". *Journal of Nonlinear Science*, Vol. 9, pp. 255–332, 1999.
[308] Jaroslav Stark, David S. Broomhead, Mike E. Davies, and J. Huke. "Takens Embedding Theorems for Forced and Stochastic Systems". *Nonlinear Analysis*, Vol. 30, pp. 5303–5314, 1997.
[309] R. Stoop and J. Parisi. "Calculation of Lyapunov exponents avoiding spurious elements". *Physica D*, Vol. 50, pp. 89–94, 1991.
[310] Alan Stuart and J. Keith Ord. *"Kendall's Advanced Theory of Statistics"*. Charles Griffin, 1987.
[311] GEORGE SUGIHARA, BRYAN GRENFELL, and ROBERT M. MAY. "Distinguishing error from chaos in ecological time series". *Philosophical Transactions of the Royal Society London B*, Vol. 330, pp. 235–251, 1990.
[312] George Sugihara and Robert M. May. "Nonlinear forecasting as a way of distinguishing chaos from measurement error in time series". *Nature*, Vol. 344, pp. 734–741, April 1990.
[313] GEORGE SUGIHARA and ROBERT M. MAY. "How predictable is chaos – SUGIHARA AND MAY REPLY". *Nature*, Vol. 355, p. 251, January 1992.
[314] Hideyuki Suzuki, Kazuyuki Aihara, Jun Murakami, and Tateo Shimozawa. "An Application of ISI Reconstruction to Sensory Neurons of Crickets". *Proceedings of The Fifth International Conference on Neural Information Processing*, Vol. 3, pp. 1559–1562, 1998.
[315] George G. Szpiro. "Forecasting chaotic time series with genetic algorithms". *Physical Review E*, Vol. 55, No. 3, pp. 2557–2568, March 1993.
[316] 高安秀樹. "フラクタル". 朝倉書店, 1986.
[317] F. Takens. "ON THE NUMERICAL DETERMINATION OF THE DIMENSION OF AN ATTRACTOR". In B. L. J. Braaksma, H. W. Broer, and F. Takens, editors, *"Dynamical Systems and Bifurcations"*, Vol. 1125 of *Lecture Notes in Mathematics*, pp. 99–106, Berlin, 1984. Springer-Verlag.
[318] Floris Takens. "Detecting strange attractors in turbulence". In D. A. Rand and

B. S. Young, editors, *"Dynamical Systems of Turbulence"*, Vol. 898 of *Lecture Notes in Mathematics*, pp. 366–381, Berlin, 1981. Springer-Verlag.

[319] 寺崎健, 池口徹, 合原一幸, 田中智. "経済時系列データの決定論的非線形ダイナミカル特性に関する解析". 電子情報通信学会論文誌 A, Vol. J78-A, No. 12, pp. 1601–1617, December 1995.

[320] James Theiler. "Spurious dimension from correlation algorithms applied to limited time-series data". *Physical Review A*, Vol. 34, No. 3, pp. 2427–2432, September 1986.

[321] James Theiler. "Efficient algorithm for estimating the correlation dimension from a set of discrete points". *Physical Review A*, Vol. 36, No. 9, pp. 4456–4462, November 1987.

[322] James Theiler. "Estimating fractal dimension". *Journal of Optical Society of America A*, Vol. 7, No. 6, pp. 1055–1073, June 1990.

[323] James Theiler. "Some Comments on the correlation dimension of $1/f^\alpha$ noise". *Physics Letters A*, Vol. 155, No. 8,9, pp. 480–493, May 1991.

[324] James Theiler. "On the evidence for low-dimensional chaos in an epileptic electroencephalogram". *Physics Letters A*, Vol. 196, pp. 335–341, January 1995.

[325] James Theiler and Stephen Eubank. "Don't bleach chaotic data". *Chaos*, Vol. 3, No. 4, pp. 771–782, 1993.

[326] James Theiler, Stephen Eubank, Andre Longtin, Bryan Galdrikian, and J. Doyne Farmer. "Testing for nonlinearity in time series : the method of surrogate data". *Physica D*, Vol. 58, pp. 77–94, 1992.

[327] James Theiler, Bryan Galdrikian, André Longtin, Stephen Eubank, and J. Doyne Farmer. "Using Surrogate Data to Detect Nonlinearity in Time Series". In Martin Casdagli and Stephen Eubank, editors, *"NONLINEAR MODELING AND FORECASTING"*, pp. 163–188. ADDISON WESLEY, 1992. A PROCEEDINGS VOLUME IN THE SANTA FE INSTITUTE STUDIES IN THE SCIENCE OF COMPLEXITY.

[328] James Theiler, Paul Linsay, and David M. Rubin. "Detecting Nonlinearity in Data with Long Coherence Times". In Andreas S. Weigend and Neil A. Gershenfeld, editors, *"TIME SERIES PREDICTION Forecasting the Future and Understanding the Past"*, pp. 429–455. ADDISON WESLEY, 1993. A PROCEEDINGS VOLUME IN THE SANTA FE INSTITUTE STUDIES IN THE

SCIENCE OF COMPLEXITY.

[329] JAMES THEILER and TURAB LOOKMAN. "STATISTICAL ERROR IN A CHORD ESTIMATOR OF CORRELATION DIMENSION: THE "RULE OF FIVE"". *International Journal of Bifurcation and Chaos*, Vol. 3, No. 3, pp. 765–771, June 1993.

[330] James Theiler and Dean Prichard. "Constrained-Realization Monte-Carlo method for Hypothesis Testing". *Physica D*, Vol. 94, pp. 221–235, 1996.

[331] James Theiler and Dean Prichard. "Using "Surrogate Surrogate Data" to Calibrate the Actual Rate of False Positives in Tests for Nonlinearity in Time Series". In D. T. Kaplan and C. D. Cutler, editors, *"Nonlinear Dynamics and Time Series: Building a Bridge between the natural and statistical sciences"*, p. 99. American Mathematical Society, 1997. "Fields Institute Communications, Vol. 11".

[332] J. Timmer. "Power of surrogate data testing with respect to nonstationarity". *Physical Review E*, Vol. 58, No. 4, pp. 5153–5156, October 1998.

[333] I. Tokuda, R. Tokunaga, and K. Aihara. "A Simple Geometrical Structure Underlying Speech Signals of the Japanese Vowel /a/". *International Journal of Bifurcation and Chaos*, Vol. 6, No. 1, pp. 149–160, 1996.

[334] R. Tokunaga, S. Kajiwara, and T. Matsumoto. "Reconstructing bifurcation diagrams only from time-waveforms". *Physica D*, Vol. 79, No. 2,3, pp. 338–360, 1994.

[335] H. Tong. "ON A THRESHOLD MODEL". In C. H. Chen, editor, *"Pattern Recognition and Signal Processing"*, 1978.

[336] H. Tong. *"Nonlinear Time Series : A Dynamical System Approach"*. Oxford University Press, Oxford, 1990.

[337] H. TONG and K. S. LIM. "Threshold autoregression, Limit Cycles and Cyclical Data". *Journal of the Royal Statistical Society B*, Vol. 42, No. 3, pp. 245–292, 1980.

[338] Howell Tong. "Some comments on a bridge between nonlinear dynamicists and statisticians". *Physica D*, Vol. 58, pp. 299–303, 1992.

[339] A. A. Tsonis and J. B. Elsner. "Nonlinear prediction as a way of distinguishing chaos from random fractal sequences". *Nature*, Vol. 358, pp. 217–220, July 1992.

[340] Takashi Tsuchiya, Attila Szabo, and Nobuhiko Saito. "Exact Solutions of Simple

Nonlinear Difference Equation Systems that show Chaotic Behavior". *Z. Naturforsch*, Vol. 39a, pp. 1035–1039, 1983.

[341] ICHIRO TSUDA, TAKASHI TAHARA, and HIROAKI IWANAGA. "CHAOTIC PULSATION IN HUMAN CAPILLARY VESSELS AND ITS DEPENDENCE ON MENTAL AND PHYSICAL CONDITIONS". *International Journal of Bifurcation and Chaos*, Vol. 2, No. 2, pp. 313–324, 1994.

[342] Yoshisuke Ueda. *"The Road to Chaos"*. Aerial Press, 1992.

[343] S. M. Ulam and John von Neumann. "On combination of stochastic and deterministic processes". *American Mathematical Society*, Vol. 53, p. 1120, 1947.

[344] Robert Vautard, Pascal Yiou, and Michael Ghil. "Singular-spectrum analysis : A toolkit for short, noisy chaotic signals". *Physica D*, Vol. 58, pp. 95–126, 1992.

[345] Hubertus F. von Bremen, Firdaus E. Udwadia, and Wlodek Proskurowski. "An efficient QR based method for the computation of Lyapunov exponents". *Physica D*, Vol. 101, pp. 1–16, 1997.

[346] Henning Voss and Jürgen Kurth. "Reconstruction of nonlinear time delay models from data by the use of optimal transformations". *Physics Letters A*, Vol. 234, pp. 336–344, 1997.

[347] David J. Wales. "Calculating the rate of loss of information from chaotic time series by forecasting". *Nature*, Vol. 350, pp. 485–488, April 1991.

[348] Rechard Wayland, David Bromley, Douglas Pickett, and Anthony Passamante. "Recognizing Determinism in a Time Series". *Physical Review Letters*, Vol. 70, No. 5, pp. 580–583, February 1993.

[349] Richard Wayland, David Bromley, Douglas Dickett, and Anthony Passamante. "Recognizing Determinism in a Time Series". *Physical Review Letters*, Vol. 70, No. 5, pp. 580–582, February 1993.

[350] A. Weigend. "The Santa Fe Time Series Competition Data". http://www.stern.nyu.edu/ weigend/Time-Series/SantaFe.html.

[351] Andreas S. Weigend and Neil A. Gershenfeld, editors. *"TIME SERIES PREDICTION : Forecasting the Future and Understanding the Past"*. Addison Wesley, 1993. Proceedings of the NATO Advanced Research Workshop on Comparative Time Series Analysis held in Santa Fe, New Mexico, May 14–17, 1992.

[352] Andreas S. Weigend, Bemardo A. Huberman, and David E. Rumelhart. "PREDICTING THE FUTURE : A CONNECTIONIST APPROACH". *International*

Journal of Neural Systems, Vol. 1, No. 32, pp. 193–209, 1990.

[353] HASSLER WHITNEY. "DIFFERENTIAL MANIFOLDS". *Ann. Math.*, Vol. 37, No. 3, pp. 645–680, July 1936.

[354] G. Widman, K. Lehnertz, P. Jansen, W. Meyer, W. Burr, and C. E. Elger. "A fast general purpose algorithm for the computation of auto- and cross-correlation integrals from single channel data". *Physica D*, Vol. 121, pp. 65–74, 1998.

[355] L. E. Wittig and A. K. Sinha. "Simulation of multicorrelated random processes using the FFT algorithm". *Journal of the Acoustical Society of America*, Vol. 58, No. 3, pp. 630–634, September 1975.

[356] Alan Wolf, Jack B. Swift, Harry L. Swinney, and John A. Vastano. "DETERMINING LYAPUNOV EXPONENTS FROM A TIME SERIES". *Physica*, Vol. 16D, pp. 285–317, 1985.

[357] D. M. WOLPERT and R. C. MIALL. "Detecting chaos with neural networks". *Proc. R. Soc. London B*, Vol. 242, pp. 82–86, 1990.

[358] Jon Wright. "Method for calculating a Lyapunov exponent". *Physical Review A*, Vol. 29, No. 5, pp. 2924–2927, May 1984.

[359] 山田泰司, 合原一幸. "リカレンスプロットと2点間距離分布による非定常時系列解析". 電子情報通信学会論文誌 A, Vol. J82-A, No. 7, pp. 1016–1028, 1999.

[360] 山口昌哉. "カオスとフラクタル - 非線形現象の不思議 -". 講談社, 1986.

[361] Qiwei Yao and Howell Tong. "A bootstrap detection for operational determinism". *Physica D*, Vol. 115, pp. 49–55, 1998.

[362] Yasuaki Yorikane, Ayumu Akabane, Tetsuya Harada, and Tohru Ikeguchi. "Reconstruction of Strange Attractors and its Visualization". *to appear in Proceedings of International Symposium on Nonlinear Theory and Its Applications, Hawaii,*, December 1999.

[363] G. UNDY YULE. "On a Method of Investigating Periodicities in Distributed Series, with special reference to Wolfer's Sunspot Numbers". *Phil. Trans. R. Soc. London A*, Vol. 226, pp. 267–298, April 1927.

索 引

1 to 1　17

A

affine plus radial basis function (APRBF)　205, 219, 220
almost every　19
amplitude adjusted Fourier transform (AAFT) surrogate　255, 262
AR model　1
ARMA model　1, 202, 205, 257
attractor　15
automonous system　15
autoregressive model　1
autoregressive moving average model　1

B

back propagation learning　203
Bernoulli map　35
Bernoulli shift map　34
bifurcation　8
bifurcation diagram　161
bilinear model　202
boundedness　9
box counting dimension　130
bursting phase　35

C

Cantor set　124
capacity dimension　135
chaos　15
chaotic neural network　39
chaotic neuron　41
constrained randomization　259
continuity statistics　68
correlation dimension　132, 136
correlation exponent　135
corrlation integral　132

D

delay differential equation　55
deterministic chaos　6
deterministic versus stochastic (DVS) plot　225
difference equation　14
differential equation　14
direct prediction　208
double scroll attractor　46
Duffing equation　53
dynamical noise　17
dynamical systems　14

E

embedding　17–19
exponetial AR model　202

F

false near neighbors　39, 75
false nearest neighbor　77
false rejection　270, 285, 294
Feigenbaum attractor　123, 156

325

fill factor 68
FIR filter 26
fixed point 15
Fourier shuffle 266
Fourier transform (FT) surrogate 255, 258
Fractal Delay Embedding Prevalence Theorem 24, 82
fractal dimension 130
Fractal Whitney Embedding Prevalence Theorem 20, 82

G

Gaussian scaling surrogate 255, 262
generator 214
generic 18
Gram–Schmidt orthogonalization procedure 165
Grassberger–Procaccia algorithm 132

H

Hénon map 37
Hodgkin–Huxley equation 48
Householder transformation 165

I

IIR filter 26
Ikeda map 39
immersion 17
information dimension 135
input output system 29
integral local deformation 68
integrate and fire model 30
intermittent chaos 35
interspike interval 30
irrelevance 68
ISI 30–32, 58
iterative amplitude adjusted Fourier transform (IAAFT) surrogate 269

J

Judd algorithm 147

K

Karhunen–Loéve transform 26
KM_2O-Langevin equation 203
Kolmogorov–Sinai entropy 124, 169

L

laminar phase 35
Langford equation 50
limit cycle 15
local exponential divergence plot 68
local Lyapunov exponent 251
local versus global plots 180
logistic map 34
long-term unpredictability 9, 199
Lorenz equation 41
Lorenz plot 43
Lyapunov dimension 169

M

MA model 1
Mackey–Glass equation 53
MDL 205, 220
metric entropy 28
moving average model 1
multipilcative ergodic theorem 165
mutual information 68

N

noise reduction 204
non automonous system 15
nonperiodicity 9
nonstationary chaos 37

O

observational noise 17
OGY control 29
open and dense 18
orbital instability 9, 157

P

periodic spike-and-wave random shuffle

(PSWRS) surrogate 271
phase randomized surrogate 255, 258
Poincaré map 45
Poincaré section 45
point process 30
predicting predictability 250
prevalent 18
principal component analysis 26

Q

QR decomposition 165

R

Rössler equation 46
radial basis function (RBF) interpolation 200, 203
random shuffle (RS) surrogate 255
rank order 259
re-embedding 27
reconstruction expansion 68
recurrence plot 189
recursive prediction 208
redundancy 68
route to chaos 8

S

self–intersection 19
self-similar structure 124
self-similarity 9, 125
shadowing 204
short-term predictability 199
Sierpinski gasket 124
simplex projection 203
simulated annealing 276
singular value decomposition 26
singular value fraction 68
state-dependent model 202
strange attractor 15
strange non–chaotic attractor 123, 156
surrogate data 255

T

Tent map 34
the method of analogues 201, 209
the method of surrogate data 253
threshold AR 202
time series 1
torus 15
typical realization 259

U

unimodal map 46

V

variable embedding 73, 75
Voronoi tesselation 213

W

wavering product 68

あ

ISI 再構成 30, 31, 33, 55, 291, 292
ISI の再構成 57
アトラクタ 13, 15
アトラクタの可視化 32
アトラクタの軌道行列 27
アトラクタの再構成 9, 13, 14, 22, 23, 25, 26, 29, 38, 40, 42, 50, 57, 67
アファインプラス動径基底関数ネットワーク 203, 219, 220
誤り近傍点 75
誤り近傍法 39, 76, 78
誤り最近傍点 77–80
安定多様体 158, 163
アンプリチュード・アジャステッド・フーリエ・トランスフォーム・サロゲート 255, 259, 261–263, 265, 267–269, 273, 276, 279–282, 284, 285, 288–291, 293

い

閾値 AR モデル 202
池田写像 11, 39, 40, 78, 79, 167, 168,

181–184, 190, 193, 224, 226, 231, 236, 238–240, 247, 273, 274, 290, 293
位相エントロピ 28
位相次元 149
イタレイティブ・アンプリチュード・アジャステッド・フーリエ・トランスフォーム・サロゲート 269, 270, 276
1次統計量 262–266, 268, 269
1対1 17–20, 24, 26, 28, 31, 75, 78, 81
移動平均 26, 32, 58, 263
移動平均モデル 1
因果性検定 30, 290, 293

う

ウィナー–ヒンチンの定理 257
埋め込み 13, 17, 18, 28, 81, 119, 183
埋め込み定理 10, 14, 17, 29, 39, 81, 119, 120
埋め込み窓 67

え

NH_3 レーザ発振強度信号 11, 60, 79, 137, 141, 150, 153, 190, 194, 279, 280
エノン写像 11, 37–39, 125, 127, 130–132, 137, 150, 164, 167, 168, 181, 182, 190, 193, 224, 226, 230, 238–240, 242, 243, 247, 263, 264, 268, 273, 274, 290
$1/f$ 35, 37, 240, 246, 290
MDL基準 220

お

オイラ差分 34
OGY制御 29

か

ガウシアン関数 218, 219, 229
ガウシアン・スケーリング 262
ガウシアン・スケーリング・サロゲート 255
ガウス分布 264, 269, 287
ガウス乱数 181, 262–264
カオス 13, 15, 16
カオス現象 1, 6, 121
カオス時系列解析 7, 9, 10

カオスニューラルネットワーク 39, 41, 42, 224, 227, 232, 236
カオスニューロン 41, 160
カオスへのルート 8
カルーネン–レーベ変換 26
間欠性カオス 35, 246
観測関数 13, 17–19, 21, 29, 120
観測ノイズ 17, 181, 183, 184, 211, 239, 246, 263
カントール構造 148
カントール集合 124, 125, 130, 148

き

気象予測 201, 250
基底関数 200, 201, 203, 217–220, 229, 237
軌道不安定性 9, 13, 43, 67, 121, 123, 124, 156–159, 161, 166, 170, 177, 189
帰無仮説 254, 255, 257–259, 261–263, 271, 276–278, 280–287, 289, 290, 293
q次の一般化次元 135
q次の相関積分 135
q次の相関指数 135
キュムラント 69–71
局所指数発散プロット 68
局所線形近似 179, 209, 224, 225, 229, 238, 239, 244
局所線形モデル 201, 203
局所対大域プロット 179, 180, 183, 185, 288
局所的予測 204
局所非線形近似 203
局所リアプノフ指数 33, 251
局所リアプノフ不安定解析 250

く

区分線形 200–203, 216
グラム–シュミット法 165

け

KM_2O-ランジュバン方程式 203
結合確率密度 68
決定論性 73, 189
決定論性の検定 73, 186–188, 278

索引

決定論的カオス 6, 13, 29, 121, 123, 179, 199, 200, 237, 238, 241, 242, 246, 250, 251, 253, 293
決定論的非線形予測 13, 29, 122, 200

こ

交差 19, 20
高次自己相関係数 68, 69
高次相関関数 69
コッホ曲線 129, 130
コバルト γ 線放射の時間間隔 11, 79, 80, 142, 143, 154, 155, 177, 179, 181, 183, 185, 190, 194, 238, 239, 256, 266, 286, 287
コルモゴロフ-シナイエントロピ 124, 156, 169, 170, 190
コンパクト 17, 19, 21, 23, 81
コンパクト集合 20, 24-26, 81-83, 90, 91, 93, 95, 111-113, 130

さ

再帰的予測 208
再構成拡大度 68
最小二乗法 172, 216
最大値距離 134
最大リアプノフ指数 123, 156, 166, 173, 174, 177, 178, 181, 183
最尤推定 148, 149
差相関係数 207, 244-247, 249, 250
差分方程式 14
サロゲートデータ 254, 255, 259, 262, 265, 266, 268, 269, 271-273, 275-280, 287, 294
サロゲートデータ法 253-255, 263, 269, 273, 275, 278, 279, 284, 285, 293, 294
三角分割 203, 205, 212, 213
サンタフェ研究所時系列予測コンテスト 11, 60

し

GP 法 132, 137-139, 141, 143, 144, 146-148, 150, 176, 280, 285, 294
J 法 147, 148, 150-153, 155, 281

シェルピンスキーのギャスケット 124, 130
時間遅れ座標系 13, 22, 23, 25, 27, 29, 48, 50, 60, 66
シグモイド関数 203
時系列信号 1
自己回帰移動平均モデル 1, 202, 205, 257
自己回帰モデル 1
自己相関関数 68, 72
自己相似性 125
自己相似構造 9, 123-126, 129, 148, 156
自己相似図形 124
自己相似性 9, 13, 121, 124, 130, 135, 156, 189
実相関係数 207, 238, 242, 244-247, 249, 250
シミュレーテッドアニーリング 276
写像 14
シャドウイング 204
ジャパニーズアトラクタ 53
周期的スパイク波形サロゲート 271, 272
充填率 68
主成分分析 26, 165
準周期 16, 50, 52
状態依存モデル 202
冗長度 68
情報次元 135
自律系 6, 15, 31, 33, 41, 53
シンプレートスプライン関数 218
シンプレックス投影法 203, 212

す

ストレンジアトラクタ 15, 20, 21, 33, 38, 40-42, 44, 46-49, 51, 127, 137, 148, 236
ストレンジ・ノン・カオティックアトラクタ 123
Smith の基準 146

せ

正規化平均自乗誤差 207
制約条件付きランダム化サロゲート 259, 275, 276
積分発火モデル 30, 55
絶対値距離 134

摂動　19
線形確率過程　254, 259
線形相関　254
センタ　218, 220, 229, 236, 237

そ

相関関数の巡回推定　264
相関関数の不偏推定　264
相関関数の偏推定　264
相関次元　122, 132, 135–137, 144, 145, 147–150, 156
相関次元解析の問題点　144
相関次元解析　147
相関指数　135, 136, 146
相関積分　68, 122, 132–140, 142–148, 151, 152, 155, 156, 330
相関積分の定義　133
相関積分法　122, 132
相互情報量　68
相似次元　130
相対誤差　267, 270, 271

た

ターゲッティング　29
ターケンスの埋め込み定理　13, 23, 26, 29, 66
大域的スペクトラム　135
大域的予測　204
対角行列　27
対ドル円相場の変動　11
ダイナミカルシステム　14
ダイナミカルノイズ　17, 181, 183, 184
太陽黒点　1, 11, 58, 60, 61, 79, 140–142, 153, 154, 190, 194, 249, 250, 256, 266, 270, 272, 279, 281, 282
Theiler の基準　146
対立仮説　254
多次元サロゲートデータ　273, 274
多重エルゴード定理　165
ダフィング-ファンデアポール混合型方程式　53
ダフィング方程式　53, 195

ダブルスクロールアトラクタ　46, 48, 49, 224, 228, 235
多様体　15, 17–21, 23–26, 28, 29, 81–83, 91, 112, 113, 119, 148, 149
短期予測可能性　9, 199, 224, 225, 242
単射性　95
単峰性　46

ち

遅延座標写像　93, 96, 112
長期予測不能性　9, 13, 121, 124, 156, 199, 200, 224, 225, 237, 238, 242, 250
稠密な開集合　18
直接予測　208
直交行列　27

て

定常性　150, 190, 192
定常性の検定　206, 251
DVS プロット　225
t 分布　277
点過程　30
典型実現法　259
テント写像　34–36, 45

と

動径基底関数近似　200, 203, 218, 220, 224–236
同相写像　17
トーラス　11, 15, 16, 50, 123, 156, 190
特異値　27
特異値比　68
特異値分解　26, 27, 84, 86, 165, 176, 204

な

なめらか　17, 20, 21, 24–26, 73, 81, 91, 92, 96, 113, 203

に

2 次統計量　262, 264–266, 269
2 次の相関積分　135
日経平均株価　11, 266, 267

索引

2点間距離　189
日本語母音　11, 58, 79, 140, 141, 153, 154, 190, 194, 224, 229, 236, 237, 266, 267, 278, 280, 281
入出力系　29
ニューヨーク麻疹患者数　11, 60, 66, 79, 141, 142, 153, 154, 183, 185, 190, 194, 238–240, 249, 258
ニューヨーク水疱瘡患者数　11, 60, 183, 185, 238, 239, 258

の

ノイズリダクション　13, 29, 204
脳波　11, 32, 132, 271

は

ハースト指数　240, 244
バースト相　35
ハウスホルダ変換　165
白色ノイズ　238, 255, 283
白色矮星発光強度　11
バタフライ効果　6
発火間隔時系列　30
バックプロパゲーション学習　203
はめ込み　17, 18, 20, 24–26, 81–83, 92, 93, 111–115
パワースペクトラム　3, 4, 9, 35, 240, 244, 246, 257, 259–261, 264, 266, 267, 269, 270, 273, 293

ひ

微差分方程式　14, 33, 55
非周期性　9
非自律系　15, 33
非整数ブラウン運動　240–246, 248, 250
非線形ARMAモデル　290
非線形相関関数　68
非線形変換　254, 259
非線形予測　199, 276
非線形予測を用いた時系列の同定　199, 200, 208, 237
非定常カオス　37
非定常性　189, 192, 294
被覆　128
微分座標系　22
微分同相　81, 95, 113, 114
微分同相写像　24, 26, 82, 93, 111, 112
微分方程式　6, 14, 22, 33, 41, 43, 45, 50, 53, 55, 167

ふ

ファイゲンバウムアトラクタ　123
不安定多様体　28, 158, 165
フィッツヒュー–南雲モデル　32
フィルタ遅延埋め込みプレバレント定理　26
フィルタリングされたランダムノイズ　263, 282–285
ブートストラップ法　253
フーリエ・シャッフル・サロゲート　265–269
フーリエ・トランスフォーム・サロゲート　255, 257–259, 261–266, 268, 269, 273, 274, 283, 284, 287, 294
フェーズ・ランダマイズド　258
フェーズ・ランダマイズド・サロゲート　255
不規則遷移現象　6
符号非一致率　207, 246, 248, 250
ブラウン運動　244
フラクタル構造　9, 16, 123, 129, 130, 148, 154, 191
フラクタル時間遅れ埋め込みプレバレント定理　24, 30, 66
フラクタル次元　9, 122, 123, 126, 128, 130, 132, 136, 137, 156, 169, 191, 199, 253, 255, 275, 276, 281, 285, 294
フラクタル次元解析　9, 10, 13, 29, 122–124, 199, 278–282
フラクタル性　9, 13
フラクタルホイットニー埋め込みプレバレント定理　20
フリーラン予測　225, 229–237
プレバレント　18–20, 24, 26, 66, 82, 100, 118, 119
分岐現象　8
分岐図　161

分散共分散行列　27

へ

平滑化フィルタ　279, 282
平均自乗誤差　207
平衡点　15, 16, 24, 31, 35
ヘビサイドの関数　133
ベル型関数　218
ベルヌーイシフト写像　34, 35, 37
変形ベルヌーイ写像　35–37, 246, 248
変動率　68

ほ

ポアンカレ写像　32, 45
ポアンカレ断面　45, 53, 54, 66
ホイットニー埋め込みプレバレント定理　19
ホイットニーの埋め込み定理　17
ホジキン–ハクスレイ方程式　32, 48, 50, 51, 66
ボックスカウンティング法　122
ボックスカウント次元　20, 21, 24, 26, 31, 82, 130, 132
母点　214, 215
ほとんど全て　18–20, 24, 26, 31, 82, 83, 87, 89, 90, 92–94, 96, 98–100, 112–115, 119
ボレル集合　18, 82
ボロノイ分割　203–205, 213–215
ボロノイ領域　214, 215

ま

マッケイ–グラス方程式　11, 53, 55, 56
マルチフラクタル構造　135

み

脈波　11, 32, 271, 272

む

無限次元系　55
無相関　67, 254
無相関性　68

も

モーメント　69, 70
モンテカルロ有意性検定　277, 278

や

ヤコビ行列　24, 164, 166, 167, 171–173, 176, 177, 179, 183, 203–205, 209, 212, 213, 220, 223–236
ヤコビ行列推定法　212
山猫 (リンクス) の捕獲数　11, 261
ヤリイカ巨大軸索の応答　11, 48, 50, 65, 66, 79

ゆ

有意水準　277, 278
有意性　294
有界性　9
ユークリッド距離　186
有色雑音　240, 242, 243, 246, 250

よ

容量次元　21, 135
予測精度の予測　250
予測の評価　204

ら

ラミナ相　35
ランクオーダ　259–261, 265, 266, 269, 273
ラングフォード方程式　11, 50, 52, 190, 193, 273, 274
ランダム　16
ランダム・シャッフル・サロゲート　255, 256, 264, 265, 268, 273–275, 283, 286

り

リアプノフ次元　169, 177, 178
リアプノフ指数　9, 10, 22, 26, 28, 123, 124, 157–159, 161–163, 165–167, 169–171, 173–181, 183, 199, 253, 255, 276, 286–288, 293, 333
リアプノフ指数の推定　171, 173

索引

リアプノフスペクトラム　16, 123, 156, 163, 165, 168, 171, 173, 177–179
リアプノフスペクトラム解析　10, 13, 29, 122, 124, 156, 176, 177, 179, 199, 217, 278, 286, 288
リカレンスプロット　29, 124, 189–192, 195–198, 278
力覚　33
力学系　1, 5–9, 13–15, 17, 20–22, 25, 26, 28–30, 32, 33, 36, 39, 43, 67, 73, 120–124, 132, 148, 156, 158, 159, 161, 163, 165–167, 170, 171, 176, 179, 180, 183, 186, 187, 189, 192, 195, 199–201, 203, 208, 212, 217, 222–225, 236, 246, 253, 254, 273, 286, 293
力学系集団　22
力学系のアトラクタ　14
リターンプロット　35
立体視　32
リプシッツ写像　87, 89, 90, 93
リミットサイクル　15, 16
Ruelle の基準　144

る

類推法　201, 209, 211, 238

累積局所変形度　68
ルベーグ外測度　86, 87
ルベーグ測度　215

れ

レスラー方程式　11, 46, 47, 55, 73, 74, 187, 188, 190, 192, 193, 195, 196, 198, 224, 228, 234, 273, 274
連続度　68

ろ

ローレンツプロット　43, 45
ローレンツ方程式　11, 41, 43–46, 73, 74, 78, 79, 137, 138, 150, 151, 167, 168, 187, 188, 190, 192, 193, 195, 196, 198, 224, 227, 233, 264, 273, 274, 291
ロジスティック写像　5, 6, 34–36, 45, 46, 123, 157, 161–163, 181, 182, 192, 195–197, 200, 201
ロジスティック方程式　34

<編者略歴>

合原　一幸（あいはら　かずゆき）
- 1977 年　東京大学工学部電気工学科卒業
- 1982 年　東京大学大学院博士課程修了
- 1982 年　工学博士
- 現　在　東京大学生産技術研究所教授
　　　　東京大学大学院情報理工学系研究科教授
　　　　東京大学大学院工学系研究科教授
　　　　内閣府／日本学術振興会 FIRST 合原最先端数理モデルプロジェクト
　　　　中心研究者

<著者略歴>

池口　徹（いけぐち　とおる）
- 1988 年　東京理科大学理工学部電気工学科卒業
- 1990 年　東京理科大学大学院修士課程修了
- 1996 年　工学博士
- 現　在　埼玉大学大学院理工学研究科教授
　　　　埼玉大学脳科学融合研究センター兼任

山田　泰司（やまだ　たいじ）
- 1993 年　東京電機大学工学部電子工学科卒業
- 1995 年　東京電機大学大学院修士課程修了
- 現　在　株式会社あいはら研究開発チーム

小室　元政（こむろ　もとまさ）
- 1979 年　東京都立大学理学部数学科卒業
- 1985 年　東京都立大学大学院博士課程修了
- 1985 年　理学博士
- 現　在　帝京科学大学医療科学部教授

カオス時系列解析の基礎と応用

2000 年 11 月 10 日　初　版
2011 年 7 月 5 日　第 4 刷

編　者　合原一幸

発行者　飯塚尚彦

発行所　産業図書株式会社

〒102-0072 東京都千代田区飯田橋 2-11-3
電話 03(3261) 7821（代）
FAX 03(3239) 2178
http://www.san-to.co.jp

Ⓒ 2000　　　　　　　　　㈱デジタルパブリッシングサービス
ISBN978-4-7828-1010-1 C3050